电 工 技 术

主　编　黄友锐

副主编　曹成茂　蒋传平

编　委（以姓氏笔画为序）

马德贵　周　莉　黄友锐

曹成茂　蒋传平

合肥工业大学出版社

内 容 简 介

本书是按照教育部电工课程教学指导委员会最新制定的“电工技术(电工学Ⅰ)课程教学基本要求”组织编写的21世纪课程教材，全书共分10章。第1章介绍电路的基本理论，第2章介绍电路的分析方法，第3章介绍电路的暂态分析，第4章介绍正弦交流电路，第5章介绍三相电路，第6章介绍变压器，第7章介绍异步交流电动机，第8章介绍继电接触器控制系统，第9章介绍工业企业供电与安全用电，第10章介绍电工测量。本书的主要特点是内容精炼，起点高，知识新，系统性和实用性强。

本书可作为高等学校非电类各专业电工技术课程的教材，也可供有关工程技术人员阅读。

图书在版编目(CIP)数据

电工技术/黄友锐主编. —合肥：合肥工业大学出版社，2008.7
ISBN 978-7-81093-758-0

Ⅰ. 电…　Ⅱ. 黄…　Ⅲ. 电工技术—高等学校—教材　Ⅳ. TM

中国版本图书馆CIP数据核字(2008)第083922号

电 工 技 术

主编　黄友锐　　　　责任编辑　陆向军

出　版	合肥工业大学出版社	版　次	2008年7月第1版
地　址	合肥市屯溪路193号	印　次	2017年8月第6次印刷
邮　编	230009	开　本	787毫米×1092毫米　1/16
电　话	综合编辑部：0551-62903028	印　张	14.5
	市场营销部：0551-62903198	字　数	345千字
网　址	www.hfutpress.com.cn	发　行	全国新华书店
E-mail	hfutpress@163.com	印　刷	合肥现代印务有限公司

ISBN 978-7-81093-758-0　　　　定价：28.00元

前　言

本书是按照教育部电工课程教学指导委员会最新制定的“电工技术(电工学I)课程教学基本要求”组织编写的21世纪课程教材,可与李良光等编写的“电子技术”(电工学II)一书配套使用,作为高等学校非电专业理工科《电工技术(电工学I)》教学教材。

21世纪的到来,推动着时代的进步,伴随着新技术的日新月异,电工技术也发生了巨大变化。为了适应新世纪信息化时代的需要,本书作者在分析和总结以往教材和教学经验的基础上,根据电工技术课程教学基本要求,对传统的教学内容进行了精选,适当地提高了教材的起点,并增加和加强了部分电工领域的新技术和新内容。本书注意到与普通物理课程的分工,避免了不必要的重复,至于部分内容,例如电路的参数、欧姆定律、磁场的基本物理量等,虽然在普通物理课程中讲过,但是为了加强理论的系统性和满足电工技术的需要,仍列入本书中,使学生在温故知新的基础上,对这些内容的理解能进一步巩固和加深。本书也注意到与后续专业课的分工,书中只研究电工技术的一般规律和常用的电气设备、元件及基本电路。此外,在内容体系上加强了知识结构的系统性和完整性,扩大了知识面,加强了应用性。从而形成了本书的主要特点:内容精炼,起点高,知识新,系统性和实用性强。

全书共10章,第1章介绍电路的基本理论,第2章介绍电路的分析方法,第3章介绍电路的暂态分析,第4章介绍正弦交流电路,第5章介绍三相电路,第6章介绍变压器,第7章介绍异步交流电动机,第8章介绍继电接触器控制系统,第9章介绍工业企业供电与安全用电,第10章介绍电工测量。标以“*”号的章节为选修内容。

本书由黄友锐担任主编,具体分工如下:第1章、第2章、第3章由周莉编写,第4章、第7章由曹成茂编写,第5章、第6章由蒋传平编写,第8章由马德贵编写,第9章、第10章由黄友锐编写。

本书在编辑与出版过程中,得到了许多同志的大力支持和帮助,合肥工业大学出版社为本书的出版给予了大力支持和帮助,在此表示由衷的谢意。

由于编者水平有限,书中错误和不当之处在所难免,敬请读者给予批评指正。

编　者

2008年7月

目　录

第 1 章　电路的基本理论

本章从电路模型入手，对描述电路的基本物理量 —— 电压、电流和电位的概念进行了复习并讨论了电压、电流的参考方向，阐述了电路理论中的基本定律 —— 基尔霍夫定律。最后对电路的各种工作状态做了简单分析。

1.1　电路的作用与基本组成

人们在工作和生活中会遇到很多实际电路，实际电路是为了完成某种预期目的而设计、安装和运行的，由电路部件和电路器件相互连接而成的电流通路装置。简单地说：电路是电流的通路，它是为了某种需要由某些电工设备或元件按一定方式组合起来的。

电路的结构形式和所能完成的任务是多种多样的，最典型的例子是电力系统，其电路示意图如图 1-1(a) 所示。它的作用是实现电能的传输和转换，其中包括电源、负载和中间环节三个组成部分。

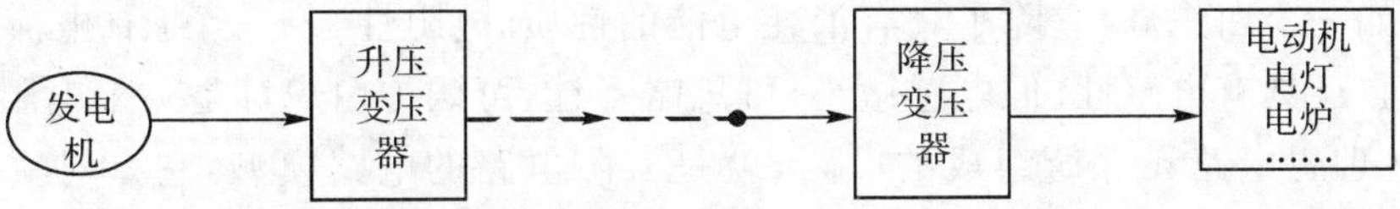

(a)电力系统

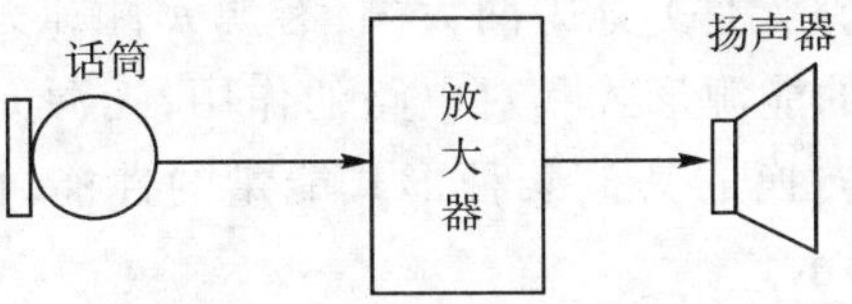

(b)扩音器

图 1-1　电路示意图

发电机是电源，是供应电能的设备。在发电厂内可把热能、水能或核能转换为电能。除发电机外，电池也是常用的电源。

电灯、电动机、电炉等都是负载，是取用电能的设备，它们分别把电能转换为光能、机械能和热能等。

变压器和输电线是中间环节，是连接电源和负载的部分，它起传输和分配电能的作用。

电路的另一种作用是传递和处理信号，常见的例子如扩音机，其电路示意图如图 1-1(b) 所示。先由话筒把语言或音乐（通常称为信息）转换为相应的电压和电流，它们就是电信号，而后通过电路传递到扬声器，把电信号还原为语言或音乐。由于由话筒输出的电信号比较微弱，不足以推动扬声器发音，因此中间还要用放大器来放大。信号的这种转换和放大，称为信号的处理。

在图 1-1 (b) 中，话筒是输出信号的设备，称为信号源，相当于电源，但与上述的发电机、电池这种电源不同，信号源输出的电信号（电压和电流）的变化规律是取决于所加的信息的。扬声器是接受和转换信号的设备，也就是负载。

信号传递和处理的例子是很多的，如收音机和电视机，它们的接收天线（信号源）把载有语言、音乐、图像信息的电磁波接收后转换为相应的电信号，而后通过电路把信号传递和处理（调谐、变频、检波、放大等），送到扬声器和显像管（负载），还原为原始信息。

不论电能的传输和转换或者信号的传递和处理，其中电源或信号源的电压或电流称为激励，它推动电路工作；由激励在电路各部分产生的电压和电流称为响应。所谓电路分析，就是在已知电路的结构和元件参数的条件下，讨论电路的激励与响应之间的关系。

1.2 电路模型

实际电路都是由一些按需要起不同作用的实际电路元件或器件组成，诸如发电机、变压器、电动机、电池、晶体管等，它们都是物理实体。它们的电磁性质很复杂。在分析电路时，若把实际电路元件的所有电磁性质都加以考虑，是非常困难的，而且也是没有必要的。

为了便于对实际电路进行分析和用数学描述，将实际电路元件理想化，即在一定条件下突出其主要的电磁性质，忽略次要因素，把它近似地看作理想电路元件或理想电路元件的组合。例如一个白炽灯，它除了具有消耗电能的性质（电阻性）外，当通有电流时还会产生磁场，就是它还具有电感性。但电感微小，可忽略不计，可认为白炽灯是一个电阻元件。

由一些理想电路元件所组成的电路，就是实际电路的电路模型，它是对实际电路电磁性质的科学抽象和概括。

理想电路元件（以下简称电路元件）分为两大类：有源元件和无源元件。有源元件有电压源和电流源，它们反映了电路的能源形式和对电路的作用；无源元件有电阻元件、电感元件和电容元件，分别反映将电能转换成其他某种形式能量的性能。电路元件分别由相应的符号和参数来表征，如图 1-2 所示。

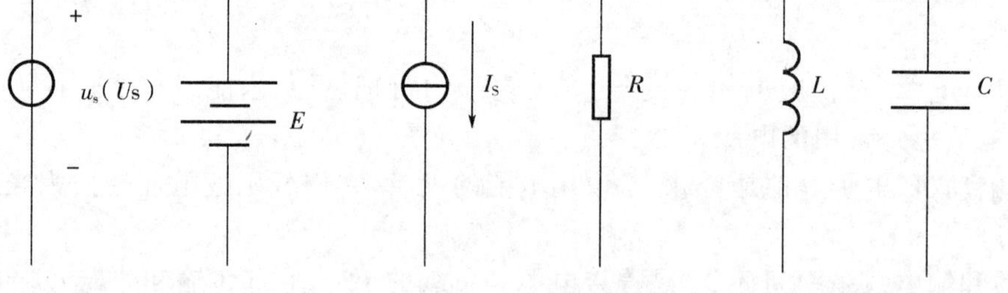

（a）电压源　（b）电流源　（c）电阻元件　（d）电感元件　（e）电容元件

图 1-2　电路元件符号

常用的手电筒是最简单的电路，其实际电路元件有干电池、电珠、开关和筒体，电路模型如图 1-3 所示。电珠是电阻元件，其参数为电阻 R；干电池是电源，由一个电压源 U_S 和电阻 R_S 的组合表征；筒体是连接干电池和电珠的中间环节（包括开关），其电阻忽略不计，认为是一无电阻的理想导体。本书所分析的都是指电路模型，简称电路。在电路图中，各种电路元件用图 1－2 所示规定的图形符号表征。

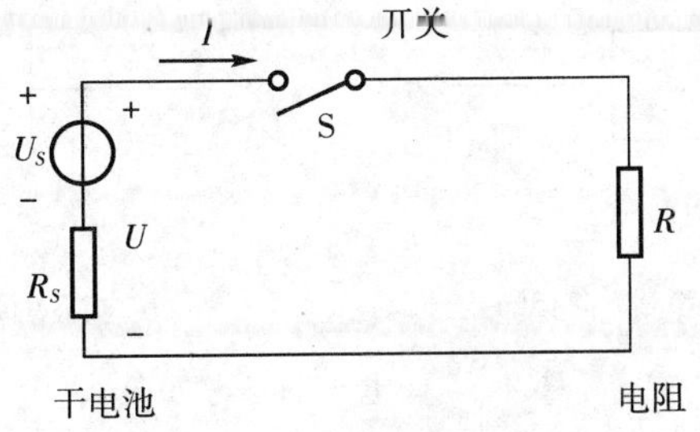

图 1－3　手电筒电路模型

1.3　电压和电流的参考方向

在电路分析中，当涉及某个元件或部分电路的电压和电流时，因为电压和电流的实际方向可能不容易从电路中判定出来，也可能是随时间变动的，此时有必要指定电压或电流的参考方向。该参考方向又称为正方向。

1.3.1　电流的参考方向

通常我们规定正电荷移动的方向或负电荷移动的相反方向为电流的方向(实际方向)。电流的方向是客观存在的。电流通过导线或元件的方向只有两种可能，选定其中一个方向作电流的方向，此即电流的“参考方向”。在参考方向下，电流的正、负可反映其电流实际流向。若 $i>0$，表明电流实际方向与参考方向相同；若 $i<0$，表明电流实际方向与参考方向相反。电流的参考方向可任意指定，不一定就是电流的实际方向，在电路中用箭头表示，也可用双下标表示，如 i_{AB}，如图 1－4 所示。

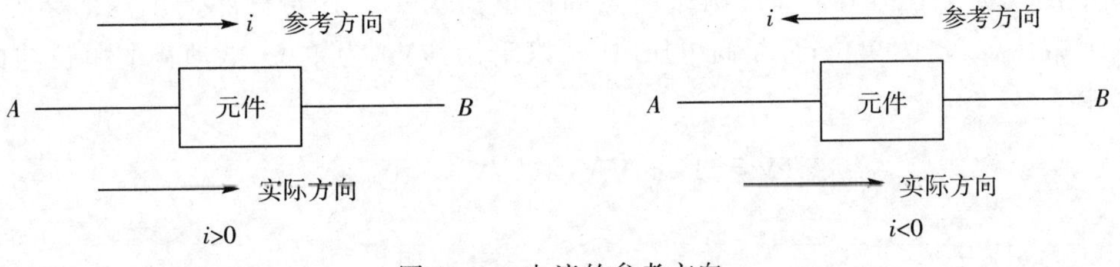

图 1－4　电流的参考方向

1.3.2　电压的参考方向

电压和电动势都是标量，但为了便于分析电路，与电流一样，我们也说它们具有方向。电压的方向规定为由高电位(“+”极性)端指向低电位(“−”极性)端，即为电位降低的方向。电源电动势的方向规定为在电源内部由低电位(“−”极性)端指向高电位(“+”极性)端，即为电位升高的方向。两点间电压实际方向亦有两种可能，可任选一种方向为电压的参考方向，在参考方向下，电压的正、负可反映其电压实际方向。若 $u>0$，表明电压实际方向与参考方向相同；若 $u<0$，表明电压实际方向与参考方向相反，如图 1－5 所示。

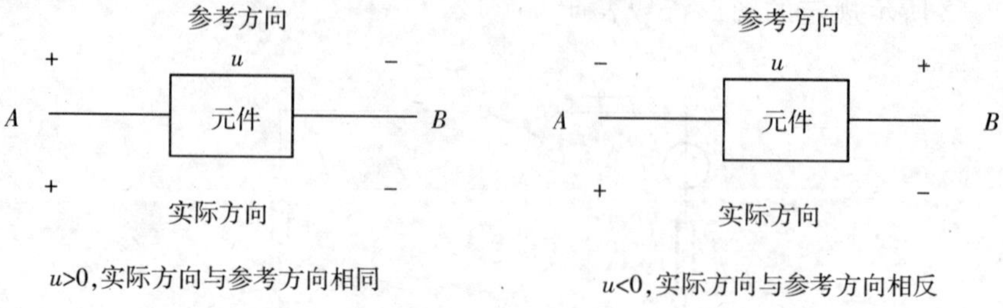

图 1－5　电压的参考方向

1.3.3　关联参考方向

当电压的参考方向指定后，指定电流从标以电压参考方向的“＋”极性端流入，并从标“—”极性端流出，即电流的参考方向与电压的参考方向一致，称之为关联参考方向，反之为非关联参考方向，如图 1－6 所示。

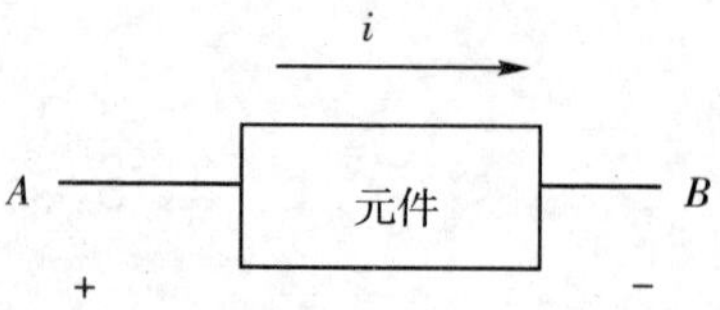

图 1－6　关联参考方向

在分析和计算电路时，一般在电路图中先标出电压或电流的参考方向，若已知实际方向，则选参考方向与实际方向一致。该方向一旦选定，在以后的电路分析和计算过程中，不能中途更改。

我国法定计量单位是以国际单位制(SI) 为基础的。在国际单位制中，电流的单位是安[培](A)。当 1s(秒) 内通过导体横截面的电荷[量]为 1 C(库[仑]) 时，则电流为 1 A。计量微小的电流时，以毫安(mA) 或微安(μA) 为单位。

$$1\text{A} = 10^3\ \text{mA} = 10^6\ \mu\text{A}$$

在国际单位制中，电压的单位是伏[特](V)。当电场力把 1C 的电荷[量] 从一点移到另一点所做的功为 1J(焦[耳]) 时，则该两点间的电压为 1V。计量微小的电压时，则以毫伏(mV) 或微伏(μA) 为单位；计量高电压时，则以千伏(kV) 为单位。电动势的单位与电压的单位一样。

$$1\text{V} = 10^3\text{mV} = 10^6\mu\text{V} = 10^{-3}\text{kV}$$

1.4　欧姆定律

通常流过电阻的电流与电阻两端的电压成正比，这就是欧姆定律。它是分析电路的基本定律之一。对图 1－7(a) 的电路，欧姆定律可用下式表示

$$\frac{U}{I} = R$$

式中，R 即为该段电路的电阻。

由上式可见，当所加电压 U 一定时，电阻 R 愈大，则电流 I 愈小，电阻具有对电流起阻碍

作用的物理性质。在国际单位制中，电阻的单位是欧[姆]（Ω）。当电路两端的电压为 1V，通过的电流为 1A 时，则该段电路的电阻为 1Ω。计量高电阻时，则以千欧（kΩ）或兆欧（MΩ）为单位。

根据在电路图上所选电压和电流的参考方向的不同，在欧姆定律的表示式中可带有正号或负号。当电压和电流的参考方向一致时[图 1－7（a）、（d）中]，则得

$$U = IR$$

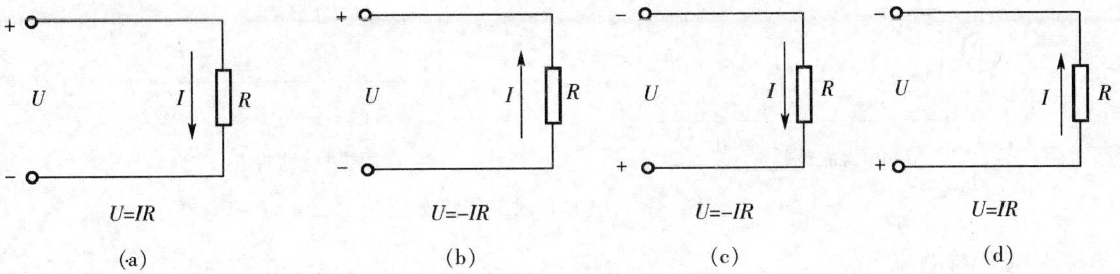

图 1－7　欧姆定律

当两者的参考方向选得相反时[图 1－7（b）、（c）中]，则得

$$U = -IR$$

【例 1－1】　应用欧姆定律对图 1－8 所示电路列出式子，并求电阻 R。

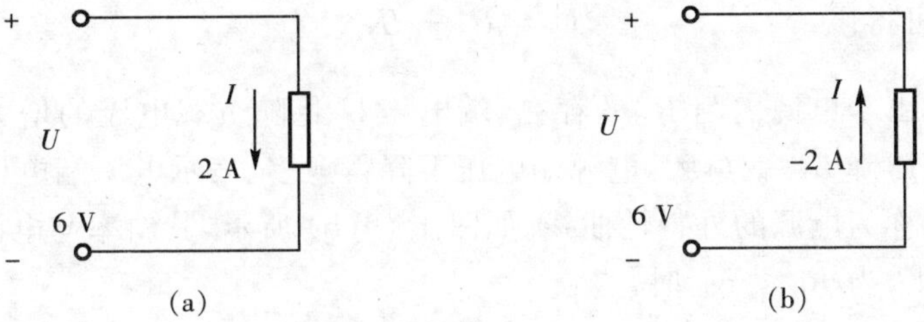

图 1－8　例 1－1 图

【解】　对图（a）有，$U = IR$　　　所以 $R = \frac{U}{I} = \frac{6}{2} = 3(\Omega)$

对图（b）有，$U = -IR$　　　所以 $R = -\frac{U}{I} = -\frac{6}{-2} = 3(\Omega)$

注意：电阻 R 恒大于或等于零。

1.5　电源有载工作、开路与短路

现以最简单的直流电路（图 1－9）为例，分别讨论电源有载工作、开路与短路时的电流、电压和功率。

1.5.1　电源有载工作

将图 1－9 中的开关 S 合上，接通电源与负载，电路中就有了电流及能量的输送和转换，

电路的这一状态称为电源有载工作状态或通路状态。下面分别讨论几个问题。

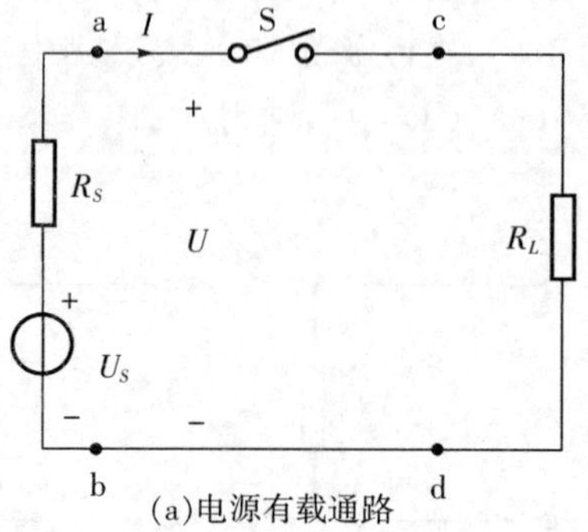

(a)电源有载通路

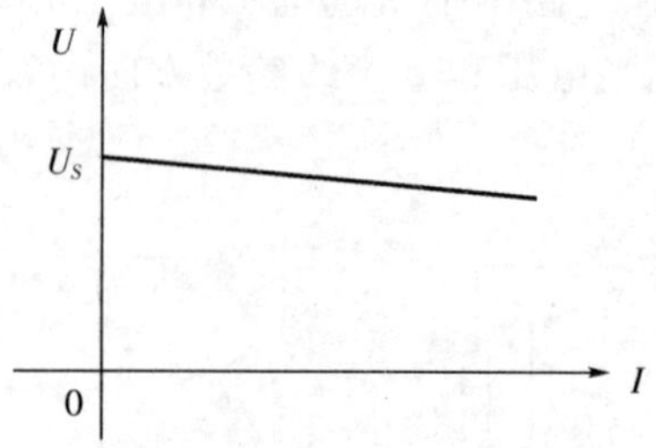

(b)电源外特性曲线

图 1-9　电源有载工作状态

1. 电压与电流

利用欧姆定律可列出电路中的电流表达式为

$$I = \frac{U_s}{R_s + R_L} \tag{1-1}$$

负载电阻两端的电压为　$U = IR_L$

由以上两式可得　$U = U_s - IR_s$　(1-2)

由上式可见，由于电源内阻 R_s 的存在，端电压 U 将随负载电流的增大而降低，电流愈大，电源内阻上的压降 IR_s 就愈大，电源端电压下降得愈多。表示电源端电压 U 与输出电流 I 之间关系的曲线，称为电源的外特性曲线。如图 1-9(b) 所示，其斜率与电源的内阻有关。一般电源的内阻很小，当 $R_s \ll R_L$ 时，

则　$U \approx U_s$

上式表明，当负载变动时，电源端电压变化不大，说明电源带负载能力强。

2. 功率与功率平衡

将式(1-2) 等式两边同乘以电流 I，得电路的功率平衡式为

$$UI = IU_s - I^2 R_s$$

$$P = P_s - \Delta P \tag{1-3}$$

式中，$P_s = IU_s$，是电源产生的功率；$\Delta P = I^2 R_s$，是电源内电阻上损耗的功率；$P = IU = I^2 R_L$ 是电源输出或负载吸收的功率。

任何电路功率总是平衡的，电源所产生的功率一定等于负载所取用的功率与内阻上损耗的功率之和。因此，可用功率平衡来检验电路分析的结果是否正确。

在国际单位制中，功率的单位是瓦[特](W) 或千瓦(kW)。1 秒(s) 内转换 1 焦耳(J) 的能量，则功率为 1 瓦(W)。

3. 电路元件为电源或负载的判别

在分析电路时，经常要判别哪个电路元件是电源(或起电源的作用)，哪个电路元件是负载(或作为负载使用)。具体方法如下：

当电路元件的电压、电流参考方向为关联参考方向时，若分析结果知 $P=UI>0$，则该元件为负载；若 $P=UI<0$，则该元件为电源。

当电路元件的电压、电流参考方向为非关联参考方向时，若分析结果知 $P=UI>0$，则该元件为电源；若 $P=UI<0$，则该元件为负载。

或用以下思路判断：当电压、电流的参考方向为关联参考方向时，取功率表达式为 $P=UI$，若分析结果得 $P>0$，则说明该元件吸收功率，作负载。

若分析结果得 $P<0$，则说明该元件吸收负功率或发出正功率，作电源。

当电压、电流的参考方向为非关联参考方向时，取功率表达式为 $P=-UI$

若分析结果得 $P<0$，则说明该元件发出功率，作电源。

若分析结果得 $P>0$，则说明该元件吸收功率，作负载。

【例1-2】 在图1-10所示电路中，已知：$I=2\text{A}$，$U_1=10\text{V}$，$U_2=6\text{V}$，$U_3=-4\text{V}$，问哪些元件是电源？哪些元件是负载？

【解】 由图知，元件1上的电压和电流为非关联参考方向，且有

$P_1=U_1I=10\times2=20(\text{W})>0$

所以元件1为电源。

元件2上的电压和电流为关联参考方向，且有

$P_2=U_2I=6\times2=12(\text{W})>0$

所以元件2为负载。

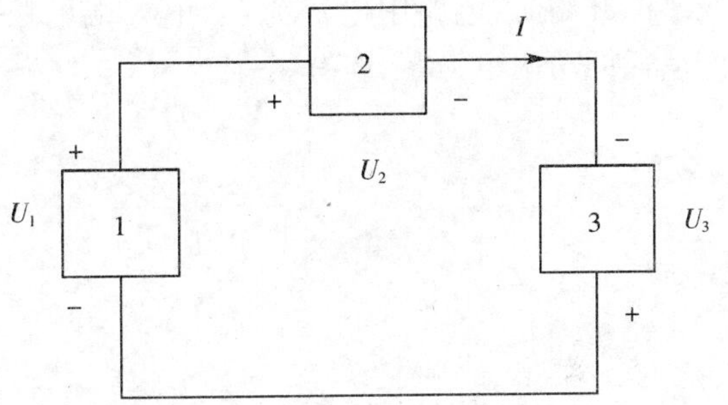

图1-10 例1-2图

元件3上的电压和电流为非关联参考方向，且有

$P_3=U_3I=-4\times2=-8(\text{W})<0$，所以元件3为负载。

可见：负载吸收的总功率 = 电源发出的总功率

【例1-3】 在图1-11所示电路中，U_{S1}、U_{S2}、I 均为正值，问提供功率的电源是哪个？

【解】 由电路图中电压电流的参考方向知：

电源 U_{S1} 的功率为 $P_{U_{S1}}=-U_{S1}I<0$，释放功率，电压源 U_{S1} 提供功率，作电源。

电源 U_{S2} 的功率为 $P_{U_{S2}}=U_{S1}I>0$，吸收功率，电压源 U_{S2} 消耗功率，作负载。

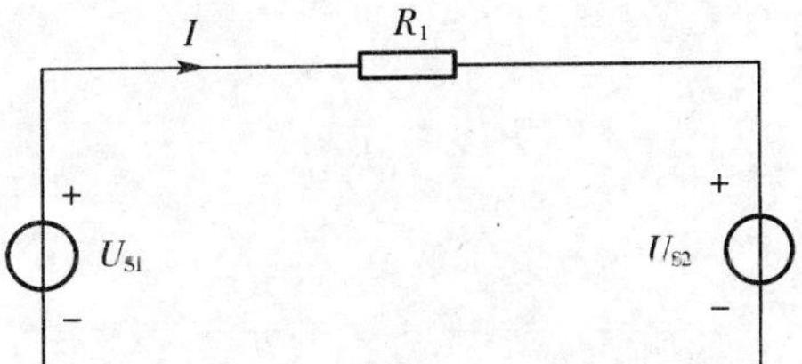

图1-11 例1-3图

4. 电气设备的额定值

电气设备的额定值是指导用户正确使用电气设备的技术数据。这些技术数据是根据生产过程的要求和条件的需要设计制定的，

通常标在电气设备的铭牌上或在说明书中给出。

额定值是电气设备在正常运行时的规定使用值，它具有如下含义：

(1) 额定值反映电气设备的使用安全性；

(2) 额定值表示电气设备的使用能力。

各种电气设备的电压、电流和功率都有一个额定值，例如一只灯泡，其上数据有：220V，60W，这就是它的额定值。额定值是制造厂为了使产品能在给定的工作条件下正常运行而规定的正常允许值。这样，我们可以知道实际使用中，电气设备的电压、电流和功率不一定就等于额定值。它可有三种运行状态：当实际值高于额定值时，设备易损坏；当实际值低于额定值时，得不到正常合理的运行状况，而且也不能充分利用设备的能力。只有当电气设备实际运行值等于或大致等于额定值时，才能经济、合理、安全地工作。

电气设备的绝缘材料是根据其额定电压设计选用的。施加的电压太大，超过额定值，绝缘材料就可能被击穿。

1.5.2 电源开路状态

当图 1-9 中的开关 S 打开时，电路的工作状态称为开路状态。

电源开路时，电路中电流为零，电源端电压等于电源的电动势，电源输出功率为零，负载上消耗的功率也为零。即有

$$I = 0$$

$$U = U_S$$

$$P = 0$$

1.5.3 电源短路状态

如图 1-12 所示，当负载两端 c，d 两点由于某种原因联在一起，这种状态称为电源短路状态。电源一旦被短路，外电阻可看成零，电流很大，称为短路电流，用 I_S 表示。电源输出电压为零，电源的电动势全部降在电源的内阻上，电源所产生的电能全部消耗在其内阻上，输出功率为零。即有

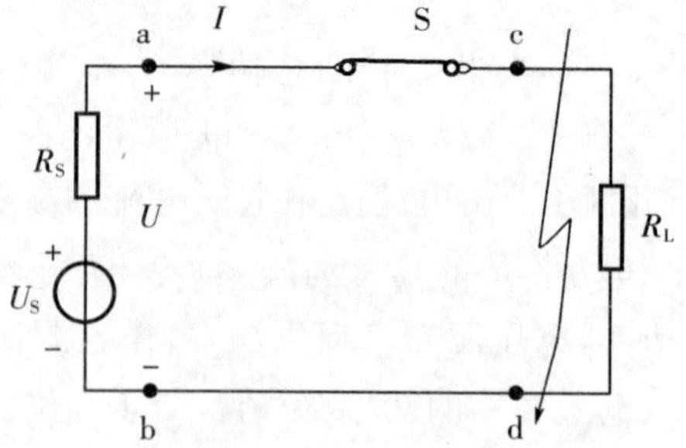

图 1-12 电源短路状态

$$I = I_S = \frac{U_S}{R_S}$$

$$U = 0$$

$$P_S = \Delta P = I_S^2 R_S, P = 0$$

除了为了某种目的进行短路实验外，短路通常是电力系统故障，应尽力避免。

1.6　基尔霍夫定律

基尔霍夫定律与欧姆定律都是分析与计算电路的基本定律。基尔霍夫定律包括电流定律和电压定律。

电路中每一个分支称为支路，一条支路上所有两端元件流过同一个电流，称为支路电流。如图 1-13 中，共有六条支路。

电路中三条或三条以上的支路相交的点称为结点。在图 1-13 中共有四个结点：a，b，c，d。

由一条或多条支路构成的闭合路径，称为回路。

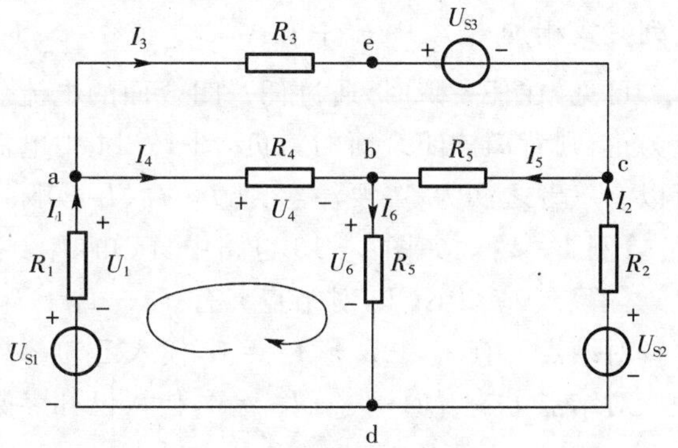

图 1-13　应用示例电路

图 1-13 中共有七个回路：

aecba，abda，bcdb，aecda，aecbda，abdcea，abcda。

1.6.1　基尔霍夫电流定律(KCL：Kirchhoff′s Current Law)

基尔霍夫电流定律用于确定联接于同一结点的各支路电流关系。由于电流的连续性，电荷不能在电路中的某一点(包括结点)上堆积，因此，基尔霍夫电流定律指出：在任一瞬时，流向某一结点的电流之和应该等于从该结点流出的电流之和。如图 1-13 中，对结点 a 有

$$I_1 = I_3 + I_4$$

或将上式改写成

$$I_1 - I_3 - I_4 = 0$$

即：
$$\sum I = 0 \tag{1-4}$$

则基尔霍夫电流定律重述如下：任一瞬时，流过某一结点的电流代数和恒等于零。若取流向结点的电流为正，则背离结点的电流为负。

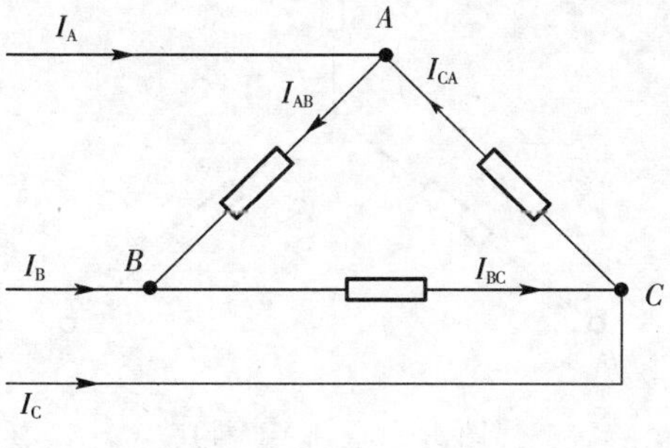

图 1-14　KCL 推广

根据分析和计算电路的结果，会发现有些支路的电流可能为负，这说明我们所选定的电流参考方向与实际方向相反。

基尔霍夫电流定律不仅适用于结点，也可适用于包含几个结点的任一假设闭合面。如图 1-14，闭合面包含的是一个三角形，它有三个结点，应用 KCL 有

$$I_A = I_{AB} - I_{CA}$$

$$I_B = I_{BC} - I_{AB}$$

$$I_C = I_{CA} - I_{BC}$$

上列三式相加得 $I_A + I_B + I_C = 0$ 或 $\sum I = 0$

可见，在任一瞬时，通过任一闭合面的电流代数和也恒等于零。若取流向该闭合面的电流为正，则背离该闭合面的为负。图 1－14 中电流 I_A、I_B、I_C 的参考方向均取为流向闭合面，所以有三者之和为零。要注意到，I_A、I_B、I_C 实际方向应有一个或两个电流与参考方向相反。

【例 1－4】 如图 1－13 电路中，已知：$I_1 = 3\text{A}$，$I_2 = 4\text{A}$，$I_3 = -2\text{A}$，求电流 I_4，I_5，I_6。

【解】 应用 KCL，对结点 a 有 $I_1 - I_3 - I_4 = 0$，代入已知参数得 $I_4 = 5\text{A}$；

对结点 c 有 $I_2 + I_3 - I_5 = 0$，代入已知参数得 $I_5 = 2\text{A}$；

对结点 b 有 $I_4 + I_5 - I_6 = 0$，代入已知参数得 $I_6 = 7\text{A}$。

1.6.2 基尔霍夫电压定律（KVL：Kirchhoff′s Voltage Law）

基尔霍夫电压定律是对回路中各段电压关系的约束。基尔霍夫电压定律指出：从电路中任一回路的某一点出发，沿回路循行一周，则在这个方向上的电位降之和应该等于电位升之和。

在图 1－13 中，对回路 abda，应用 KVL 有

$$U_4 + U_6 = U_{S1} + U_1 \qquad (1-5)$$

将上式改写为

$$U_4 + U_6 - U_1 - U_{S1} = 0$$

即

$$\sum U = 0 \qquad (1-6)$$

因此基尔霍夫电压定律又可以表述如下：在任一瞬时，对某一回路，沿任一循行方向（顺时针方向或逆时针方向），该回路中各段电压的代数和恒等于零。若将参考方向与回路绕行方向一致的电压取正，则相反的取负。

基尔霍夫电压定律不仅应用于闭合回路，也可将其推广应用于开口电路。如图 1－15 中：

应用 KVL 有

$$U_{AB} + U_B - U_A = 0$$

$$U_{BC} + U_C - U_B = 0$$

$$U_{CA} + U_A - U_C = 0$$

移项得

$$U_{AB} = U_A - U_B$$

$$U_{BC} = U_B - U_C$$

$$U_{CA} = U_C - U_A$$

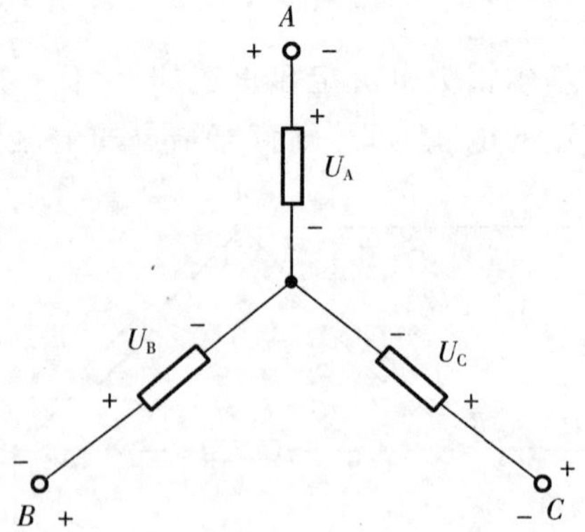

图 1－15 KVL 推广

在分析和计算电路时，经常用基尔霍夫电压定律列写电压等式。若电路中的元件是电阻元件，可以将电阻两端的电压用电流和电阻的乘积(欧姆定律)表示。例如图 1-13 中将 U_1，U_4，U_6 分别用下列各式表示：$U_1 = -I_1R_1$，$U_4 = I_4R_4$，$U_6 = I_6R_6$。

代入式(1-5)可得　$I_4R_4 + I_6R_6 + I_1R_1 = U_{S1}$

【例 1-5】　图 1-16 电路中，已知 $R_1 = 10\Omega$，$R_2 = 2\Omega$，$R_3 = 1\Omega$，$U_{S1} = 3V$，$U_{S2} = 1V$。求各电阻端电压及各支路电流。

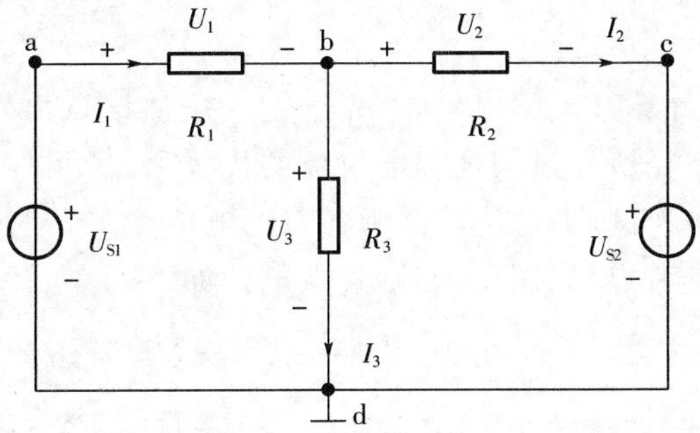

图 1-16　例 1-5 图

【解】　各支路电流及各电阻端电压参考方向如图所示。

对结点应用 KCL 有 $I_1 = I_2 + I_3$

对左回路应用 KVL 有 $U_1 + U_3 = U_{S1}$

对右回路应用 KVL 有 $U_3 - U_2 = U_{S2}$

考虑到 $U_1 = I_1R_1$，$U_2 = I_2R_2$，$U_3 = I_3R_3$ 代入回路电压等式，并联立求解得

$$I_1 = 0.25(\text{A}),\ I_2 = -0.25(\text{A}),\ I_3 = 0.5(\text{A})$$

$$U_1 = 2.5(\text{V}),\ U_2 = -0.5(\text{V}),\ U_3 = 0.5(\text{V})$$

1.7　电路中电位的概念及计算

在进行电路分析和计算时，特别是对电子线路，经常要研究电路中各点电位的高低。例如对二极管讲，只有当它的阳极电位高于阴极电位时，管子才能导通，否则就截止。在晶体管电路中，常需要计算晶体管各极的电位值，求出各极间的电位差，从而确定晶体管的工作状态。

电位是反映电场中某点性质的物理量。电位是个相对的概念，它必须是相对于某个特定的参考点而言的。参考点的电位一般设为零，因此也称参考点为零电位点。

电位在数值上等于将位于该点的单位正电荷移到零电位点的过程中，电场力所做的功。

那么如何选定零电位点呢？从理论上讲，将无穷远处作为零电位参考点；而工程上，是将大地作为零电位参考点；在电子技术上，以机壳或导线汇集的交点作为零电位参考点。实际上零电位参考点可以任意选定。

因为在工程上是把大地作为参考点的，所以零电位点又称为“地”或“接地点”，在电路图中用“⊥”符号表示。实际上参考点并不一定真正与大地相接，而只是作为一个电位比较标准。电位的单位同电压一样，也是伏特(V)。

当研究同一个电路问题时，参考点一旦选定，就不能随意更改。而其他各点电位的大小就等于电场力把单位正电荷从该点移到参考点所做的功。若做的功为正，则电位亦为正；反之为负。

参考点一经确定，电路中各点的电位在某个时刻就只能有一个数值，这称为电位的单值性原理。

实际分析电路时，要计算某点的电位，首先选定一条从该点出发到参考电位点的路径，该点的电位就等于这条路径所经过的全部电位降的代数和。

现以图 1-16 的电路为例，来讨论电路中各点的电位。

先把 d 点设为电位参考点，依图所示，则各点电位如下

$$V_d = 0 \qquad V_a = U_{S1} = +3(V)$$

$$V_b = U_3 = +0.5(V) \qquad V_c = U_{S2} = +1(V)$$

必须注意，只要参考点选定了，某一点的电位就有了确定的值，而且电位值与所选择的路径无关。例如上面例子中，b 点的电位也可从 b 经 R_2、U_{S2} 到 d 点这一路径来计算，则

$$V_b = U_2 + U_{S2} = -0.5 + 1 = +0.5(V)$$

可见，与上面结果一致。

电路中各点的电位值是相对的，当参考点选得不同，同一点的电位值也就不同，但任意两点间的电压是不变的。如图 1-16 所示电路中，若取 b 点作为参考点，则各点电位为

$$V_b = 0 \qquad V_a = U_1 = +2.5(V)$$

$$V_c = -U_2 = +0.5(V) \qquad V_d = -U_3 = -0.5(V)$$

比较上述结果，知参考点取得不同，各点的电位就不同。而电压是两点间的电位之差，则不会改变。读者可根据以上两种情况很容易得到验证。

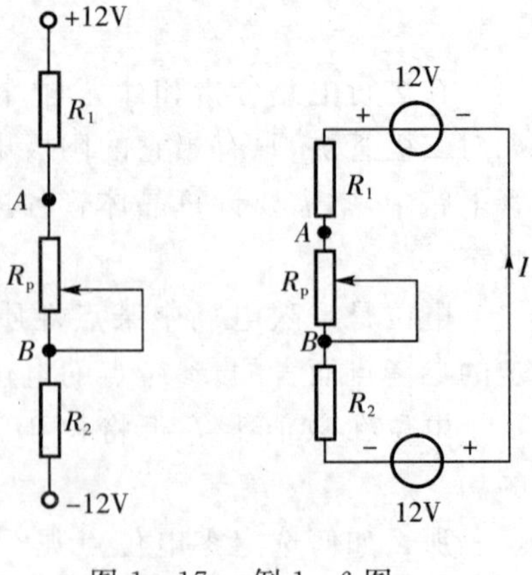

图 1-17　例 1-6 图

【例 1-6】　电路如图 1-17 所示，(1) 零电位参考点在哪里？画电路图表示出来。(2) 当电位器 R_P 的滑动触点向下滑动时，A、B 两点的电位增高了还是降低了？

【解】　(1) 电路如左图，零电位参考点为 +12V 电源的“−”端与 −12V 电源的“+”端的联接处。

(2) $V_A = -IR_1 + 12 \qquad V_B = IR_2 - 12$

当电位器 R_P 的滑动触点向下滑动时，回路中的电流 I 减小，所以 A 点电位增高，B 点电位降低。

【例 1-7】　图 1-18 所示电路，计算开关 S 断开和

闭合时 A 点的电位 V_A。

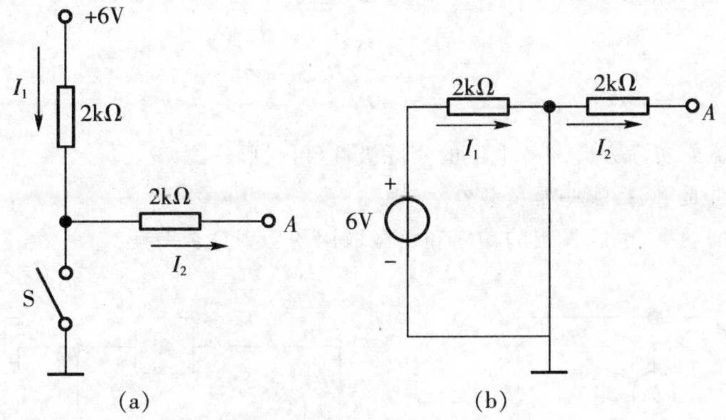

图1-18　例1-7图

【解】 (1) 当开关S断开时，如图(a)

电流　$I_1 = I_2 = 0$　　　　电位　$V_A = +6(\text{V})$

(2) 当开关闭合时，电路如图(b)

电流　$I_2 = 0$　　　　电位　$V_A = 0(\text{V})$

习　　题

1-1　在图1-19所示的电路中，求 A、B、C、D、E 各点电位。

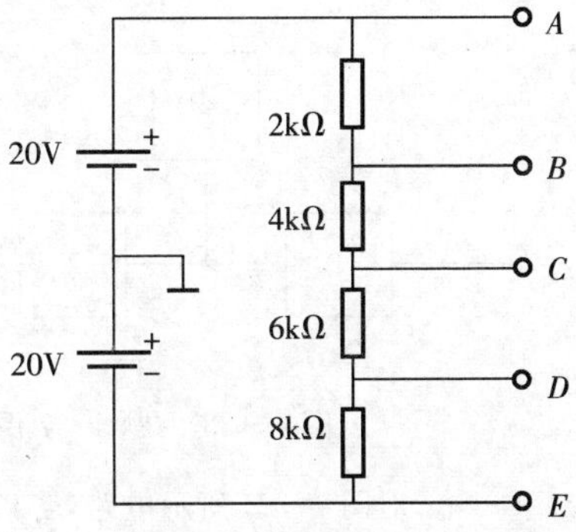

图1-19　题1-1图

1-2　一直流电源的端电压 $U = 230\text{V}$，内阻 $R_0 = 12\Omega$，线路电流 $I = 1\text{A}$。试求：(1) 电源电动势 E；(2) 负载电阻 R_L；(3) 电源产生的功率；(4) 电源内阻上的功率损耗；(5) 负载上消耗的功率。

1-3　我国自葛洲坝水电站至上海的高压直流输电线路示意图如1-20所示。输电线每根对地耐压为500kV，导线容许电流为1kA；每根导线电阻为27Ω(全长1088km)。试问当首端线间电压 U_1 为1 000kV时，可传输多少功率到上海？传输效率是多少？

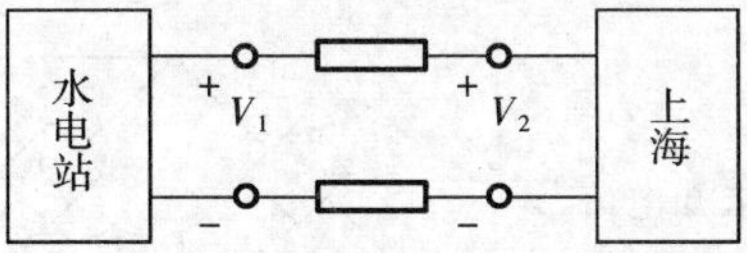

图1-20　题1-3图

1-4　把额定功率分别为100W和60W的两盏电灯，串联后接在端电压为220V的电源上使用，电灯的额定电压都是110V。这种接法会有什么后果？如果电灯不损坏，且它们的阻值不变，它们实际消耗的功率各是多少？如果是两个110V、60W的灯泡，是否可以这样使用？为什么？

1-5　在图1-21所示的电路中，已知 $R_1 = 100\Omega$，两个电流表的读数分别是：$I = 3\text{A}$，$I_1 = 2\text{A}$，问 I_2 及 R_2 应该是多少？

1-6　在图 1-22 中，五个元件代表电源或负载。电流和电压的参考方向如图所示，今通过实验测量得知：

$I_1 = -4\text{A}$　　$I_5 = -6\text{A}$　　$I_3 = 10\text{A}$

$U_1 = 140\text{V}$　　$U_5 = +90\text{V}$　　$U_3 = 60\text{V}$

$U_2 = -80\text{V}$　　$U_4 = -30\text{V}$

(1) 试标出各电流的实际方向和各电压的实际极性（可另画一图）；

(2) 判断哪些元件是电源？哪些是负载？

(3) 计算各元件的功率，电源发出的功率和负载取用的功率是否平衡？

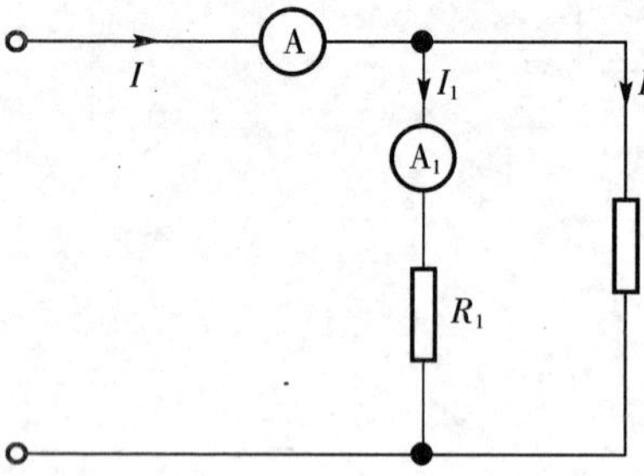

图 1-21　题 1-5 图

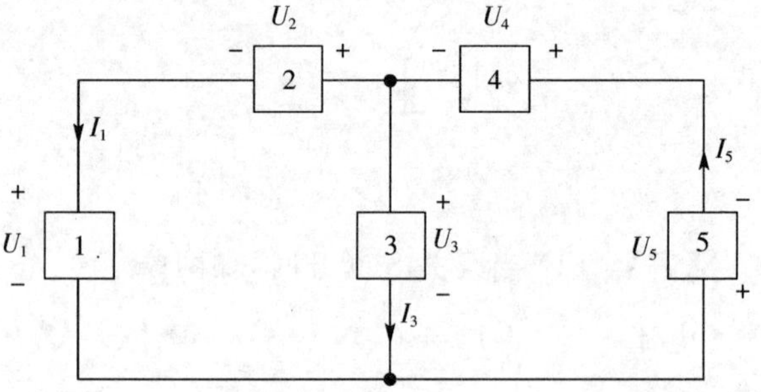

图 1-22　题 1-6 图

1-7　在图 1-23 中，已知 $I_1 = 0.01\mu\text{A}$，$I_2 = 0.3\mu\text{A}$，$I_5 = 9.61\mu\text{A}$，试求电流 I_3、I_4 和 I_6。

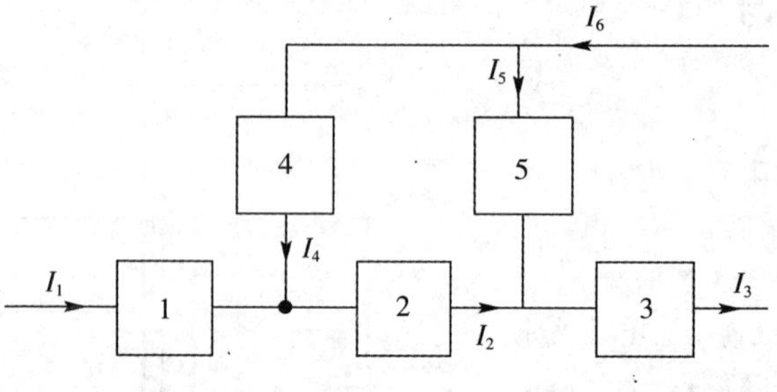

图 1-23　题 1-7 图

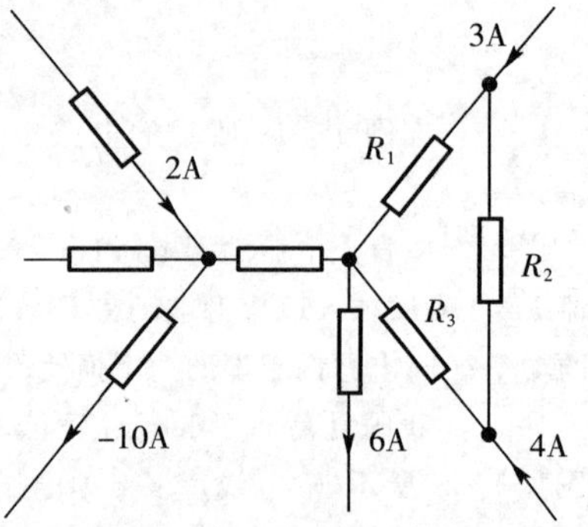

图 1-24　题 1-8 图

1-8　对图 1-24 所示电路，若：

(1) R_1、R_2、R_3 不定；

(2) $R_1 = R_2 = R_3$。

在以上两种情况下，尽可能多的确定各电阻中的未知电流。

1-9　在如图 1-25 所示的电路中，三个方框两端电压为已知，试求其他三个方框两端的电压 U_3、U_4、U_5。

1-10　在图 1-26 所示电路中，已知 $U_{12} = 2\text{V}$，$U_{23} = 3\text{V}$，$U_{25} = 5\text{V}$，$U_{37} = 3\text{V}$，$U_{67} = 1\text{V}$，尽可能多的确定其他各元件的电压。

1-11　在图 1-27 所示的电路中，如果 15Ω 电阻上的电压降为 30V，其极性如图所示，试求电阻 R 的阻值及 B 点的电位。

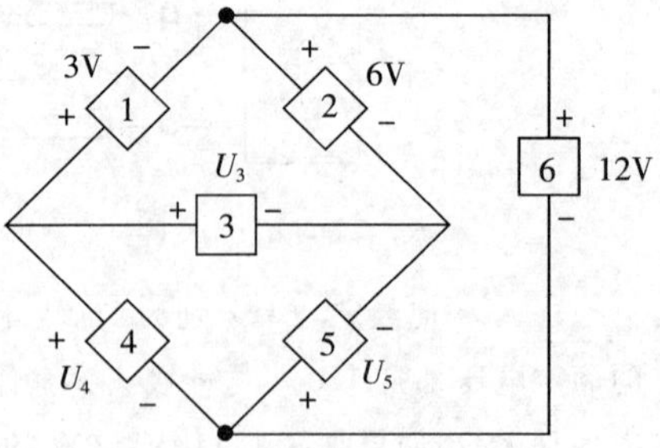

图 1-25　题 1-9 图

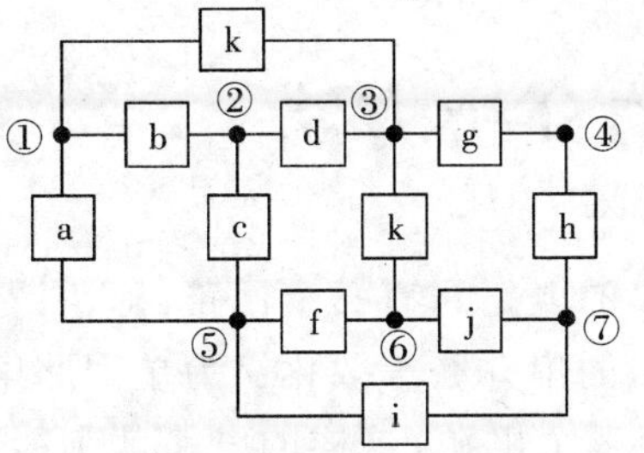

图 1 - 26　题 1 - 10 图

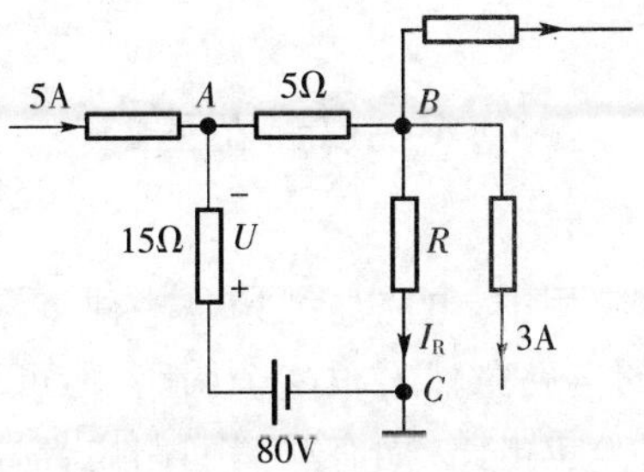

图 1 - 27　题 1 - 11 图

1 - 12　计算图 1 - 28 所示各电路中 C 点的电位。

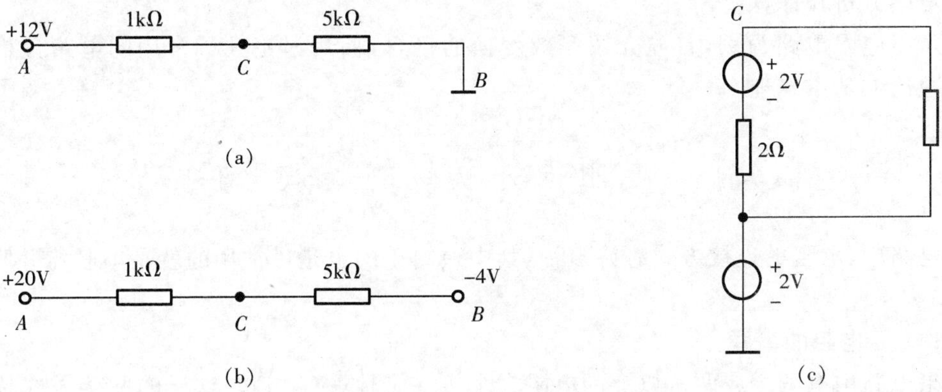

图 1 - 28　题 1 - 12 图

1 - 13　电路如图 1 - 29 所示，(1) 零电位参考点在哪里？画出完整电路图来表示。(2) R_1 和 R_W 保持不变，当 R_2 增大时，A、B 两点的电位是增高还是降低？

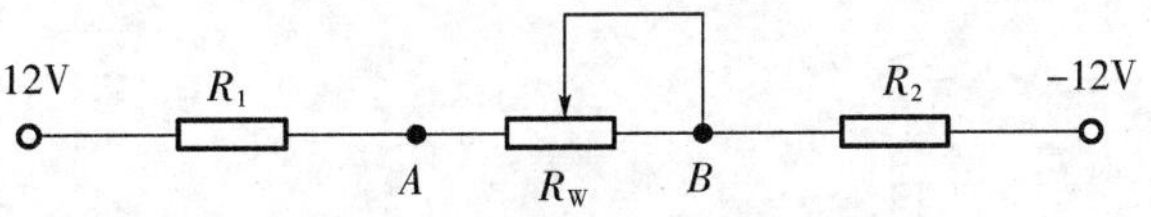

图 1 - 29　题 1 - 13 图

1 - 14　试求图 1 - 30 所示电路中 A 点和 B 点的电位。

1 - 15　在图 1 - 31 中，在开关 S 断开和闭合的两种情况下试求 A 点和 B 点的电位。

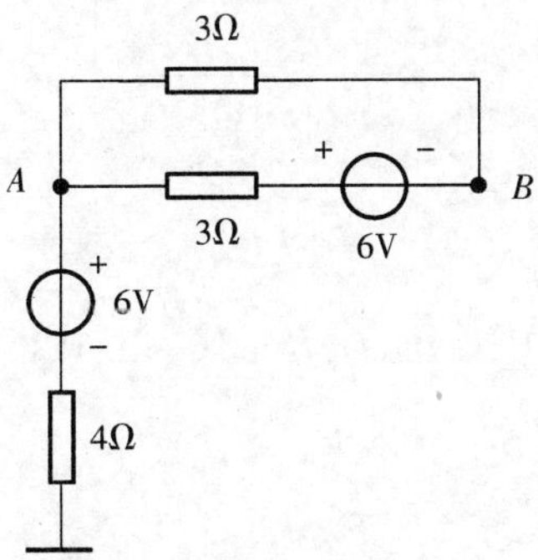

图 1 - 30　题 1 - 14 图

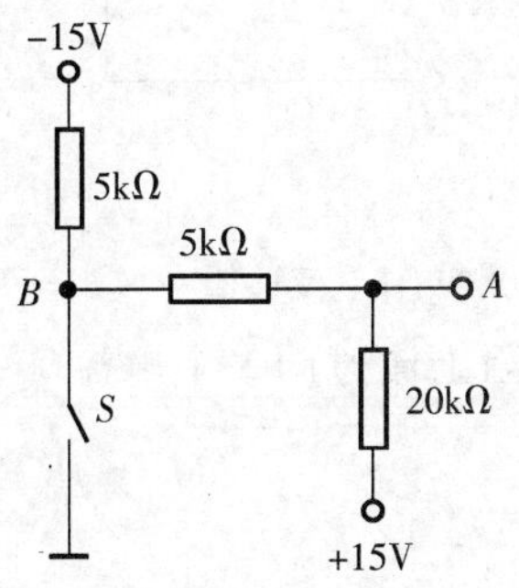

图 1 - 31　题 1 - 15 图

第2章　电路的分析方法

实际应用中，电路的结构是多种多样的。最简单的电路只有一个回路，即所谓的单回路电路。有的电路虽然有很多个回路，但可以通过电阻的串并联等效化简为单回路电路。这类电路称为简单电路。而有些多回路电路中可能含有多个电源，这样的电路就不能通过简单的化简成为单回路电路，称之为复杂电路。

对于简单电路，可以用欧姆定律分析和计算；而对于复杂电路必须应用欧姆定律和基尔霍夫定律分析和计算。

本章以电阻电路为例，首先介绍等效变换的概念，而后讨论几种常用的电路分析方法及电路理论的基本定理。

2.1　电阻串并联接的等效变换

在电路中，电阻的连接方式有许多种，其中最简单的也是最常用的就是串联与并联。

2.1.1　电阻的串联

如果电路中有两个或两个以上的电阻一个接一个地顺序相联，这样的联接方式称为电阻的串联。在串联电阻中流过同一个电流，如图 2-1(a) 中，R_1、R_2 是串联联接的电阻，其上流过同一个电流 I；两个串联电阻可以用一个电阻 R_{eq} 等效替代，等效的条件是在同一个电压 U 作用下电流 I 保持不变，如图 2-1(b) 所示。

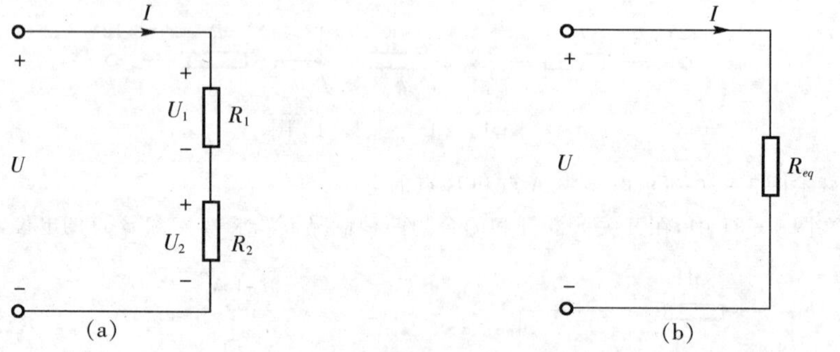

图 2-1　电阻的串联

对图 2-1(a) 应用 KVL 有　$U = U_1 + U_2$

由于每个电阻上流过同一个电流 I，所以有　$U_1 = IR_1, U_2 = IR_2$ 代入上式得

$$U = IR_1 + IR_2 = I(R_1 + R_2) = IR_{eq}$$

其中

$$R_{eq} = R_1 + R_2 = \frac{U}{I}; \qquad (2-1)$$

电阻 R_{eq} 是这两个电阻的等效电阻，显然等效电阻 R_{eq} 必大于任一个串联电阻。

两个串联电阻上的电压分别为
$$\begin{cases} U_1 = IR_1 = \dfrac{R_1}{R_1 + R_2}U \\ U_2 = IR_2 = \dfrac{R_2}{R_1 + R_2}U \end{cases} \tag{2-2}$$

可见，串联的每个电阻，其电压与电阻值成正比。或者说，总电压根据各个串联电阻的值进行分配。式(2-2)称为分压公式。

以上分析是以两个电阻为例，其结论同样适用于多个电阻串联联接时的情况。

$$R_{eq} = \sum_{i=1}^{n} R_i$$

对多个电阻串联情况应有
$$U_k = \frac{R_k}{\sum_{i=1}^{n} R_i}U$$

电阻串联的应用非常多见，譬如当负载的额定电压低于电源电压时，可以与负载串联一个电阻，以分掉部分电压。实际应用中，一般在电路中串联一个变阻器，调节其阻值从而改变它的分压，使负载上得到所需的电压。

2.1.2　电阻的并联

当两个或多个电阻联接在两个公共结点之间，这样的联接方式称为电阻的并联。并联联接的电阻特点是各个电阻承受同一个电压。图 2-2(a) 是两个电阻并联的电路。

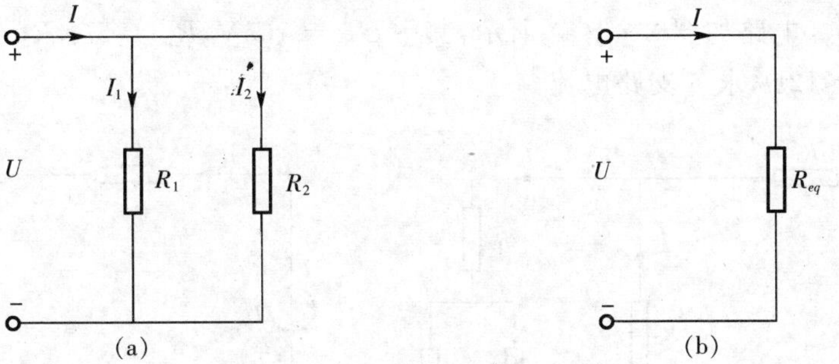

图 2-2　电阻的并联

对图 2-2(a) 应用 KCL 得
$$I = I_1 + I_2$$

由于每个电阻上承受同一个电压 U，所以有

$$I_1 = \frac{U}{R_1}, I_2 = \frac{U}{R_2}$$

代入上式得
$$I = \frac{U}{R_1} + \frac{U}{R_2} = \left(\frac{1}{R_1} + \frac{1}{R_2}\right)U = \frac{1}{R_{eq}}U$$

其中 $$\frac{1}{R_{eq}}=\frac{1}{R_1}+\frac{1}{R_2}\text{，或表示为 }G_{eq}=G_1+G_2 \tag{2-3}$$

G 称为电导，是电阻的倒数，其单位是西门子(S)。

对两个电阻并联有 $$R_{eq}=\frac{R_1R_2}{R_1+R_2}$$

显然并联等效电阻 R_{eq} 小于其中任一个电阻值。

两个并联电阻上的电流分别为 $$\begin{cases} I_1=\dfrac{U}{R_1}=\dfrac{IR_{eq}}{R_1}=\dfrac{R_2}{R_1+R_2}I=\dfrac{G_1}{G_{eq}}I \\ I_2=\dfrac{U}{R_2}=\dfrac{IR_{eq}}{R_2}=\dfrac{R_1}{R_1+R_2}I=\dfrac{G_2}{G_{eq}}I \end{cases} \tag{2-4}$$

可见，每个并联电阻上的电流与它们的电导值成正比，与其电阻值成反比。式(2-4) 称为分流公式。

以上分析是以两个电阻为例，其结论同样适用于多个电阻并联联接时的情况。

对多个电阻并联情况应有 $$\begin{cases} \dfrac{1}{R_{eq}}=\sum\limits_{i=1}^{n}\dfrac{1}{R_i}\text{，或 }G_{eq}=\sum\limits_{i=1}^{n}G_i \\ I_k=\dfrac{G_k}{G_{eq}}I \end{cases}$$

实际电路中，负载一般都是并联运行的。负载并联运行时，它们处于同一电压的作用之下，任何一个并联负载的运行情况基本上不受其他负载的影响。

我们应注意到，并联的负载电阻愈多(负载增加)，则总的等效电阻愈小，而电路上总电流及从电源所获取的总功率也就愈大。但是每个负载上的电流及功率都没有变动。

【例 2-1】 电路如图 2-3(a) 所示，其中 $U_S=165\text{V}$，$R_1=5\Omega$，$R_2=18\Omega$，$R_3=6\Omega$，$R_4=4\Omega$，$R_5=12\Omega$，求各支路电流。

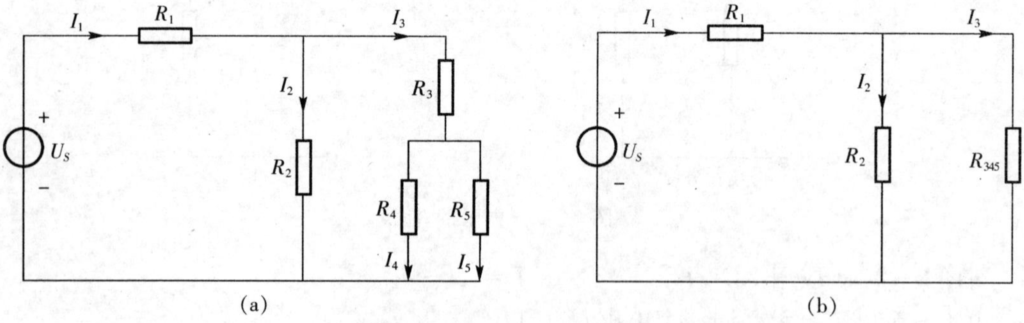

图 2-3 例 2-1 图

【解】 先将 R_3、R_4、R_5 进行串并联等效变换，如图(b) 所示。

$$R_{345}=R_3+\frac{R_4R_5}{R_4+R_5}=6+\frac{4\times12}{4+12}=9(\Omega)$$

总等效电阻为　$R_{eq} = R_1 + \dfrac{R_2 R_{345}}{R_2 + R_{345}} = 11(\Omega)$　所以　$I_1 = \dfrac{U_S}{R_{eq}} = \dfrac{165}{11} = 15(\text{A})$

由分流公式可得　$I_2 = \dfrac{R_{345}}{R_2 + R_{345}} I_1 = 5(\text{A})$，$I_3 = \dfrac{R_2}{R_2 + R_{345}} I_1 = 10(\text{A})$

或由 KCL 得　$I_3 = I_1 - I_2 = 10(\text{A})$

回到图(a) 再由分流公式可求得 I_4、I_5 分别为

$$I_4 = \frac{R_5}{R_4 + R_5} I_3 = 7.5(\text{A}), I_5 = I_3 - I_4 = 2.5(\text{A})$$

求 I_3、I_4、I_5，我们也可从并联支路电压相等来考虑，读者可自行分析并比较结果。

【例 2-2】　电路如图 2-4(a) 所示，求电路 a，b 端口的等效电阻及电路中电流 I、I_5。

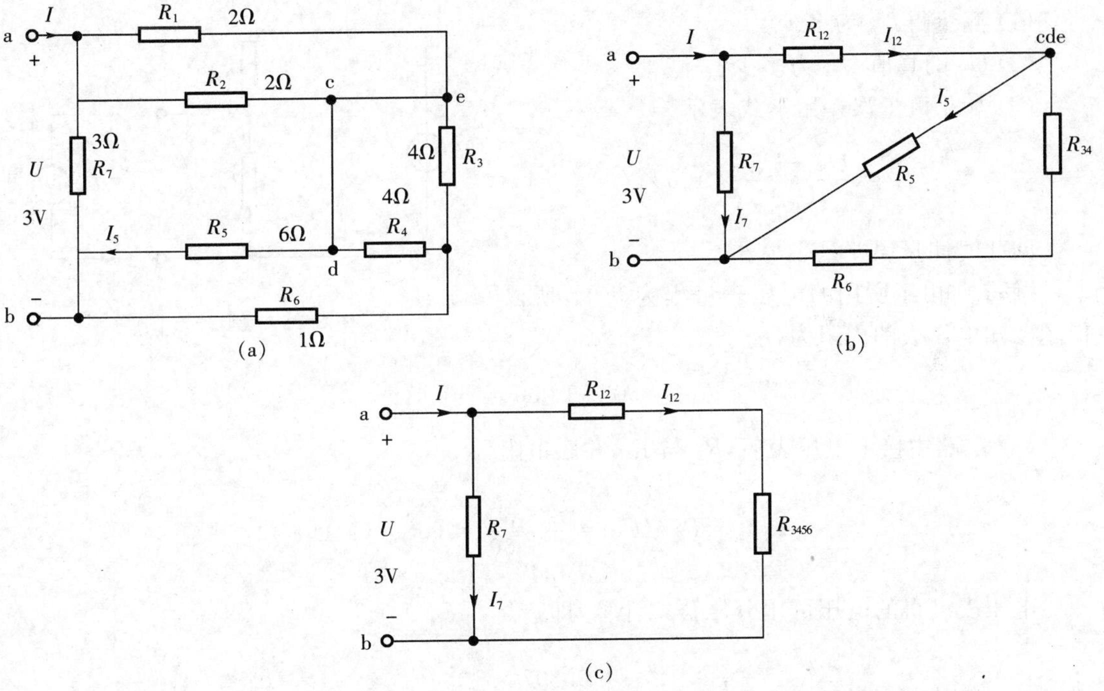

图 2-4　例 2-2 图

【解】　(1) 求 a，b 端口的等效电阻

首先分析电路结构，注意不要受短接线的影响。图中 c，d，e 这三点是短接线相联的点，即为等电位点。这样可知 R_1 与 R_2、R_3 与 R_4 是并联关系，从而电路变形为图(b)。

其中　$R_{12} = \dfrac{R_1 R_2}{R_1 + R_2} = 1(\Omega)$　，　$R_{34} = \dfrac{R_3 R_4}{R_3 + R_4} = 2(\Omega)$

由图(b) 可知 R_{34} 与 R_6 串联，再与 R_5 并联，得图(c)。

其中 $R_{3456}=\dfrac{R_5(R_{34}+R_6)}{R_5+R_{34}+R_6}=2(\Omega)$ 所以 $R_{ab}=\dfrac{R_7(R_{12}+R_{3456})}{R_7+R_{12}+R_{3456}}=1.5(\Omega)$

(2) 求电流

总电流
$$I=\frac{U}{R_{ab}}=2(\mathrm{A})$$

由图(c)得 $I_7=\dfrac{U}{R_7}=1(\mathrm{A})$，$I_{12}=\dfrac{U}{R_{12}+R_{3456}}=1(\mathrm{A})$(并联电阻承受相同的电压)

或由分流公式得
$$I_{12}=\frac{R_7}{R_7+R_{12}+R_{3456}}I=1(\mathrm{A})$$

再由图(b)应用分流公式得 $I_5=\dfrac{R_{34}+R_6}{R_5+R_{34}+R_6}I_{12}=\dfrac{1}{3}(\mathrm{A})$

【例 2-3】 如图 2-5 中，$U_S=50\mathrm{V}$，$R_1=2\mathrm{k}\Omega$，$R_2=8\mathrm{k}\Omega$。现欲测量电压 U_o，所用电压表的量程为 50V，灵敏度为 1 000Ω/V(即每伏量程电压表相当于 1 000Ω 的电阻)，问：

(1) 测量得 U_o 为多少？

(2) U_o 的真值 U_{ot} 为多少？

(3) 如果测量误差用下式表示

$$\delta(\%)=\frac{U_o-U_{ot}}{U_{ot}}\times100\%$$

问此时测量误差是多少？

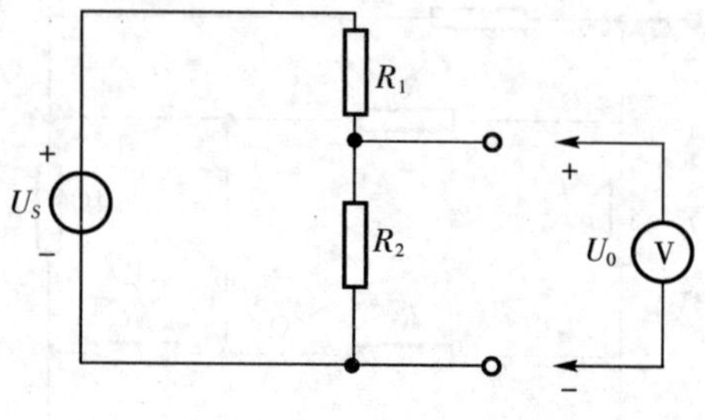

图 2-5 例 2-3 图

【解】 由于所用的电压表量程为 50V，所以依题意知电压表的内阻为

$$R_V=50\times1\,000=50(\mathrm{k}\Omega)$$

(1) 电路中接上电压表后，R_2 与 R_V 并联电阻为

$$R'_V=R_2//R_V=\frac{8\times50}{8+50}=6.897(\mathrm{k}\Omega)$$

电压表测得的电压可用分压公式计算，即

$$U_o=\frac{R'_V}{R_1+R'_V}\cdot U_S=\frac{6.897\times10^3}{2\times10^3+6.897\times10^3}\times50=38.76(\mathrm{V})$$

(2) 被测电压的真值(即相当于电压表的内阻 $R_V\to\infty$ 时的测量值)为

$$U_{ot}=\frac{R_2}{R_1+R_2}\cdot U_S=\frac{8\times10^3}{2\times10^3+8\times10^3}\times50=40(\mathrm{V})$$

(3) 相对测量误差为 $\delta(\%)=\dfrac{U_o-U_{ot}}{U_{ot}}\times100\%=-3.1\%$

*2.2　电阻星形联接与三角形联接的等效变换

有的电阻联接方式既非串联又非并联，不能用电阻串并联来化简。如图 2-6(a) 所示的电路，五个电阻的联接就不能用简单的串并联等效变换进行化简成简单的单回路电路。

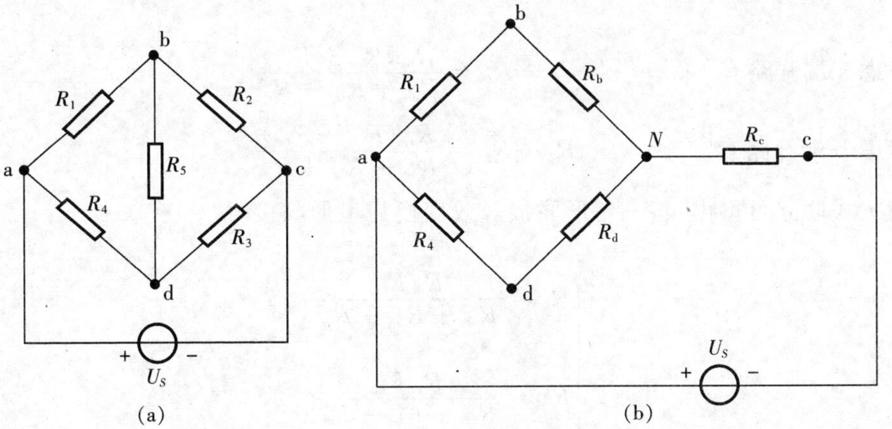

图 2-6　Y－Δ 等效变换一例

如果能将图(a)中 b,c,d 三端间联成三角形(Δ形)的三个电阻等效变换为图(b)中星形(Y形)联接的另外三个电阻(R_b, R_C, R_d)，这样就可以再应用串并联等效变换来计算了。那么星形联接的三个电阻的阻值与原来三角形联接的三个电阻之间又有什么样的关系呢?下面依图 2-7 来回答这个问题。

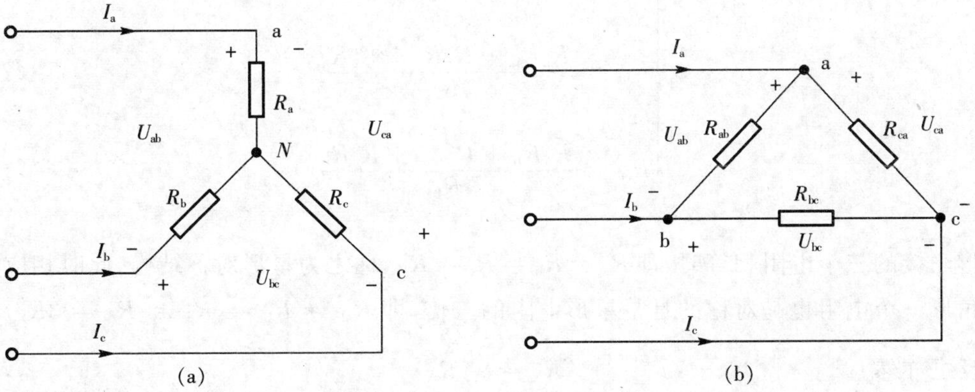

图 2-7　Y－Δ 等效变换

Y 形联接的电阻与 Δ 形联接的电阻等效变换的条件是：对应端子(a,b,c) 流过的电流(I_a, I_b, I_c) 分别相等，对应端子间的电压(U_{ab}, U_{bc}, U_{ca}) 也分别相等。这样变换后才能实现等效的目的，即不影响电路中其他部分的电压和电流。

在满足上述条件下，在星形和三角形两种接法中，对应的任意两端间的等效电阻也必然相等。

考虑某一对应端开路（如 c 端），比较图 2－7(a)、(b) 得另外两端(a，b) 间的等效电阻关系式为

$$R_a + R_b = \frac{R_{ab}(R_{bc} + R_{ca})}{R_{ab} + R_{bc} + R_{ca}}$$

若考虑 a 端开路有 $$R_b + R_c = \frac{R_{bc}(R_{ca} + R_{ab})}{R_{ab} + R_{bc} + R_{ca}}$$

若考虑 b 端开路有 $$R_c + R_a = \frac{R_{ca}(R_{ab} + R_{bc})}{R_{ab} + R_{bc} + R_{ca}}$$

上面三式联立可得出：将三角形联接等效变换为星形联接时

$$\begin{cases} R_a = \dfrac{R_{ab}R_{ca}}{R_{ab} + R_{bc} + R_{ca}} \\ R_b = \dfrac{R_{bc}R_{ab}}{R_{ab} + R_{bc} + R_{ca}} \\ R_c = \dfrac{R_{ca}R_{bc}}{R_{ab} + R_{bc} + R_{ca}} \end{cases} \tag{2-5}$$

将星形联接等效变换为三角形联接时

$$\begin{cases} R_{ab} = \dfrac{R_aR_b + R_bR_c + R_cR_a}{R_c} \\ R_{bc} = \dfrac{R_aR_b + R_bR_c + R_cR_a}{R_a} \\ R_{ca} = \dfrac{R_aR_b + R_bR_c + R_cR_a}{R_b} \end{cases} \tag{2-6}$$

当星形联接的三个电阻相等时，即 $R_a = R_b = R_c = R_Y$，称之为星形对称结构。此时相应的等效三角形三个电阻也是对称的且是星形电阻的三倍，即 $R_{ab} = R_{bc} = R_{ca} = R_\Delta = 3R_Y$。

反之亦然 $$R_Y = \frac{1}{3}R_\Delta$$

【例 2-4】 求图 2-8 所示桥式电路的总电阻 R_{ab}。其中 $R_1 = 14\Omega$，$R_2 = 21\Omega$，$R_3 = 6\Omega$，$R_4 = 2\Omega$，$R_5 = 14\Omega$，$R_6 = 5\Omega$。

【解】 将 a，c，d 内 △ 形电阻(R_1，R_2，R_5) 用 Y 形电阻(R_a，R_c，R_d) 替代，得到图 2-8(b)，其中

$$R_a = \frac{R_1 R_2}{R_1 + R_2 + R_5} = \frac{14 \times 21}{14 + 21 + 14} = 6(\Omega)$$

$$R_c = \frac{R_1 R_5}{R_1 + R_2 + R_5} = \frac{14 \times 14}{14 + 21 + 14} = 4(\Omega)$$

$$R_d = \frac{R_2 R_5}{R_1 + R_2 + R_5} = \frac{21 \times 14}{14 + 21 + 14} = 6(\Omega)$$

然后将 R_c 与 R_4 串联得 R_{4c}，R_d 与 R_3 串联得 R_{3d}，如图(c) 所示，其中

$$R_{4c} = 2 + 4 = 6\Omega, R_{3d} = 6 + 6 = 12(\Omega)$$

最后，将 R_{4c} 与 R_{3d} 并联得 R_{3d4c}，如图(d) 所示，所以

$$R_{ab} = R_a + R_{3d4c} + R_6 = 6 + 4 + 5 = 15(\Omega)$$

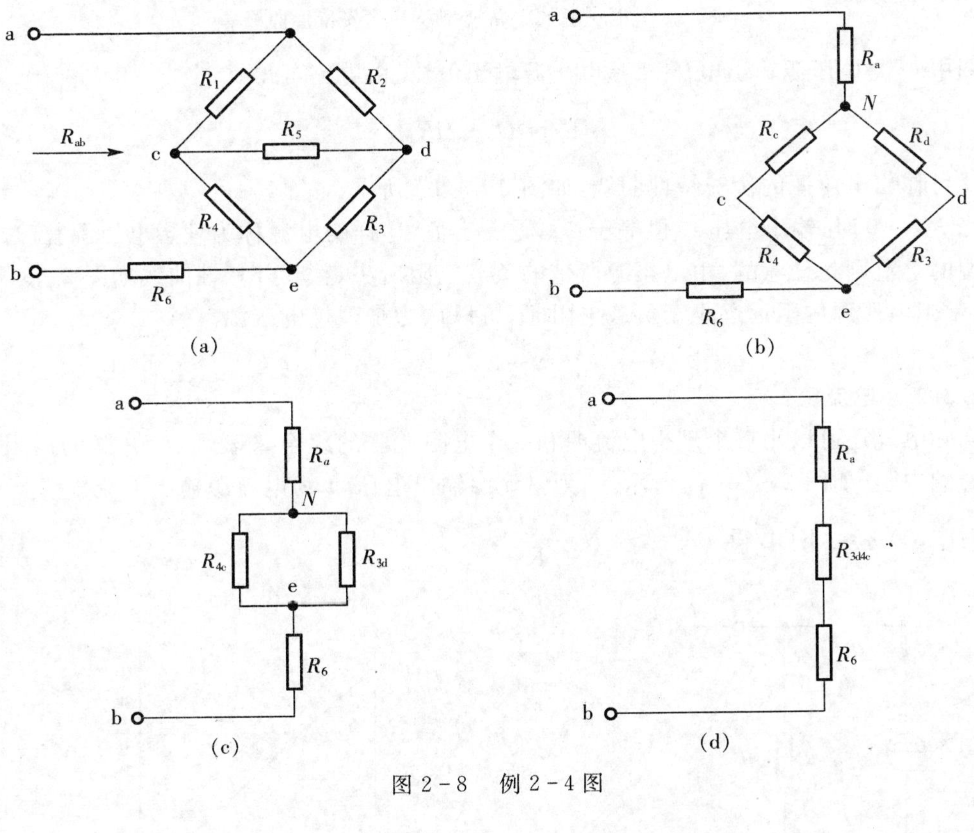

图 2-8　例 2-4 图

2.3　电源的两种模型及其等效变换

实际电源有电池、发电机、信号源等。表示电源的电路模型有两种形式：电压源和电流源。本节将介绍这两种电源模型及它们之间的等效变换。

2.3.1 电压源

任何一个实际电源都可以用一个理想的电压源和一个电阻相串联的形式表示，该串联电阻称为电源的内阻，如图 2-9(a) 所示。

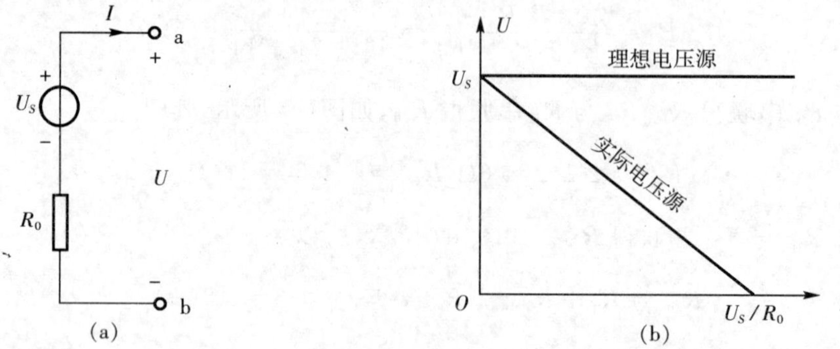

图 2-9 电压源的电路模型及其伏安特性曲线

图中 U 是电压源输出电压，I 是电压源输出电流，由电路可得

$$U = U_S - IR_o \qquad (2-7)$$

由上式可作出电压源的伏安特性曲线，如图 2-9(b) 所示。

当 $R_o = 0$ 时，输出电压 U 恒等于 U_S，是一定值，这样的电源称为理想电压源。流过理想电压源的电流则是任意的，由电压源所带的负载电阻所决定，其外特性曲线如图 2-9(b) 所示。通常当电压源内阻远远小于负载电阻时，可以认为是理想电压源。

2.3.2 电流源

实际电源还可以用一个理想电流源和一个电阻并联的组合来表示，该并联的内阻称为电流源的内阻，如图 2-10(a) 所示。U 为电流源输出电压，I 为电流源输出电流。

对图(a) 应用 KCL 得

$$I = I_S - \frac{U}{R_S} \qquad (2-8)$$

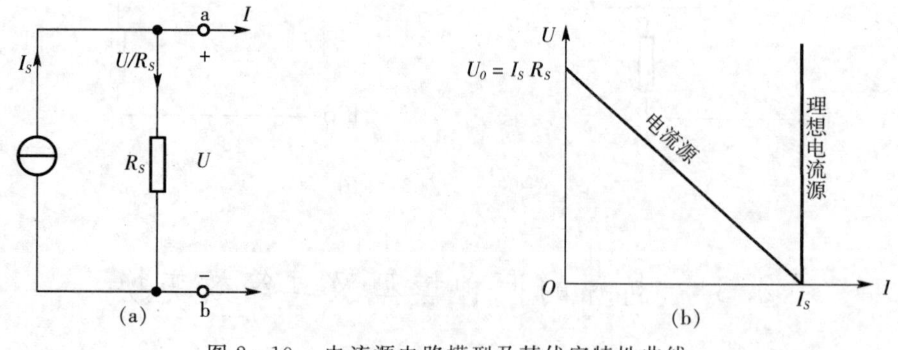

图 2-10 电流源电路模型及其伏安特性曲线

当 $R_S \to \infty$ 时，输出电流 I 恒等于电流源的电激流 I_S，这样的电源称为理想电流源，其端

电压则取决于负载电阻的大小，其外特性曲线如图 2－10(b) 所示。

2.3.3　电压源与电流源的等效变换

一个实际的电源既可以用电压源模型又可以用电流源模型来表示，电压源与电流源之间可以进行等效变换。其等效变换的条件是要使得变换后的电源外特性不变。

由式(2－7) 变换得
$$I = \frac{U_S}{R_o} - \frac{U}{R_o} \tag{2-9}$$

比较式(2－9) 与式(2－8) 知，当$\begin{cases} I_S = \dfrac{U_S}{R_o} \\ R_S = R_o \end{cases}$成立时，图 2－9(a) 所示的电压源可用图 2－10(a) 所示的电流源等效替代。替代后，对外电路(负载) 的电压和电流没有影响，反之亦然。

这种等效变换仅保证端子 a－b 以外电路的电压、电流和功率相同，即只是对外部等效，而对内部无等效可言。例如，若端子 a－b 开路，两种电源对外均不输出功率，但此时电压源发出功率为零，而电流源发出功率为 $I_S^2R_S$，即电流源所发出的功率全部消耗在其内阻上。反之，当端口短路时，电压源发出的功率为 U_S^2/R_o，消耗在其内阻上，电流源发出的功率为零。另外，理想电源之间不存在等效变换。

利用电压源和电流源及电阻串并联等效变换可以化简并求解由电压源、电流源和电阻串并联组成的电路。

【例 2－5】　试用电压源与电流源等效变换的方法，计算图 2－11(a) 电路中电流 I。

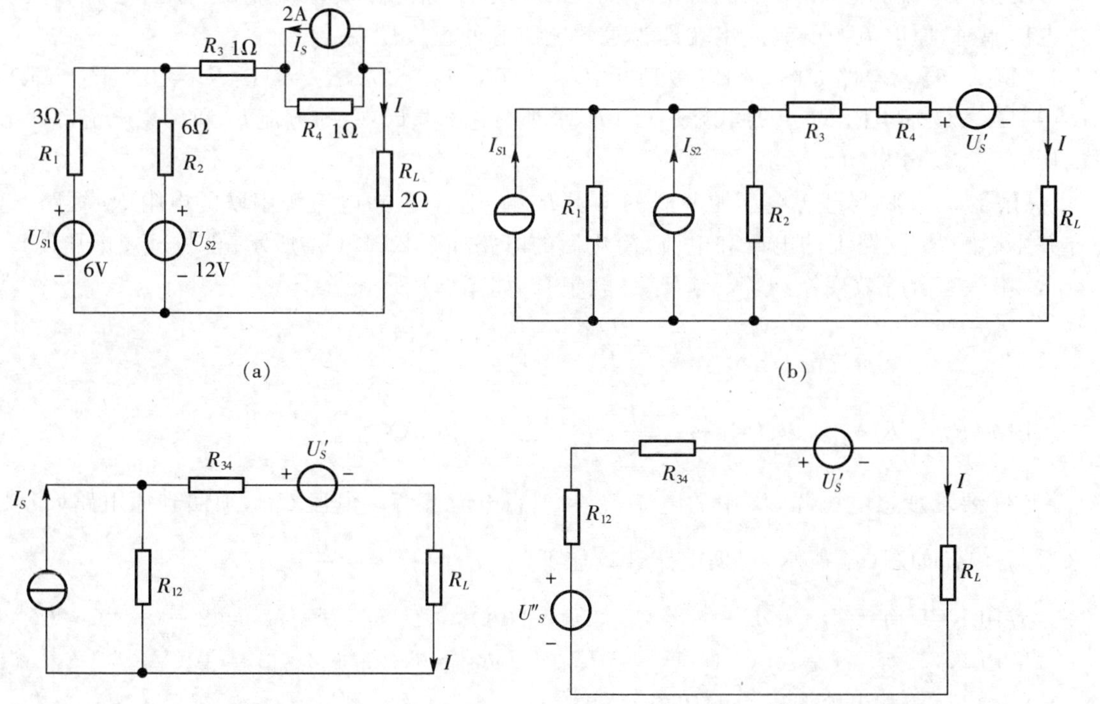

图 2－11　例 2－5 图

【解】 (1) 首先将(a)图中的两个电压源分别变换为电流源

$$I_{S1}=\frac{U_{S1}}{R_1}=\frac{6}{3}=2(\mathrm{A}),I_{S2}=\frac{U_{S2}}{R_2}=\frac{12}{6}=2(\mathrm{A});$$

与电压源串联的电阻 R_1、R_2 变换为与电流源并联。

而将 2A 的电流源等效变换为电压源 $U'_S=I_SR_4=2\times1=2(\mathrm{V})$;

与电流源并联电阻 R_4 变换为与电压源串联,如图(b) 所示。

(2) 将图(b) 中的两个电流源合并:$I'_S=I_{S1}+I_{S2}=4(\mathrm{A}),R_{12}=\frac{R_1\times R_2}{R_1+R_2}=\frac{3\times6}{3+6}=2(\Omega),R_{34}=R_3+R_4=1+1=2(\Omega)$。如图(c) 所示。

(3) 再将图(c) 中的电流源 I'_S 与 R_{12} 的并联组合等效变换为电压源U''_S 与 R_{12} 串联组合,

$$U''_S=I'_SR_{12}=4\times2=8(\mathrm{V})$$

电路如图(d) 所示。此时,电路已化简为单回路电路,回路中总电压源为

$$U_S=U''_S-U'_S=8-2=6(\mathrm{V})$$

总电阻为 $$R=R_{12}+R_{34}+R_L=2+2+2=6(\Omega)$$

于是可得 $$I=\frac{U_S}{R}=\frac{6}{6}=1(\mathrm{A})$$

由上例可知,凡是与理想电压源串联的电阻都可以看成是其内阻,凡是与理想电流源并联的电阻也都可以看成是其内阻。在两种电源等效变换时,要注意方向的一致性,即当电压源变换为电流源时,等效电流源的方向是由原电压源的正极性端流出;而当电流源变换为电压源时,原电流源电流流出端即为等效电压源的正极性端。

【例 2-6】 电路如图 2-12(a) 所示,$U_S=10\mathrm{V},I_S=2\mathrm{A},R_1=1\Omega,R_2=2\Omega,R_3=5\Omega,R_L=1\Omega$。(1) 求电阻 R_L 上的电流 I;(2) 计算理想电压源 U_S 中的电流 I_U 和理想电流源两端电压 U_{I_S};(3) 分析功率平衡。

【解】 (1) 将与理想电压源并联的电阻 R_3 断开,与理想电流源串联的电阻 R_2 短路,这样并不影响 R_L 支路上的电压和电流。简化后的电路如图 2-12(b) 所示。再将理想电压源 U_S 与 R_1 串联组合等效变换为 I'_S 与 R_1 并联组合,如图(c) 所示。

$$I'_S=\frac{U_S}{R_1}=\frac{10}{1}=10(\mathrm{A})$$

因为 $R_1=R_L$ 所以 $I=\frac{I'_S+I_S}{2}=\frac{10+2}{2}=6(\mathrm{A})$

(2) 要求理想电压源 U_S 中的电流 I_U 和理想电流源两端电压 U_{I_S},须回到原电路(a) 中来看,各电流如图(a) 所示,根据电路计算如下 $I_{R_3}=\frac{U_S}{R_3}=\frac{10}{5}=2(\mathrm{A})$

应用 KCL 有 $I_{R_1}=I_S-I=2-6=-4(\mathrm{A})$, $I_U=I_{R_3}-I_{R_1}=2-(-4)=6(\mathrm{A})$

应用 KVL 有 $U_{I_S}=U+I_SR_2=IR_L+I_SR_2=6\times1+2\times2=10(\mathrm{V})$

(3) 电压源和电流源发出的功率分别为

$$P_U=I_UU_S=6\times10=60(\mathrm{W}),P_I=I_SU_{I_S}=2\times10=20(\mathrm{W})$$

电源发出的总功率为　$P_S = P_U + P_I = 80(\mathrm{W})$

各电阻上消耗的功率为　$P_{R_1} = I_{R_1}^2 R_1 = (-4)^2 \times 1 = 16(\mathrm{W})$，

$$P_{R_2} = I_S^2 R_2 = 2^2 \times 2 = 8(\mathrm{W}),$$

$$P_{R_3} = I_{R_3}^2 R_3 = 2^2 \times 5 = 20(\mathrm{W}),$$

$$P_{R_L} = I^2 R_L = 6^2 \times 1 = 36(\mathrm{W}),$$

电阻消耗的总功率为　$P = P_{R_1} + P_{R_2} + P_{R_3} + P_{R_L} = 80(\mathrm{W})$

可见 $P_S = P$，电源所发出的功率等于电阻上所消耗掉的功率，所以功率平衡。

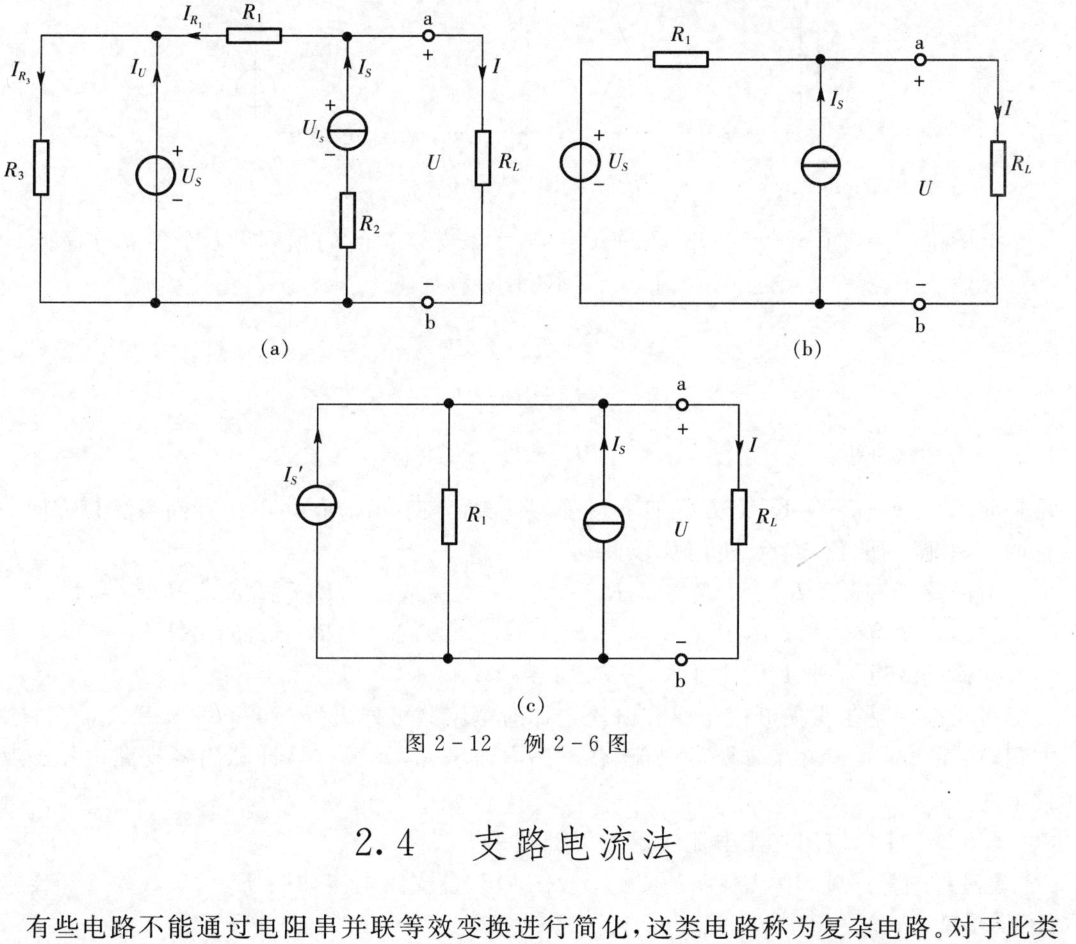

图 2-12　例 2-6 图

2.4　支路电流法

有些电路不能通过电阻串并联等效变换进行简化，这类电路称为复杂电路。对于此类电路，应用等效法不太有效，有时反而使问题复杂化。如上例 2-6，有些电量必须在原电路中求解。这一节将介绍一种电路的分析和计算方法，其特点是不改变电路的结构，而是取各支路电流作为变量，应用 KVL、KCL 列出需要的方程组，而后解出各未知电流。

对于一个具有 b 条支路，n 个结点的电路，以支路电流作为电路变量列写方程时，应有 b 个未知量。根据 KCL 对结点可以列出 $(n-1)$ 个独立方程，根据 KVL 对回路可以列出 $(b-n+1)$ 个独立方程，这种方法称为支路电流法。现以图 2-13 为例来说明支路电流法的应用。

应用支路电流法时，要将所有未知的电流和电压符号及参考方向在图中表示出来，并选单网孔回路给出巡行方向，如图所示。

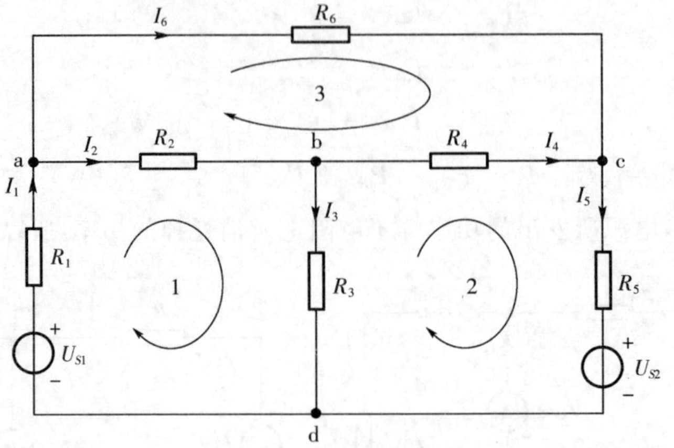

图 2-13　支路电流法

上图中，共有四个结点(a,b,c,d)，$n=4$，六条支路 $b=6$；须列出六个独立方程。

任取三个($n-1$) 结点(如 a,b,c) 列 KCL 方程如下

$$I_1 - I_2 - I_6 = 0$$

$$I_2 - I_3 - I_4 = 0$$

$$I_4 - I_5 + I_6 = 0$$

再补充三个($b-n+1$)KVL 方程如下，各回路绕行方向如图所示，电压方向与绕行方向一致者取正，相反则取负；或反之亦然。以此

对回路 1 有　$I_1R_1 + I_2R_2 + I_3R_3 - U_{S1} = 0$　或　$I_1R_1 + I_2R_2 + I_3R_3 = U_{S1}$

对回路 2 有　$-I_3R_3 + I_4R_4 + I_5R_5 + U_{S2} = 0$ 或　$I_3R_3 - I_4R_4 - I_5R_5 = U_{S2}$

对回路 3 有　$-I_2R_2 - I_4R_4 + I_6R_6 = 0$

可见应用基尔霍夫电流定律和电压定律对电路共可列出($n-1+b-n+1$) $= b$ 个独立方程，从而可求解出六条支路的电流。各支路电流已知，就很容易计算出各支路电压或某元件上的功率。

【例 2-7】　应用支路电流法重求解例 2-6。

【解】　图 2-12 中共有 5 条支路，三个结点。各支路电流如图所示，对其中 2 个结点列 KCL 方程有

$$I_U - I_{R_3} + I_{R_1} = 0$$

$$I_S - I - I_{R_1} = 0$$

对三个网孔回路列 KVL 方程有

对左回路有　$U_S = I_{R_3} R_3$

对中间回路有　$-I_{R_1} R_1 + U_{I_S} - I_S R_2 - U_S = 0$

对右回路有　$IR_L + I_S R_2 - U_{I_S} = 0$

在上面方程组中，应注意到 I_S 是电流源的电流为已知的，但同时多出一个未知变量 U_{I_S}，所以依然是五个独立方程五个未知数。通过解方程组可求得各待求量值与上面相同。不再赘述。

【例 2-8】 图 2-14 所示桥式电路中，其中 $U_S = 12V$，$R_1 = R_2 = 5\Omega$，$R_3 = 10\Omega$，$R_4 = 5\Omega$，bd 支路上 A 表示一电流表，其内阻为 $R_A = 10\Omega$。试求电流表的示数。

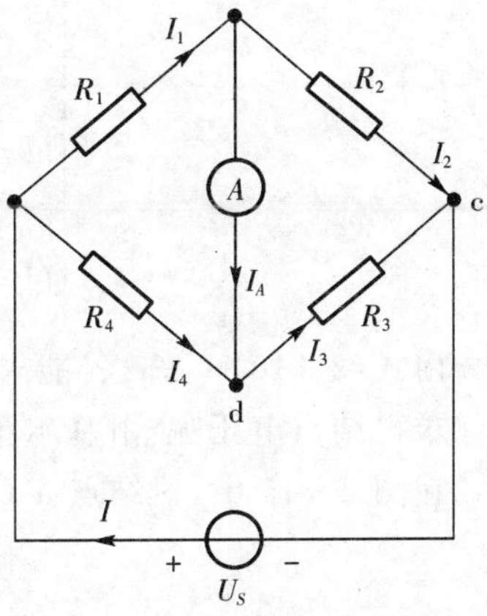

图 2-14　例 2-8 图

【解】 该电路中共有六条支路，四个结点。应用支路电流法对电路分别列出 3 个 KCL 方程和 3 个 KVL 方程如下：

对结点 a　　$I - I_1 - I_4 = 0$

对结点 b　　$I_1 - I_2 - I_A = 0$

对结点 c　　$I_2 + I_3 - I = 0$

对回路 abda　　$I_1R_1 + I_AR_A - I_4R_4 = 0$

对回路 bcdb　　$I_2R_2 - I_3R_3 - I_AR_A = 0$

对回路 adca　　$I_4R_4 + I_3R_3 = U_S$

联立求得

$$I_A = \frac{U_S(R_2R_4 - R_1R_3)}{R_A(R_1+R_2)(R_3+R_4)+R_1R_2(R_3+R_4)+R_3R_4(R_1+R_2)}$$

将已知参数代入得　　$I_A = -0.126(A)$

该电路又称为惠斯通电桥，经常应用于测量电路中。当 $R_2R_4 = R_1R_3$ 时，$I_A = 0$，称之为电桥平衡。

由上例可见，当我们只需求电路中某一条支路电流时，应用支路电流法非常繁复。对于这类问题我们将在 2.7 节介绍其他方法。

2.5　结点电压法

图 2-15 所示的电路有一个特点，就是只有两个结点 a 和 b，结点间的电压 U 称为结点电压。如图中其参考方向为 a 为正，b 为负。结点电压可分别用各支路表示如下

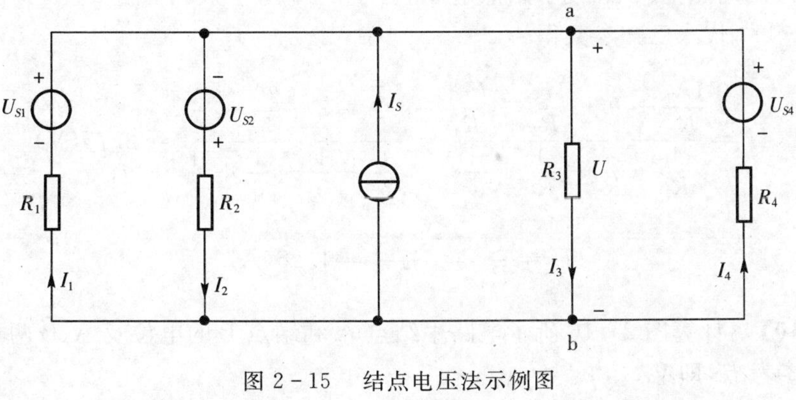

图 2-15　结点电压法示例图

$$\begin{cases} U = U_{S1} - I_1R_1, & I_1 = \dfrac{U_{S1} - U}{R_1} \\ U = -U_{S2} + I_2R_2, & I_2 = \dfrac{U_{S2} + U}{R_2} \\ U = I_3R_3, & I_3 = \dfrac{U}{R_3} \\ U = U_{S4} - I_4R_4, & I_4 = \dfrac{U_{S4} - U}{R_4} \end{cases} \tag{2-10}$$

由式(2-10)可知，若能求得结点电压U，则各支路电流就可以由上式计算出来。那么，如何求得结点电压呢?由基尔霍夫电流定律可得出结点电压的计算公式。

在图2-15中，对结点a有

$$I_1 + I_S + I_4 - I_2 - I_3 = 0$$

将式(2-10)中各电流表达式代入上式，则得

$$\frac{U_{S1} - U}{R_1} + \frac{U_{S4} - U}{R_4} - \frac{U_{S2} + U}{R_2} - \frac{U}{R_3} + I_S = 0$$

整理得

$$U = \frac{\dfrac{U_{S1}}{R_1} + I_S - \dfrac{U_{S2}}{R_2} + \dfrac{U_{S4}}{R_4}}{\dfrac{1}{R_1} + \dfrac{1}{R_2} + \dfrac{1}{R_3} + \dfrac{1}{R_4}} = \frac{\sum \dfrac{U_S}{R} + \sum I_S}{\sum \dfrac{1}{R}} \tag{2-11}$$

上式即为结点电压公式。公式中分母为各条支路的电导值之和，分子为各含源支路电激流(电压源转换为电流源)代数和，当电压源极性与结点电压参考方向一致时取正，相反取负(如图2-15中，U_{S1}、U_{S4}正极性端为结点a，U_{S2}负极性端为结点a)；若是电流源支路，则电激流方向指向结点电压正极性端的取正，反之取负。

【例2-9】 如图2-15，当$U_{S1} = 5V$，$U_{S2} = 20V$，$U_{S4} = 12V$，$I_S = 3A$，$R_1 = R_2 = 5\Omega$，$R_3 = R_4 = 3\Omega$，求R_3支路上的电流I_3。

【解】 应用结点电压法，先求结点电压U。

由式(2-11)代入已知参数得

$$U = \frac{\dfrac{U_{S1}}{R_1} + I_S - \dfrac{U_{S2}}{R_2} + \dfrac{U_{S4}}{R_4}}{\dfrac{1}{R_1} + \dfrac{1}{R_2} + \dfrac{1}{R_3} + \dfrac{1}{R_4}} = \frac{\dfrac{5}{5} + 3 - \dfrac{20}{5} + \dfrac{12}{3}}{\dfrac{1}{5} + \dfrac{1}{5} + \dfrac{1}{3} + \dfrac{1}{3}} = 3.75(V)$$

$$I_3 = \frac{U}{R_3} = \frac{3.75}{3} = 1.25(A)$$

【例2-10】 计算图2-16所示电路中结点A和结点B的电位及A、B两点间的电压。取结点C为参考点，即$V_C = 0$。

已知 $U_{S1}=15V, U_{S2}=65V, R_1=R_3=5\Omega, R_2=R_4=10\Omega, R_5=15\Omega$。

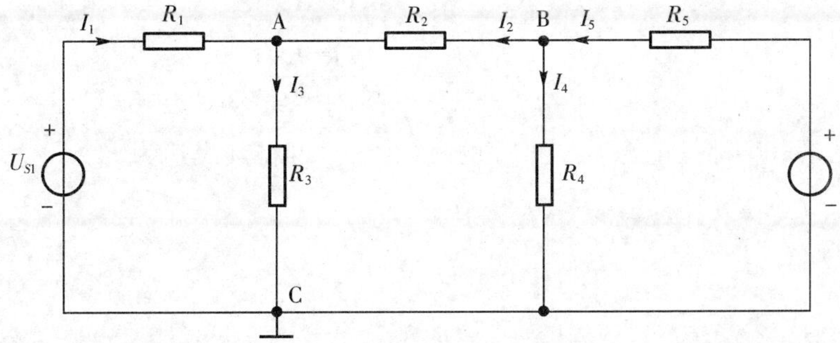

图 2-16　例 2-10 图

【解】　该电路中有三个结点(A、B、C),不能直接应用结点电压公式求结点 A、B 间的电压。我们可以用 A 与 C 之间的结点电压即 A 点电位 V_A,B 与 C 之间的结点电压即 B 点电位 V_B 来表示各支路电流,然后代入结点 A、B 的 KCL 方程中,即可求得 V_A、V_B。

应用基尔霍夫电流定律分别对结点 A、B 列方程如下

$$\begin{cases} I_1+I_2-I_3=0 \\ -I_2-I_4+I_5=0 \end{cases}$$

各支路电流用 V_A、V_B 表示为　$I_1=\dfrac{U_{S1}-V_A}{R_1}=\dfrac{15-V_A}{5}$,　$I_2=\dfrac{V_B-V_A}{R_2}=\dfrac{V_B-V_A}{10}$

$$I_3=\frac{V_A}{R_3}=\frac{V_A}{5},\quad I_4=\frac{V_B}{R_4}=\frac{V_B}{10},\quad I_5=\frac{U_{S2}-V_B}{R_5}=\frac{65-V_B}{15}$$

代入 KCL 方程得

$$\begin{cases} \dfrac{15-V_A}{5}+\dfrac{V_B-V_A}{10}-\dfrac{V_A}{5}=0 \\ -\dfrac{V_B-V_A}{10}-\dfrac{V_B}{10}+\dfrac{65-V_B}{15}=0 \end{cases}$$

解得　$V_A=+10(V)$,　$V_B=+20(V)$

$$U_{AB}=V_A-V_B=-10V$$

2.6　叠加定理

线性系统(包含线性电路)最基本的性质就是线性性质,叠加定理就是线性性质的反映。在线性电路中,任何一条支路上的电流或电压,都可以看成是由电路中各个电源(电压源或电流源)分别作用时,在此支路上所产生的电流或电压代数和。这就是叠加定理。

如以图 2-17(a) 为例,以 I_2、U_1 为未知量,对电路应用基尔霍夫定律列方程得

$$\begin{cases} I_1+I_S-I_2=0 \\ I_1R_1+I_2R_2=U_S \end{cases} \tag{2-12}$$

解得

$$I_2 = \frac{U_S}{R_1 + R_2} + \frac{R_1 I_S}{R_1 + R_2}$$

$$U_1 = \frac{R_1 U_S}{R_1 + R_2} - \frac{R_1 R_2 I_S}{R_1 + R_2}$$

由上式可见 I_2、U_1 都是电源 U_S 和 I_S 的线性组合。可将其表达为

$$\begin{cases} I_2 = I'_2 + I''_2 \\ U_1 = U'_1 + U''_1 \end{cases} \tag{2-13}$$

其中

$$I'_2 = \frac{U_S}{R_1 + R_2}, \qquad I''_2 = \frac{R_1 I_S}{R_1 + R_2}$$

$$U'_1 = \frac{R_1 U_S}{R_1 + R_2}, \qquad U''_1 = -\frac{R_1 R_2 I_S}{R_1 + R_2}$$

显然，I'_2、U'_1 都是由电压源 U_S 单独作用时所产生的电流和电压分量，如图(b) 所示。而 I''_2、U''_1 是由电流源单独作用时所产生的电流和电压分量，如图(c) 所示。

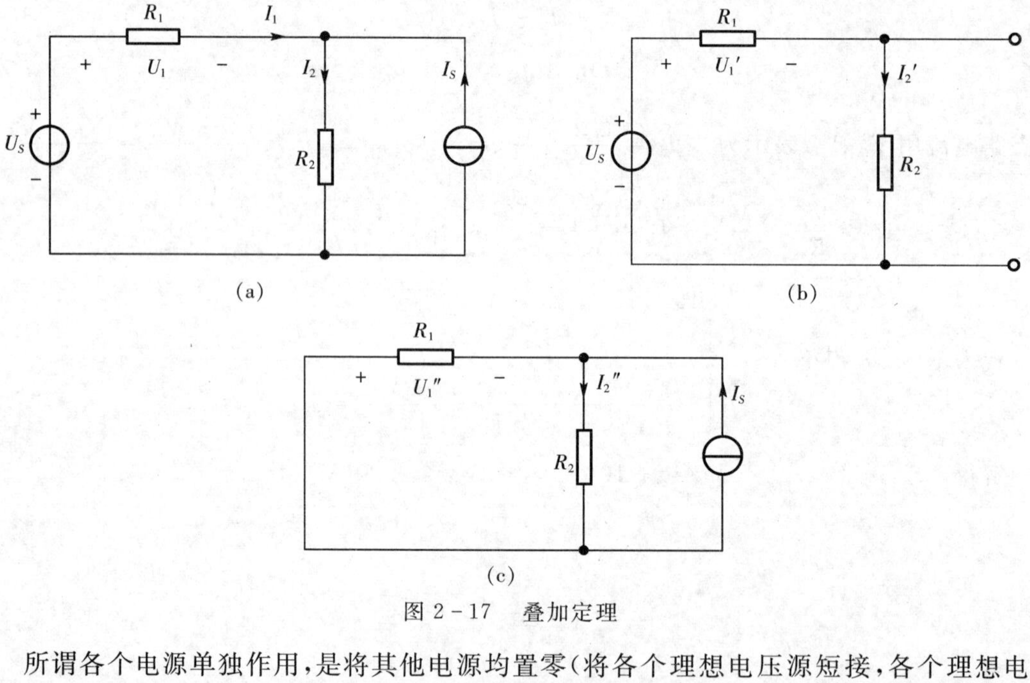

图 2-17　叠加定理

所谓各个电源单独作用，是将其他电源均置零(将各个理想电压源短接，各个理想电流源开路)，但各电源内阻若存在的话仍应计算在内。如图 2-17(b)，考虑电压源单独作用时，原电流源处开路；而在图(c) 中，考虑电流源单独作用时，原电压源处短接。

用叠加定理计算复杂电路时，就是把一个多电源的电路化为几个单电源电路来分别进行计算，而后叠加。电路中各支路电压和电流均可用叠加定理求得，但是功率的计算不能用叠加定理。如以图 2-17(a) 中电阻 R_2 上的功率为例，显然

$$P_2 = I_2^2 R_2 = (I'_2 + I''_2)^2 R_2 \neq I'^2_2 R_2 + I''^2_2 R_2$$

这是由于电流与功率不是线性关系。

叠加定理在线性电路的分析中起着重要的作用，它是分析线性电路的基础。在使用叠加定理时应注意如下几点：

(1) 叠加定理适用于线性电路，不能用于非线性电路。

(2) 在叠加的各分电路中，不作用的电压源置零，在理想电压源处用短路代替；不作用的电流源置零，在理想电流源处用开路代替；而原电路中所有的电阻都不予变动。

(3) 叠加时各分电路中的电压和电流的参考方向可以取为与原电路中的相同。求代数和时，应注意各分量的正、负号。

(4) 原电路的功率不能用分电路计算所得功率叠加，因为功率是电压和电流的乘积，不是线性关系。

【例 2-11】 图 2-18(a) 所示电路中，试应用叠加定理求：(1) 支路中的电流 I_2；(2) 若电源 U_{S1} 从 6V 变化到 10V，问电流 I_2 变化范围是多大？已知 $U_{S1}=6V$，$U_{S2}=2.4V$。

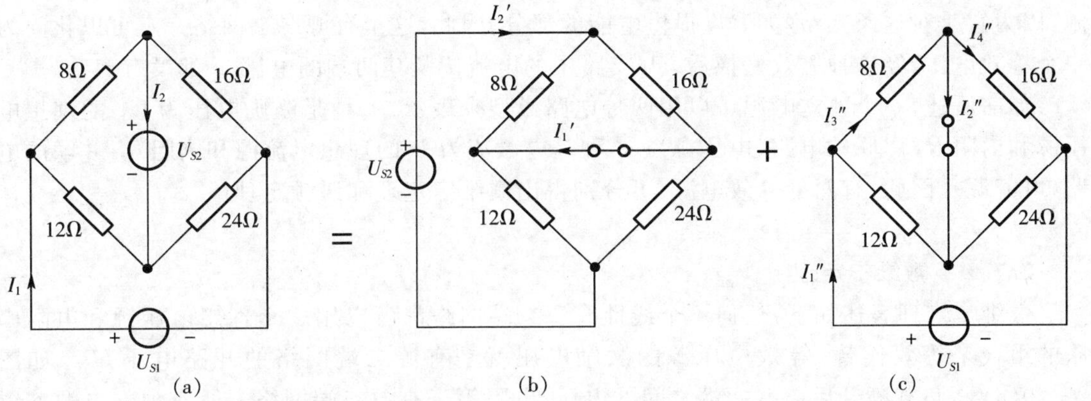

图 2-18　例 2-11 图

【解】 (1) 应用叠加定理先考虑 U_{S2} 单独作用(将 U_{S1} 处短接)时的情况，如图(b)所示

$$I'_2=\frac{U_{S2}}{\frac{8\times16}{8+16}+\frac{12\times24}{12+24}}=0.18(A)$$

再计算 U_{S1} 单独作用(将 U_{S2} 处短接)时的情况，如图(c)所示

由分流公式得　$I''_3=\frac{12}{8+12}I''_1=0.6I''_1$，　$I''_4=\frac{24}{16+24}I''_1=0.6I''_1$

所以　$$I''_2=I''_3-I''_4=0$$

叠加得　$$I_2=I''_2-I'_2=-0.18(A)$$

(2) 因为图(c)电路中电桥平衡，I''_2 始终为零，即无论电源 U_{S1} 如何变化，都有 $I_2=I'_2=0.18A$，不改变。

2.7　戴维宁定理与诺顿定理

在有些情况下，我们只需要计算一个复杂电路中某一条支路的电流，如果用前面几节所述的方法来计算时，必然会引出一些不需要的电流来，如例 2－8 就是如此。为了使计算简便，常常应用等效电源的方法。

下面介绍什么是等效电源。如果只需要计算复杂电路中的一个支路，则可以将该支路移出(如图 2－19 中 ab 支路，其中电阻为 R_L)，而把其余部分看作一个有源二端网络(如图 2－19 中的方框部分)。所谓有源二端网络，就是指具有两个引线端且包括有独立电源的部分电路。有源二端网络既可以是简单的电路，也可以是任意复杂的电路。但不论它的简繁程度如何，对于所要计算的那条支路而言，仅相当于一个电源，因为它是对这条支路(如 R_L)提供电能的部分。因此，这个有源二端网络一定可以化简为一个等效电源。经这种等效变换后，ab 支路中的电流 I 及其两端的电压 U 都没有变动。

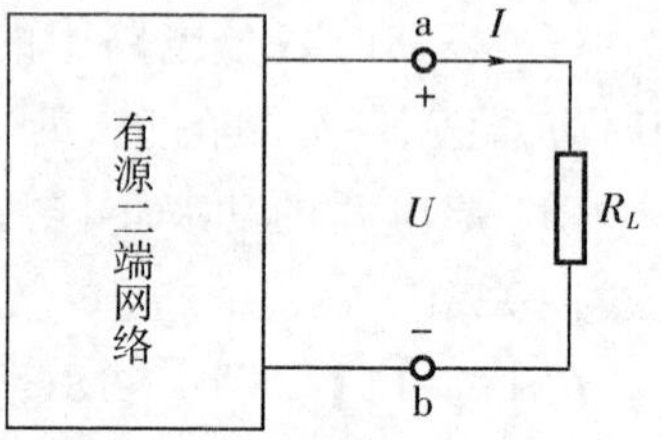

图 2－19　有源二端网络

如前所述，一个独立电源可以用两种电路模型来表示：一种是激励电压为 U_S 的理想电压源和内阻 R_0 串联的电路(电压源)；一 种是电激流为 I_S 的理想电流源和内阻 R_0 并联的电路(电流源)。因此，有两种等效电源，可分别得出戴维宁定理和诺顿定理。

2.7.1　戴维宁定理

戴维宁定理表述如下：任何一个线性有源二端网络都可以用一个理想电压源和电阻串联的组合来等效代替，等效电压源的激励电压就是有源二端网络的开路电压 U_{oc}，如图 2－20(a) 将负载断开后 a、b 两端之间的电压；电阻等于有源二端网络中所有独立电源均置零(将各个理想电压源短路，将各个理想电流源开路)后的 a、b 两端的等效电阻。经等效变换后可得图 2－20(b) 的等效电路，这是一个最简单的电路，其中电流可由下式计算

$$I = \frac{U_{oc}}{R_L + R_{eq}}$$

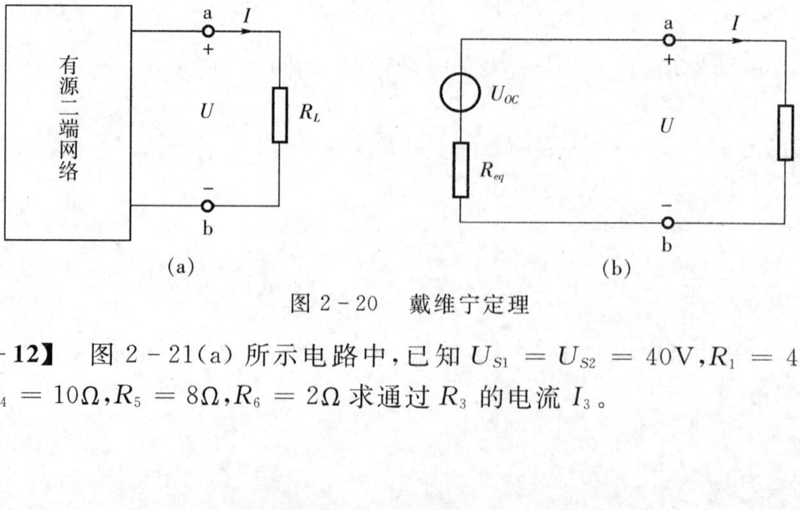

图 2－20　戴维宁定理

【例 2－12】　图 2－21(a) 所示电路中，已知 $U_{S1} = U_{S2} = 40\text{V}$，$R_1 = 4\Omega$，$R_2 = 2\Omega$，$R_3 = 5\Omega$，$R_4 = 10\Omega$，$R_5 = 8\Omega$，$R_6 = 2\Omega$ 求通过 R_3 的电流 I_3。

【解】 将 R_3 两边看成两个二端网络(ac、bc)。对于有源二端网络 ac，先求出等效电压源的激励电压，如图 2-21(b) 所示。

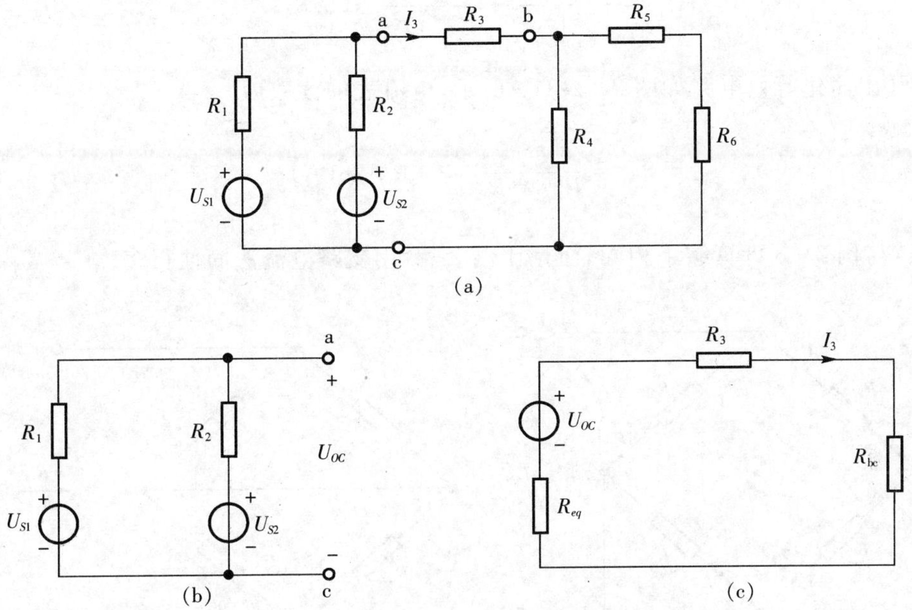

图 2-21　例 2-12 图

其端口开路电压可由结点电压公式得　$U_{oc}=\dfrac{\dfrac{U_{S1}}{R_1}+\dfrac{U_{S2}}{R_2}}{\dfrac{1}{R_1}+\dfrac{1}{R_2}}=40(\text{V})$

将有源二端网络 ac 中的电压源短接得等效电阻为　$R_{eq}=\dfrac{R_1R_2}{R_1+R_2}\approx 1.33(\Omega)$

不含源二端网络 bc 的等效电阻为　$R_{bc}=\dfrac{R_4(R_5+R_6)}{R_4+R_5+R_6}=5(\Omega)$

这样将电路图简化为(c) 图所示，流过 R_3 的电流为

$$I_3=\frac{U\,oc}{R_{eq}+R_{bc}+R_3}=3.53(\text{A})$$

【例 2-13】 应用戴维宁定理重解例 2-8 题。

【解】 (1) 将待求支路 bd 移开，求该二端网络的开路电压 U_{oc}，如图 2-22(a) 所示。

$$I_1=I_2=\frac{U_S}{R_1+R_2}=\frac{12}{5+5}=1.2(\text{A})$$

$$I_3=I_4=\frac{U_S}{R_3+R_4}=\frac{12}{10+5}=0.8(\text{A})$$

$$U_{oc}=I_2R_2-I_3R_3=-2(\text{V})\quad 或\quad U_{oc}=I_4R_4-I_1R_1=-2(\text{V})$$

(2) 求等效电阻。将电压源 U_S 短接,等效电路图如图 2-22(b) 所示,等效电阻为

$$R_{eq}=\frac{R_1R_2}{R_1+R_2}+\frac{R_3R_4}{R_3+R_4}\approx 5.8(\Omega)$$

(3) 画出简化等效电路如图 2-22(c) 所示,电流表的读数为

$$I_A=\frac{U_{oc}}{R_{eq}+R_A}\approx -0.126(\text{A})$$

显然,与例 2-8 计算结果相同,而且比例 2-8 用支路电流法简便得多。

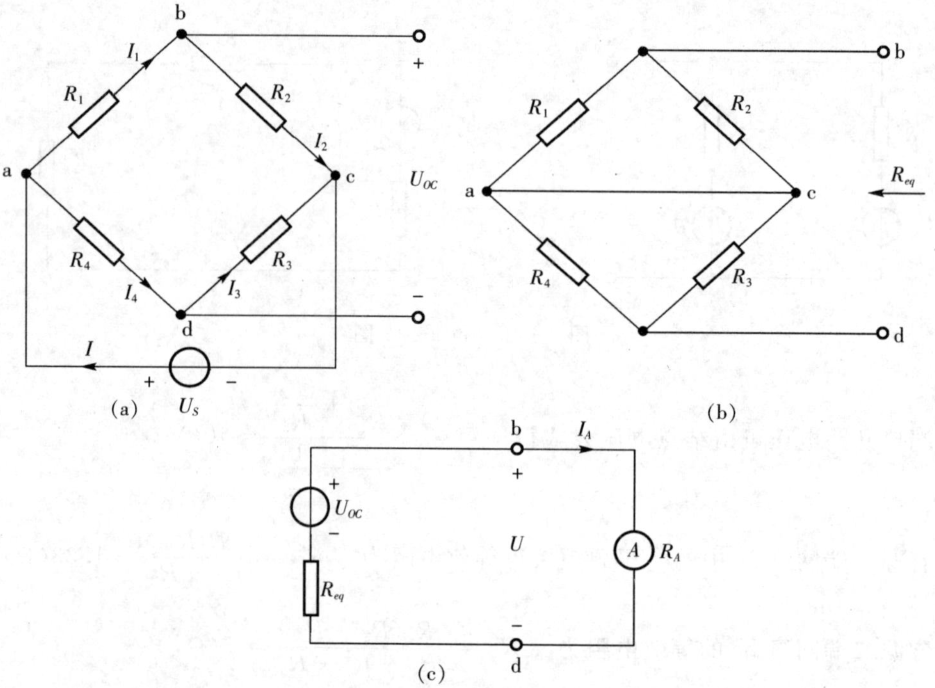

图 2-22　例 2-13 图

2.7.2　诺顿定理

诺顿定理表述如下:任何一个线性有源二端网络都可以用一个理想电流源和电阻并联的组合来等效代替,等效电流源的激励电流就是有源二端网络的短路电流 I_S,如图 2-23(a) 将负载短接后 a,b 支路上的电流;电阻等于有源二端网络中所有独立电源均置零(将各个理想电压源短路,将各个理想电流源开路)后的 a、b 两端的等效电阻 R_{eq}。

经等效变换后可得图 2-23(b) 的等效电路,负载中的电流为 $I=\frac{R_{eq}}{R_L+R_{eq}}I_S$。

因此,一个有源二端网络既可用戴维宁定理化为图 2-20(b) 所示的等效电压源,也可用诺顿定理化为图 2-23(b) 所示的等效电流源。两者对外电路来讲是等效的,关系是

$$U_{oc} = I_S R_{eq} \quad \text{或} \quad I_S = \frac{U_{oc}}{R_{eq}}$$

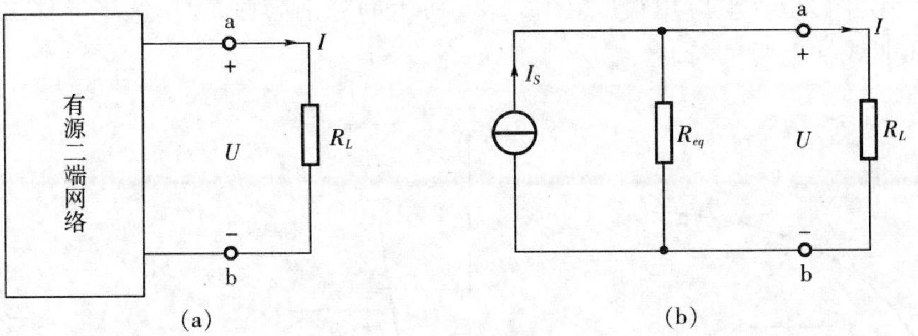

图 2-23　诺顿定理

【例 2-14】　应用诺顿定理求解例 2-12 题。

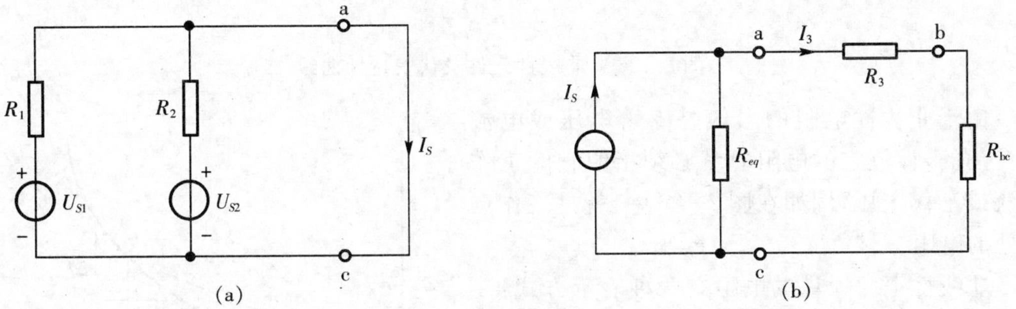

图 2-24　例 2-14 图

【解】　用诺顿定理求解此题分析思路与例 2-12 相同，依然是将 R_3 两边看成两个二端网络(ac、bc)。对于有源二端网络 ac，先求出其等效电流源的电激流，如图 2-24(a) 所示。

其端口短路电流为　$I_S = \frac{U_{S1}}{R_1} + \frac{U_{S2}}{R_2} = \frac{40}{4} + \frac{40}{2} = 30(\text{A})$

其等效电阻求法与例 2-12 相同，从而可得等效电路如图 2-14(b) 所示。

由分流公式可得　$I_3 = \frac{R_{eq} I_S}{R_{eq} + R_3 + R_{bc}} = 3.53(\text{A})$

显见，与例 2-12 结果相同。

*2.8　非线性电阻电路的分析

如果电阻两端的电压与通过的电流成正比，这说明该电阻的阻值是一个常数，不随电压或电流而变动，这种电阻称为线性电阻。线性电阻两端的电压与其中电流的关系遵循欧姆定律，即

$$R = \frac{U}{I}$$

实际上绝对的线性电阻是没有的，如果能基本上遵循上式，就可以认为是线性的。

如果电阻不是一个常数，而是随着其端电压或电流变动，那么，这种电阻就称为非线性

电阻。非线性电阻两端的电压与其中电流的关系是非线性的，不遵循欧姆定律。一般用电压与电流的关系曲线来表示。这种曲线就是 2.3 节所讲的伏安特性曲线，是通过实验得出的。非线性电阻元件在工程上应用很广。图 2-25 所示的分别为白炽灯丝、半导体二极管的伏安特性曲线和非线性电阻的符号。

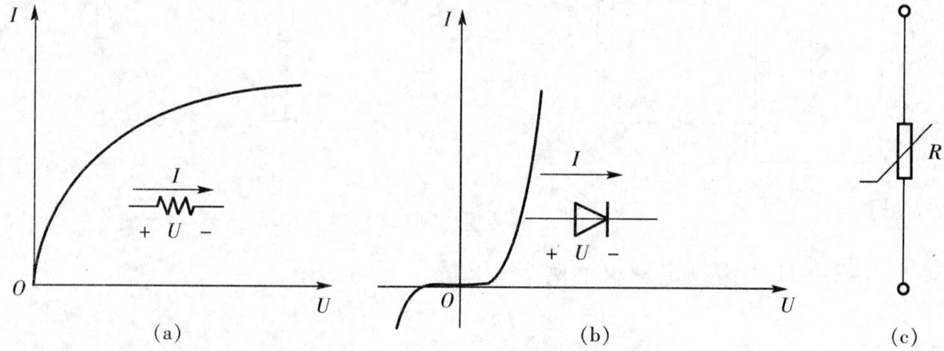

图 2-25　非线性元件及伏安特性曲线

由于非线性电阻的阻值是随着电压或电流而变动的，计算它的电阻时就必须指明它的工作电流或工作电压，例如在图 2-26 中，就是工作点 Q 处的电阻。

非线性电阻元件的电阻有两种表示方式：一种称为静态电阻（或称为直流电阻），它等于工作点 Q 处的电压与电流之比，由图 2-26 可见，$R=\dfrac{U}{I}=\tan\alpha$；另一种称为动态电阻（或称为交流电阻），它等于工作点 Q 附近的电压微变量 ΔU 与电流微变量 ΔI 之比的极限，即

$$r=\lim_{\Delta I\to 0}\frac{\Delta U}{\Delta I}=\frac{\mathrm{d}U}{\mathrm{d}I}$$

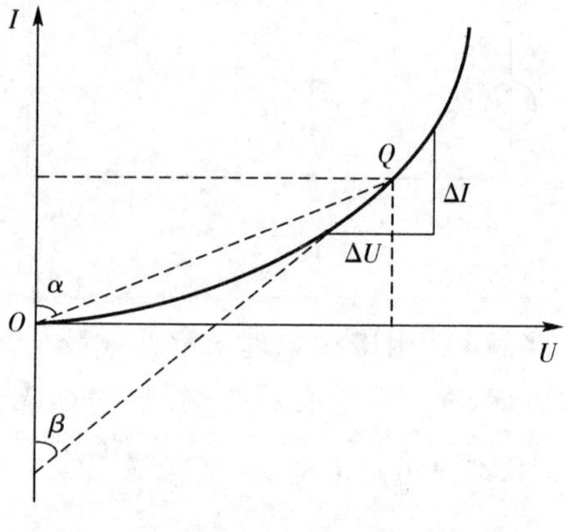

图 2-26　静态电阻与动态电阻图解

动态电阻一般用小写字母表示。

由图 2-26 可见，Q 点的动态电阻正比于 $\tan\beta$，β 是 Q 点切线与纵轴的夹角。

由于非线性电阻的阻值不是常数，在分析与计算非线性电阻电路时一般都采用图解法。

图 2-27 所示的是一非线性电阻电路，线性电阻 R_1 与非线性电阻元件 R 相串联。非线性电阻元件的伏安特性曲线如图 2-28 所示。

对图 2-27 的电路可应用基尔霍夫电压定律列出

$$U=E-U_1=E-IR_1\quad 或\quad I=-\frac{1}{R_1}U+\frac{E}{R_1}\qquad(2-14)$$

这是一个直线方程，其斜率为 $\tan\alpha = -\dfrac{1}{R_1}$，在横轴上的截距为 E，在纵轴上的截距为 $\dfrac{E}{R_1}$，因此很容易作出曲线如图 2-28 所示。

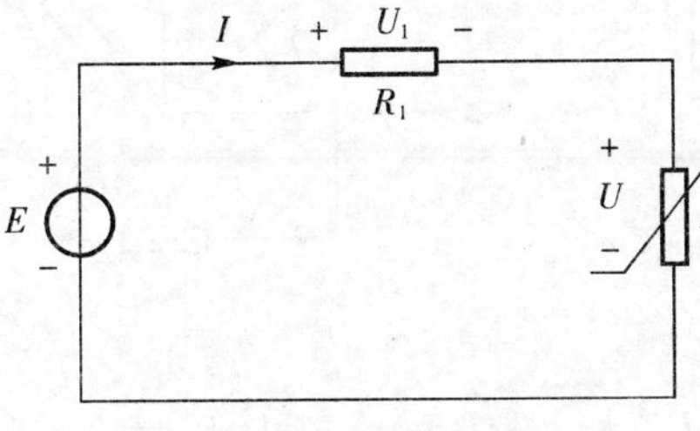

图 2-27　非线性电阻电路

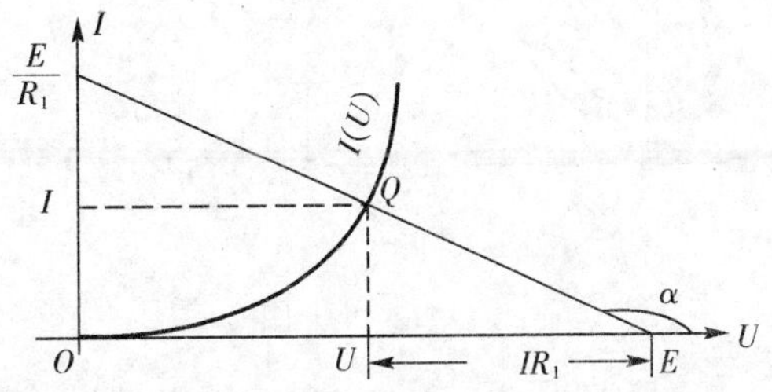

图 2-28　非线性电阻电路的图解法

显然，这一直线与电阻 R_1 及电源电动势 E 的大小有关，当电源电动势 E 一定时，该直线将随 R_1 的增大而趋近于与横轴平行；随 R_1 的减小而趋近于与横轴垂直。当电阻 R_1 一定时，随着电源电动势的不同，该直线将作平行的移动。因为它的斜率仅与 R_1 有关，不因 E 的改变而改变(图 2-29)。

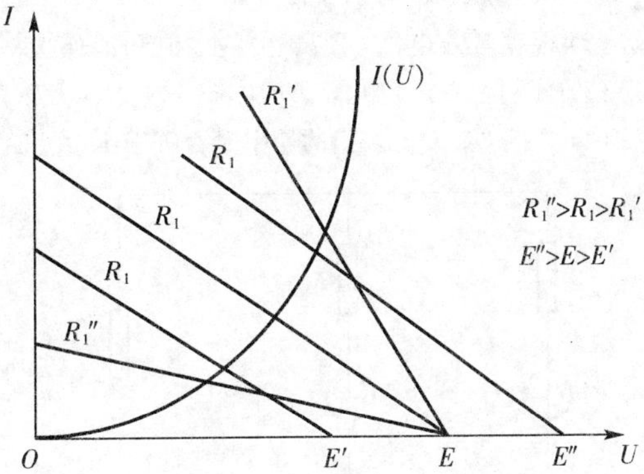

图 2-29　R_1 和 E 不同时的情况

电路的工作情况由表示式(2-14)的直线与非线性电阻元件的伏安特性曲线 $I(U)$ 的交点 Q 确定。因为两者的交点既表示了非线性电阻元件上电压与电流的关系，同时也符合电路中电压和电流的关系。

习　题

2-1　计算图 2-30 所示各电路的等效电阻 R_{ab}。

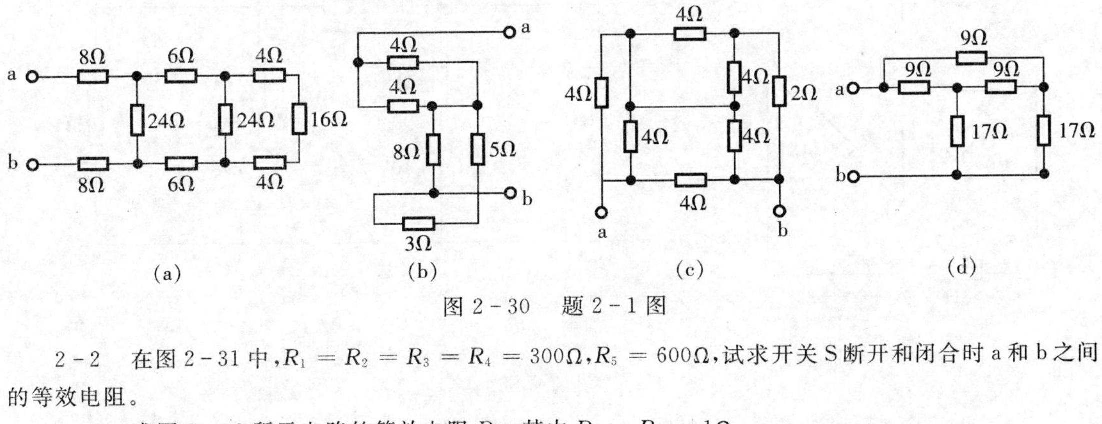

图 2-30　题 2-1 图

2-2　在图 2-31 中，$R_1 = R_2 = R_3 = R_4 = 300\Omega$，$R_5 = 600\Omega$，试求开关 S 断开和闭合时 a 和 b 之间的等效电阻。

2-3　求图 2-32 所示电路的等效电阻 R_{ab}，其中 $R_1 = R_2 = 1\Omega$。

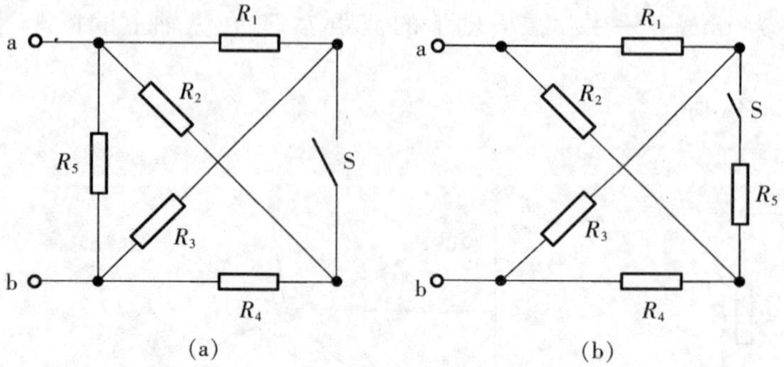

图 2-31 题 2-2 图

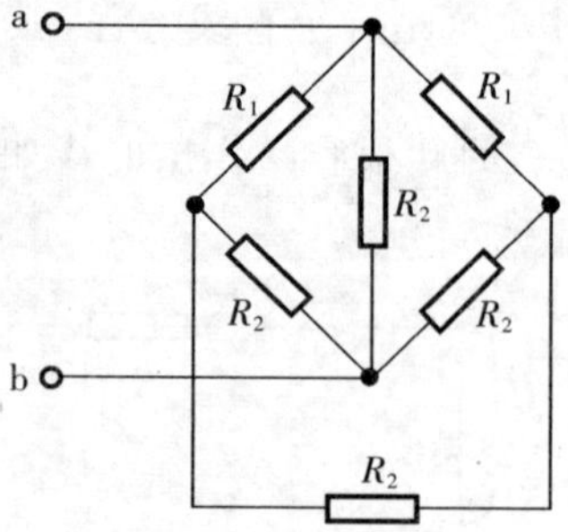

图 2-32 题 2-3 图

2-4 在图 2-33(a) 所示电路中，$U_{S1}=24\text{V}$，$U_{S2}=6\text{V}$，$R_1=12\ \text{k}\Omega$，$R_2=6\ \text{k}\Omega$，$R_3=2\ \text{k}\Omega$。图 2-33(b) 为经电源变换后的等效电路。

(1) 求等效电路的 I_S 和 R；

(2) 根据等效电路，求 R_3 中的电流和消耗功率；

(3) 分别在图(a) 和图(b) 中求出 R_1、R_2 及 R_3 消耗的功率；

(4) 试问 U_{S1}、U_{S2} 发出的功率是否等于 I_S 发出的功率?R_1、R_2 消耗的功率是否等于 R 消耗的功率?为什么?

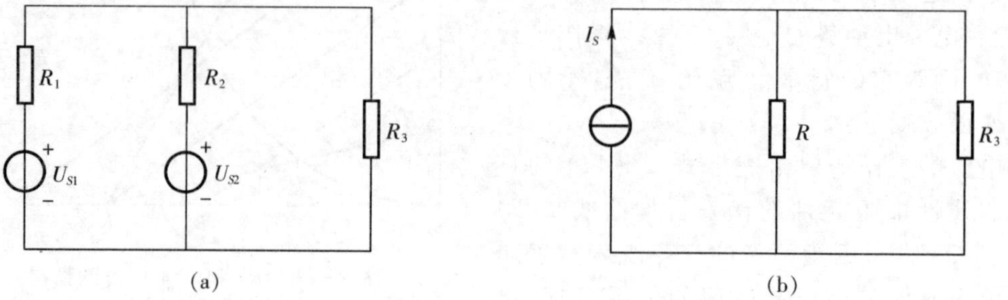

图 2-33 题 2-4 图

2-5 求图 2-34 所示各电路中 I 和 U_{ab}。

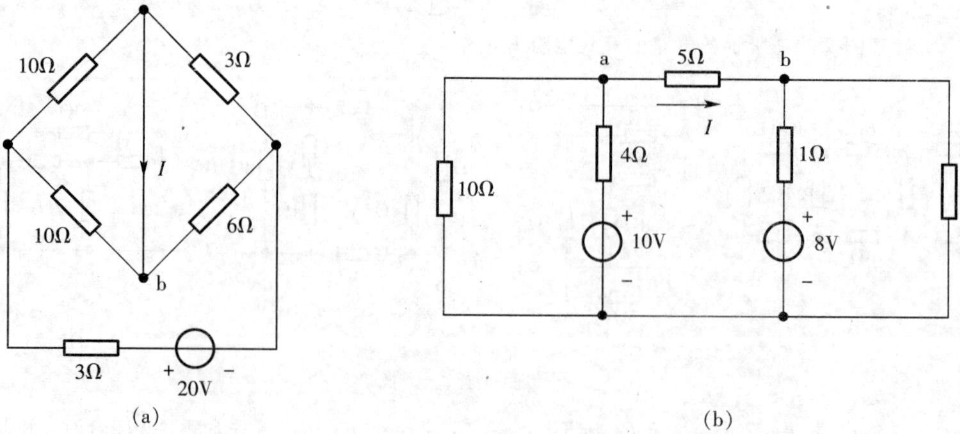

图 2-34 题 2-5 图

2-6 利用叠加原理和支路电流法求图 2-35 所示电路中各支路电流，并校验功率是否平衡。

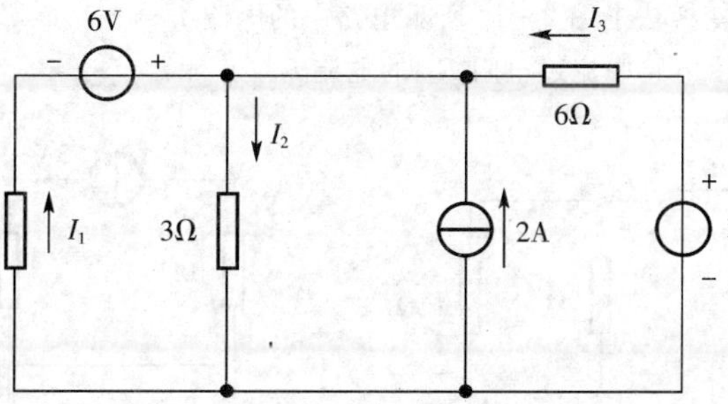

图 2-35　题 2-6 图

2-7　计算图 2-36 所示电路中的电流 I_1、I_2。

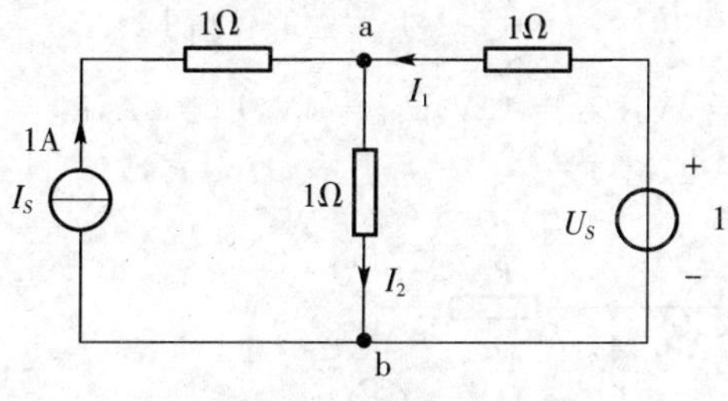

图 2-36　题 2-7 图

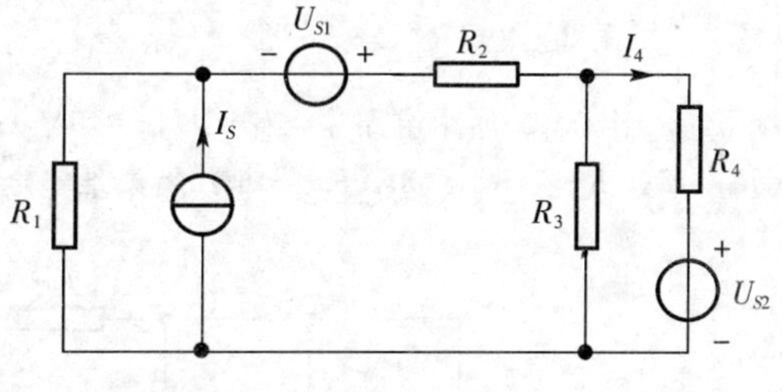

图 2-37　题 2-8 图

2-8　在图 2-37 所示电路中，已知 $I_S = 1A$，$U_{S1} = 9V$，$U_{S2} = 2V$，$R_1 = 1\Omega$，$R_2 = 3\Omega$，$R_3 = 4\Omega$，$R_4 = 8\Omega$。试用电压源与电流源等效变换的方法，计算 R_4 与 U_{S2} 串联支路中的电流 I_4。

2-9　用回路电流法求图 2-38 所示电路中电流 I。

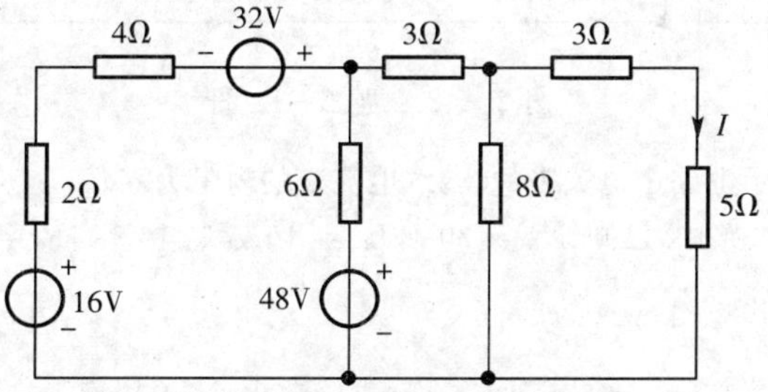

图 2-38　题 2-9 图

2-10　试用戴维宁定理计算图 2-39 所示电路中的电流 I_{ab}，并用基尔霍夫定律检验计算结果。

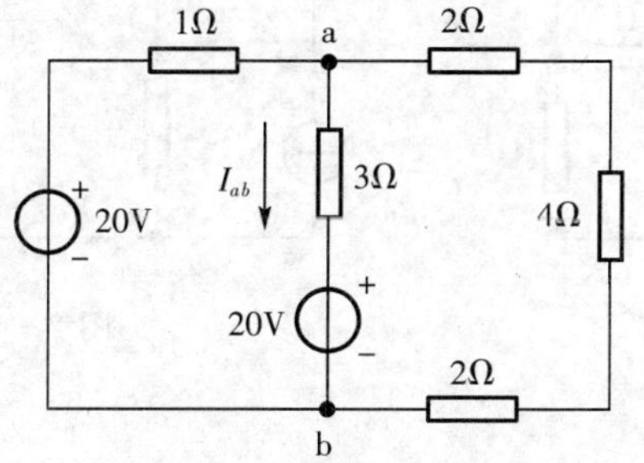

图 2-39　题 2-10 图

2-11　试用电源等效变换法求图 2-40 所示电路中的电流 I。

2-12　求图 2-41 所示电路中流过电阻 R_L 的电流 I_L。

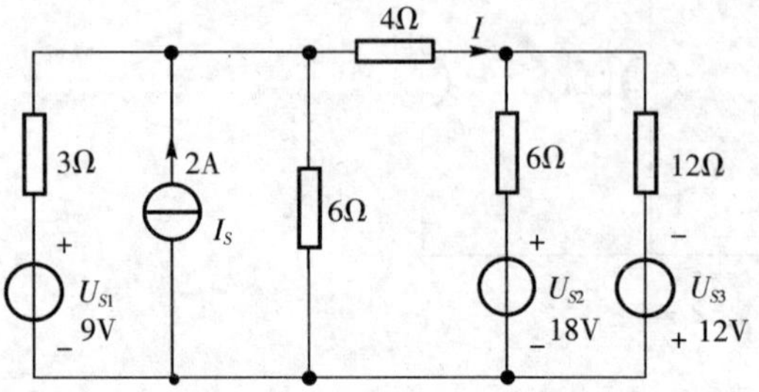

图 2-40　题 2-11 图

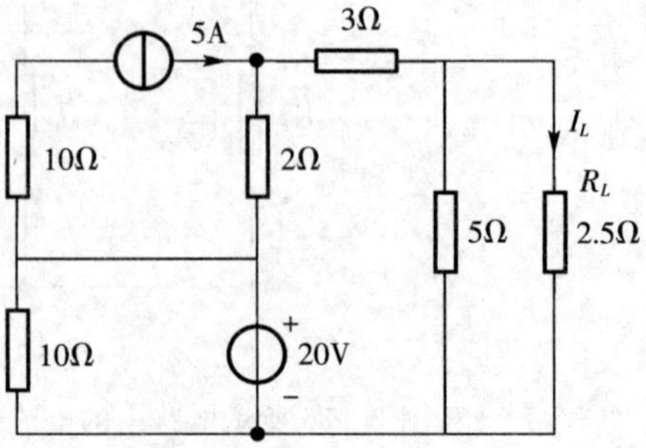

图 2-41　题 2-12 图

2-13　图 2-42 所示电路中，已知：$U_{S1}=9\text{V}$，$U_{S2}=3\text{V}$，$U_{S3}=10\text{V}$，$U_{S4}=4\text{V}$，$I_S=2\text{A}$，$R_1=9\Omega$，$R_3=R_4=2\Omega$，$R_2=R_5=3\Omega$，$R_6=6\Omega$。用戴维宁定理求电流 I。

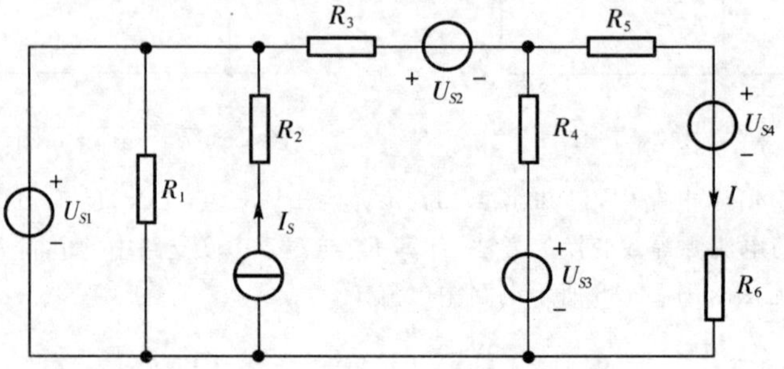

图 2-42　题 2-13 图

2-14　求图 2-43 所示电路中电流表的读数（电流表的内阻为零）。

2-15　图 2-44 所示电路中，已知：$U_S=30\text{V}$，$I_{S1}=10\text{A}$，$I_{S2}=5\text{A}$，$R_1=R_2=R_3=R_4=3\Omega$。试用支路电流法求各未知支路电流。

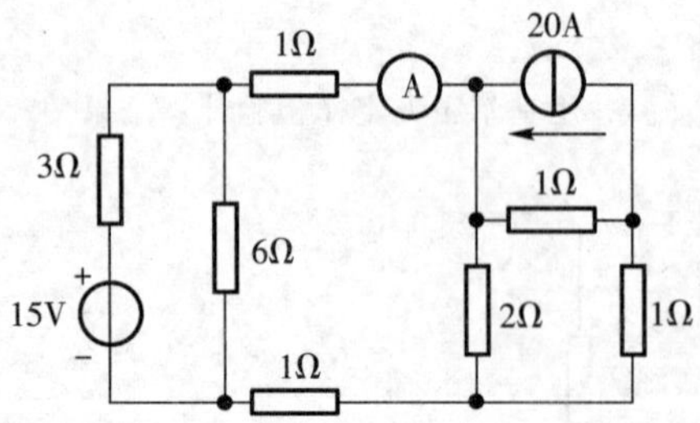

图 2-43　题 2-14 图

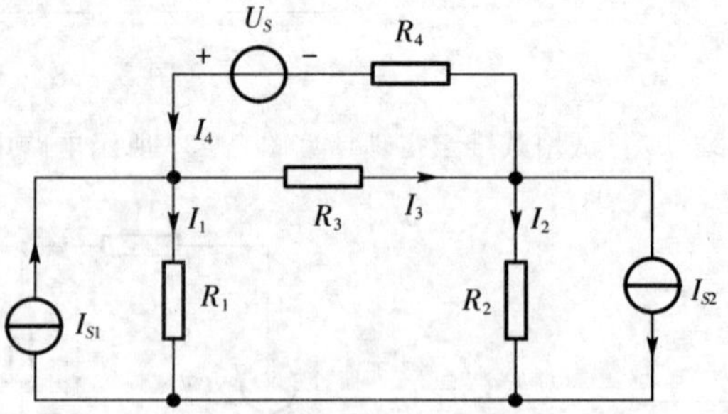

图 2-44　题 2-15 图

2-16　试用图解法计算图 2-45(a) 所示电路中非线性电阻元件 R 中的电流 I 及其两端电压 U。图 2-45(b) 是非线性电阻元件的伏安特性曲线。

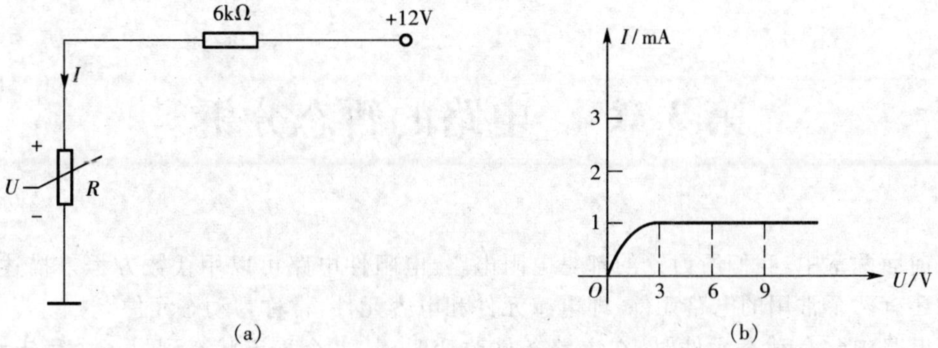

图 2-45　题 2-16 图

第3章　电路的暂态分析

在前面两章中，我们所讨论的都是电阻电路。电阻性电路可以用代数方程来描述。实际电路中还有两个常用的电路元件，即电感元件和电容元件，常称为动态元件。

当电路中含有动态元件时，在电路条件改变时，从一个稳定状态到另一个稳定状态的转变，往往不能跃变(在瞬间完成)，而是需要一定的时间，经历一个过程才能完成这个转变。

所谓稳定状态，是指当电源电压或电流是常数或周期函数时，电路中各处的电压或电流也是常数或周期相同的周期函数。电路的这种工作状态称为稳定状态，简称为稳态。比如，当电源为直流时(前面两章讨论的都是直流电路)，电路的稳定状态为各处电压、电流都是常数(恒定不变)；当电源为正弦交流电时，电路的稳定状态为各处电压、电流都是与电源同频率的正弦量。

电路在一定的条件下有一定的稳定状态。当给定电路中电源电压或电流的量值或变化规律、电路元件的参数、电路的联接方式等条件时，各支路的电流、电压都各有一个确定的稳态值。而当这些条件任一条改变时，稳定状态也要随之改变。

电路从一个稳定状态转变到另一个新的稳定状态所经历的物理过程就称为过渡过程。电路的过渡过程所经历的时间一般很短暂，所以电路在过渡过程中的工作状态常被称为暂态，过渡过程也称为暂态过程。分析电路过渡过程中的电流、电压变化规律，称为电路的暂态分析。

研究暂态过程常采用数学分析和实验分析两种方法。数学分析的方法也有许多种，在本章中只介绍用经典法来分析电路中的暂态过程。欧姆定律和基尔霍夫定律也是分析与计算电路暂态过程的基本定律。

过渡过程时间虽然短暂，但其变化规律完全不同于稳态。比如在过渡过程中，电路中某些部分的电压或电流可能是其稳态值的几倍(即所谓过电压或过电流现象)，如果分析时没有考虑到这种情况，就可能造成电气设备的损坏。另一方面，通过对过渡过程的研究还可以从积极的方面来控制和利用暂态过程的现象。总之，电路的暂态分析是十分必要的。只有通过对暂态过程的分析，才能了解电路的稳定状态是怎样建立起来的。无论是直流还是交流电路都存在暂态过程。本章只讨论在直流信号作用下的暂态分析。首先介绍两个储能元件——电感元件和电容元件，然后介绍换路定则及初始值的确定，最后进行 RC 和 RL 电路的暂态分析，归纳出一阶电路暂态分析的三要素法。

3.1　储能元件及其等效变换

3.1.1　电容元件

工程中,电容器应用极为广泛。电容器虽然种类和规格繁多,但其构成原理都是由两块金属极板间充以不同的介质所组成。加上电源后,极板上会分别聚集等量异号电荷,在介质中建立起电场,并储存一定的电场能量。当电源除去后,电荷依然可以聚集在极板上,电场继续存在。所以电容器不同于电阻器,它是一种能够储存电场能量的实际器件。

在电路理论中,电容元件是实际电容器的理想化模型,其定义为:一个两端元件,如果在任一时刻 t 它所存储的电荷 $q(t)$ 与其端电压 $u(t)$ 之间的关系可以用 $u(t)-q(t)$ 的平面上的一条曲线来确定,则称该两端元件为电容元件,其符号如图 3－1 所示。

如果 $u(t)-q(t)$ 平面上的曲线为过原点的直线,则称其为线性电容,否则为非线性电容。若曲线不随时间变化,称为非时变电容,否则称为时变电容。本教材只讨论线性非时变电容,其特性曲线如图 3－1 所示。

线性电容存储的电荷 q 和端电压 u 有如下关系

$$q = Cu \tag{3-1}$$

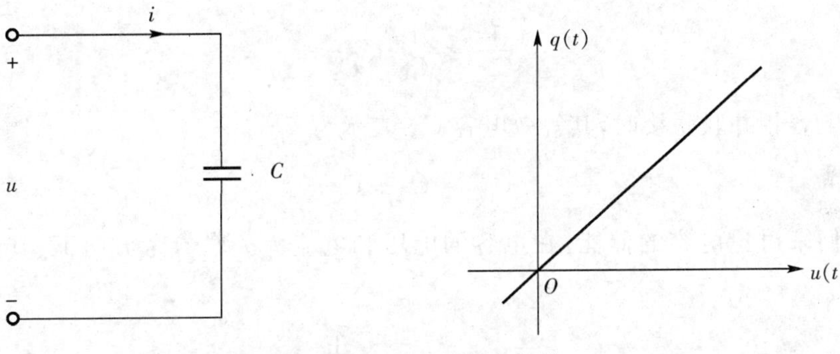

图 3－1　电容符号和特性

上式中 C 为与电荷、电压无关的常量,表示电容器元件存储电荷的能力,称为电容。在国际单位制中,电容 C 的单位为法拉(F),但因法拉这个单位太大,所以通常采用微法(μF) 或皮法(pF) 作为电容的单位,其换算关系为

$$1\text{F} = 10^6\,\mu\text{F} = 10^{12}\,\text{pF}$$

设电容上流过的电流与其两端的电压为关联参考方向,如图 3－1 所示,按电流的定义,有

$$i = \frac{\mathrm{d}q}{\mathrm{d}t}$$

将式(3－1) 代入上式得

$$i = C\frac{\mathrm{d}u}{\mathrm{d}t} \tag{3-2}$$

式(3-2)所描述的即是电容的伏安关系。

式(3-2)指出:任何时刻,线性电容上流过的电流与它两端电压的变化率成正比。当电压不随时间变化,即为直流电压时,其电流为零。这时电容可视为开路,所以我们说电容具有隔断直流的作用。当其电压为交流电压时,交流电压的频率越高,其电压变化率越大,则流过的电流就越大。这表明电容对不同频率的信号呈现不同的阻抗,频率越高,阻抗越小,当其阻抗可以忽略不计时,称其对高频交流信号可视为短路。

由式(3-2)可得

$$u=\frac{1}{C}\int_{-\infty}^{t} i(\xi)\mathrm{d}\xi=\frac{1}{C}\int_{-\infty}^{t_0} i(\xi)\mathrm{d}\xi+\frac{1}{C}\int_{t_0}^{t} i(\xi)\mathrm{d}\xi$$

$$=u(t_0)+\frac{1}{C}\int_{t_0}^{t} i(\xi)\mathrm{d}\xi \tag{3-3}$$

若取计时起点为零,则 $$u=u(0)+\frac{1}{C}\int_{0}^{t} i(\xi)\mathrm{d}\xi$$

从上式可见,任一时刻电容上的电压不仅取决于该时刻的电流值,而且取决于从 $-\infty$ 到 t 所有时刻的电流值,即与 t 时刻之前电流的全部历史有关,所以电容是一种"记忆"元件。

当两个电容相串联联接时,等效电容 C_{eq} 如下表示

$$\frac{1}{C_{eq}}=\frac{1}{C_1}+\frac{1}{C_2}$$

当两个电容相并联联接时,其等效电容 C_{eq} 表示为

$$C_{eq}=C_1+C_2$$

最后我们来讨论电容的储能。在电容的电压和电流为关联参考方向下,其吸收的瞬时功率为

$$p=ui=Cu\frac{\mathrm{d}u}{\mathrm{d}t} \tag{3-4}$$

将式(3-4)积分得 $$W_C=\int_{t_0}^{t} ui\,\mathrm{d}\xi=\frac{1}{2}Cu^2(t)-\frac{1}{2}Cu^2(t_0)$$

若选取 t_0 为电压等于零的时刻,即有 $u(t_0)=0$,此时电容处于未充电状态,故可以认为其电场能量也为零。电容元件充电时,电场能量增加,所以说,电容元件是一种储能元件。

3.1.2 电感元件

用导线绕制成的空心或具有铁心的线圈在工程上有广泛的应用,电感元件就是这类器件的电路模型。

线圈中通以电流 i 后就会产生磁通 φ_L。若磁通 φ_L 与线圈的 N 匝都交链,则磁通链为 $\psi_L=N\varphi_L$,如图 3-2 所示。

φ_L 与 ψ_L 都是由通过线圈的电流产生的，叫做自感磁通和自感磁通链。电磁物理学规定磁通链的参考方向与电流的参考方向都满足右手螺旋关系。若各参考方向如图 3－2 所示，则由磁感应定律可得

$$u = \frac{\mathrm{d}\psi_L}{\mathrm{d}t} \tag{3-5}$$

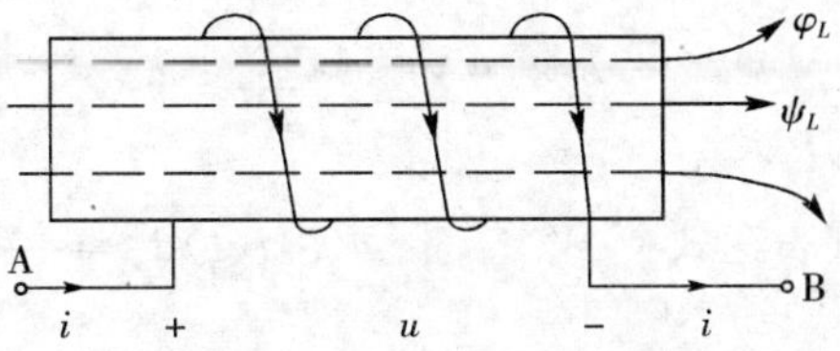

图 3－2　线圈的磁通和磁通链

电感元件是实际电感线圈的理想化模型。电感元件也是一个两端元件，其在电路中的表示符号如图 3－3 所示。在任一时刻穿过电感线圈的磁链 ψ_L 与流过的电流 $i(t)$ 的关系为

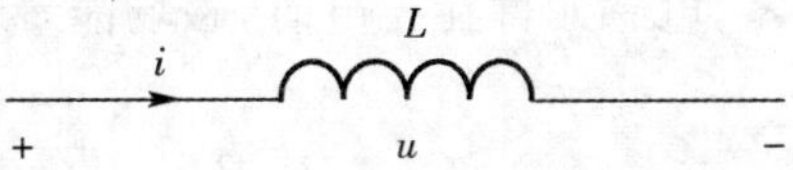

图 3－3　电感的电路符号

$$\psi_L = Li \tag{3-6}$$

式中 L 称为该元件的自感或电感。L 是一个正实常数，它与 ψ_L、i 无关，表示元件产生磁通链的能力。在国际单位制中，电感量的单位是亨利(H)，1 亨利 ＝ 1 韦 / 安。电感量的单位也可以用毫亨(mH)，微亨(μH) 作为单位，它们之间的换算关系是 $1\mathrm{H} = 10^3\mathrm{mH} = 10^6\mu\mathrm{H}$

将式(3－6) 代入式(3－5) 得

$$u = L\frac{\mathrm{d}i}{\mathrm{d}t} \tag{3-7}$$

这就是电感的伏安关系。

由式(3－7) 可知：电感两端的电压与其上流过的电流的变化率成正比。当电流不随时间变化，即为直流电流时，电感两端的电压为零，这时电感可视为短路。流过电感电流的变化频率越高，其两端的电压越大，这说明电感对高频量呈现出更大的阻抗，所以我们说电感具有限交流的作用。

由式(3－7) 积分得　$$i = i(t_0) + \frac{1}{L}\int_0^t u(\xi)\mathrm{d}\xi \tag{3-8}$$

上式表明，任意时刻电感上的电流不仅取决于该时刻的电压值，而且与其过去的全部历史有关，其中 $i(t_0)$ 称为电感的初始电流，反映了计时时刻之前电压的全部作用。所以说，电感元件也是一个“记忆” 元件。

当两个电感元件相串联联接时，其等效电感为

$$L_{eq} = L_1 + L_2$$

当两个电感元件相并联联接时，其等效电感为

$$\frac{1}{L_{eq}}=\frac{1}{L_1}+\frac{1}{L_2}$$

在电压和电流为关联参考方向下，电感元件的功率为

$$p=u\,i=Li\frac{\mathrm{d}i}{\mathrm{d}t} \tag{3-9}$$

对上式积分得电感能量表达式 $W_L=\int_{t_0}^{t}u(\xi)i(\xi)\mathrm{d}\xi=\frac{1}{2}Li^2(t)-\frac{1}{2}Li^2(t_0)$

若选取 t_0 为电感电流等于零的时刻，即有 $i(t_0)=0$，此时电感可以认为其磁场能量也为零。电感元件在充电时，磁场能量增加，所以说，电感元件也是一种储能元件。

3.2 换路定则及初始值的确定

过渡过程的产生是由于物质所具有的能量不能跃变而造成的。因为自然界的任何物质在一定的稳定状态下，都具有一定的或一定变化形式的能量，当条件改变时，其所具有的能量随着改变，但是能量的积累或减少是需要一定时间的，例如，电动机的转速不能突变，这是因为它的动能不能突变；又如一杯开水的冷却也需要一定的时间，即使改变其环境，这只能改变所需要的冷却时间，不可能使杯中水的温度不需要任何时间的情况下降下来，这是因为它吸取的热能不能跃变。

在电路中，由于储能元件的存在，当电路接通、切断、短路、电压改变或元件参数改变等（称之为换路）条件改变时，使电路中的能量发生变化，但这种变化也是不能跃变的。在电感元件中，储有磁能$\frac{1}{2}Li^2$，如上述，当换路时，磁能不能跃变，这反映在流过电感元件中的电流不能跃变。在电容元件中，储有电场能量$\frac{1}{2}Cu^2$，当换路时，电场能量也不能跃变，这反映在电容元件上的端电压不能跃变。可见电路的暂态过程是由于储能元件的能量不能跃变而产生的。

我们也可从另外一个角度来分析。设有一 RC 串联电路（参见图 3-11），当接上直流电源对电容器充电时，假若电容器两端电压 u_C 能跃变，则在此瞬间充电电流 i 将趋于无限大。但是任一瞬时，电路都要受到基尔霍夫定律的制约，充电电流要受到电阻 R 的限制，即

$$i=\frac{U_S-u_C}{R}$$

除非在电源内阻等于零的理想情况下，否则充电电流不可能趋于无限大。因此，电容电压一般不能跃变。类似可以分析 RL 串联电路，电感元件中的电流一般也不能跃变，否则在此瞬间电感电压将趋于无限大。这也要受到基尔霍夫定律的制约。

通常设 $t=0$ 为换路瞬间，而以 $t=0_-$ 表示换路前的终了瞬间，$t=0_+$ 表示换路后的初始瞬间。$t=0_-$ 和 $t=0_+$ 在数值上都等于 0，但前者是指从负值趋近于零，后者是指从正值趋近于零。

由上分析可知从 $t=0_-$ 到 $t=0_+$ 的瞬间，电感元件中的电流和电容元件上的电压不能跃变，这称为换路定则。如用数学式表示，则为

$$\begin{cases} i_L(0_-)=i_L(0_+) \\ u_C(0_-)=u_C(0_+) \end{cases} \tag{3-10}$$

换路定则仅适用于换路瞬间，可根据它来确定 $t=0_+$ 时电路中电压和电流之值，即暂态过程的初始值。

为了分析出电路在暂态过程中的电压和电流随时间的变化规律，必须先求出各电量的初始值。确定各个电压和电流的初始值的方法是：先由换路前的电路求出 $t=0_-$ 时的电感上的电流和电容上的电压，而后再由换路后的电路根据换路定则来求其他电压和电流的初始值。

在直流激励下，换路前，如果储能元件储有能量，并设电路已处于稳态，则在 $t=0_-$ 的电路中，电容元件可视作开路，电感元件可视作短路；换路前，如果储能元件没有储能，则在 $t=0_-$ 和 $t=0_+$ 的电路中，可将电容元件看成短路，电感处元件可视作开路。

【例 3-1】　图 3-4 所示电路中，直流电压源的电压为 U_0。当电路中的电压和电流恒定不变时打开开关 S，试求 $u_C(0_+)$、$i_L(0_+)$、$i_C(0_+)$、$u_L(0_+)$ 和 $u_{R2}(0_+)$。

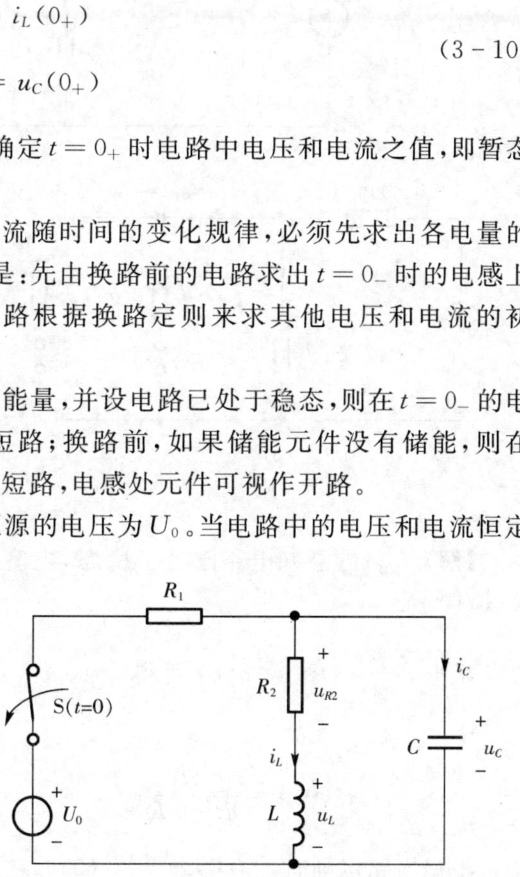

图 3-4　例 3-1 图

【解】　开关 S 打开前如图，由题意知电路中储能元件已储能达稳态，电容可看成是开路，电感可看成是短路，所以有

$$i_c(0_-)=0,\quad i_L(0_-)=\frac{U_0}{R_1+R_2}$$

$$u_C(0_-)=i_L(0_-)R_2=\frac{U_0R_2}{R_1+R_2}$$

由换路定则得　$i_L(0_+)=i_L(0_-)=\dfrac{U_0}{R_1+R_2}$，$u_C(0_+)=u_C(0_-)=\dfrac{U_0R_2}{R_1+R_2}$

所以　　$u_{R2}(0_+)=i_L(0_+)R_2=\dfrac{U_0R_2}{R_1+R_2}$，　$u_L(0_+)=0$

因为开关已打开，故有　　$i_C(0_+)=-i_L(0_+)=\dfrac{-U_0}{R_1+R_2}$

必须指出，换路前后瞬间，只有电感上的电流和电容上的电压不变，其余的各电量换路后的初时值，应根据换路后的电路（如上例，开关已打开）和换路定则来分析和计算。

【例 3-2】 确定图 3-5(a) 所示电路中各个电压和电流的初始值，换路前电路处于稳态。已知 $U_S = 8V, R_1 = 2\Omega, R_2 = R_3 = R_4 = 4\Omega$。

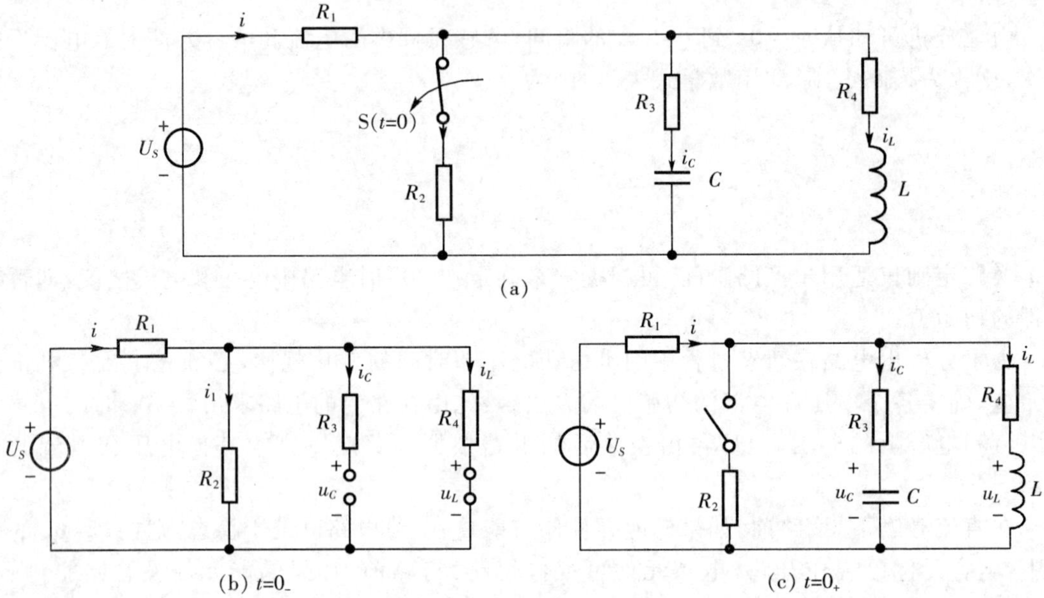

图 3-5 例 3-2 图

【解】 依题意知电路已处于稳态，电容元件可视作开路，电感元件可视作短路，如图 3-5(b) 所示。

根据 $t = 0_-$ 图 3-5(b) 可得 $i(0_-) = \dfrac{U_S}{R_1 + \dfrac{R_2 R_4}{R_2 + R_4}} = 2A$

$$i_L(0_-) = \frac{R_2}{R_2 + R_4} i(0_-) = 1A \qquad u_C(0_-) = i_L(0_-)R_4 = 4V$$

根据换路定则有 $i_L(0_+) = i_L(0_-) = 1A \qquad u_C(0_+) = u_C(0_-) = 4V$

在 $t = 0_+$ 时，由电路图 3-5(c) 可列方程

$$\begin{cases} i(0_+)R_1 + i_C(0_+)R_3 + u_C(0_+) = U_S \\ i(0_+) = i_C(0_+) + i_L(0_+) \end{cases}$$

代入参数得 $i_C(0_+) = \dfrac{1}{3}A, \qquad i(0_+) = \dfrac{4}{3}A$

$$u_L(0_+) = i_C(0_+)R_3 + u_C(0_+) - i_L(0_+)R_4 = \frac{4}{3}V$$

由上例可见，电容上的电压在换路瞬间不能跃变，而流过的电流是可以跃变的；电感上的电流不能跃变，而其端电压是可以跃变的。

【例 3 - 3】 电路如图 3 - 6(a) 所示。求在开关 S 闭合瞬间($t=0_+$)各储能元件中的电流及其两端电压。当电路到达稳态时又各等于多少?设在 $t=0$ 时,电路中的储能元件均未储能。已知 $U_S=10\text{V}$,$R_1=2\Omega$,$R_2=8\Omega$。

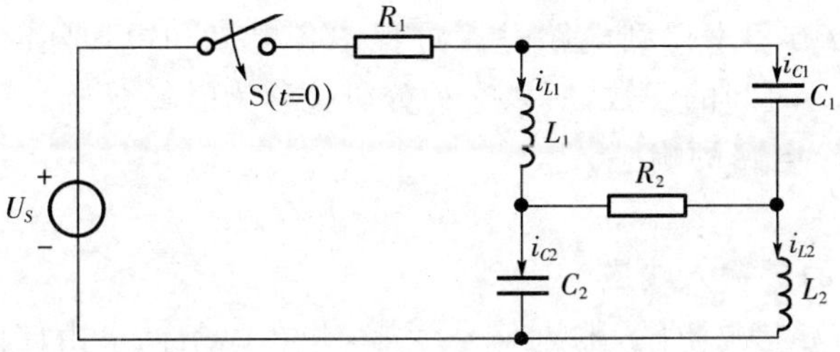

(a)

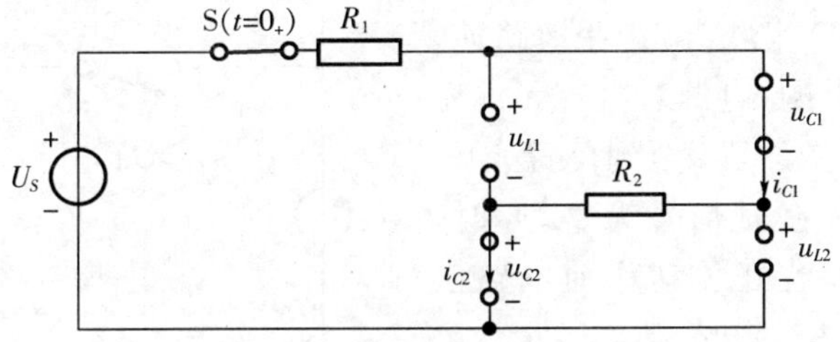

(b) $t=0_+$时的等效电路

图 3 - 6　例 3 - 3 图

【解】　因为原电路中储能元件均未储能,在 $t=0_+$ 时,电感元件可看成是开路,电容元件可看成是短路,画出等效电路如图 3 - 6(b) 所示。

$$i_{L1}(0_+)=i_{L1(0_-)}=0,\qquad i_{L2}(0_+)=i_{L2}(0_-)=0$$

$$u_{C1}(0_+)=u_{C1}(0_-)=0,\qquad u_{C2}(0_+)=u_{C2}(0_-)=0$$

$$i_{C1}(0_+)=i_{C2}(0_+)=\frac{U_S}{R_1+R_2}=1\text{A}$$

$$u_{L1}(0_+)=u_{L2}(0_+)=i_{C1}(0_+)R_2=8\text{V}$$

当开关长期闭合,电路再次进入新的稳定状态时,电容元件充电结束而开路;电感元件储能结束而短路;各电量稳态值分别为

$$i_{L1}(\infty)=i_{L2}(\infty)=\frac{U_S}{R_1+R_2}=1\text{A},\quad i_{C1}(\infty)=i_{C2}(\infty)=0$$

$$u_{C1}(\infty)=u_{C2}(\infty)=i_{L1}(\infty)R_2=8\text{V},\quad u_{L1}(\infty)=u_{L2}(\infty)=0$$

3.3 RC 电路的响应

用经典法分析电路的暂态过程，就是根据电路的结构及电路定律，列出电路的微分方程，而后通过求解微分方程来得到电路过渡过程中各电流和电压随时间的变化规律。由于电路的激励和响应都是时间的函数，所以这种分析又称为时域分析。

本节讨论一阶 RC 电路的响应。

3.3.1 RC 电路的零输入响应

零输入响应是指无电源激励，输入信号为零，并在此条件下由储能元件的初始状态所产生的电路的响应，称为零输入响应。

分析 RC 电路的零输入响应，实际上就是分析它的放电过程。

如图 3-7 所示 RC 串联电路。在换路前，开关 S 是合在位置 2 上的，电源对电容元件充电。在 $t=0$ 时，将开关从位置 2 合到位置 1 上，使电路脱离电源，输入激励信号为零。此时，电容元件已储有能量，若开关动作前电路已处于稳态，则电容上电压的初始值

$$u_C(0_+) = U_0$$

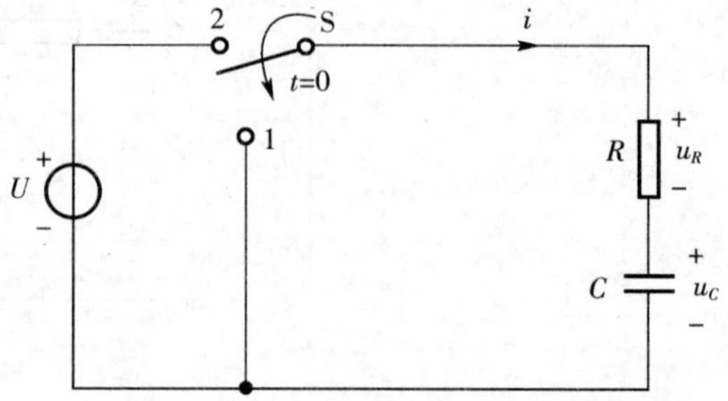

图 3-7 RC 放电电路

于是电容元件经过电阻 R 开始放电。

根据基尔霍夫电压定律，列出 $t>0$ 时的电路微分方程

$$RC\frac{\mathrm{d}u_c}{\mathrm{d}t} + u_C = 0 \tag{3-11}$$

其中 $$i = C\frac{\mathrm{d}u_C}{\mathrm{d}t}$$

令微分方程的通解为 $u_C = Ae^{pt}$

代入式(3-11)得微分方程的特征方程为 $RCp + 1 = 0$

其特征根为 $p = -\frac{1}{RC}$

所以式(3-11)的通解为 $u_c(t) = Ae^{-\frac{t}{RC}}$

令 $\tau = RC$

当 R 取欧姆、C 取法拉为单位时，τ 具有秒的量纲，所以通常称 τ 为时间常数。

下面要确定积分常数 A。

根据换路定则 $u_C(0_+) = U_0$， 所以 $A = U_0$

故 $$u_C(t) = U_0 e^{-\frac{t}{RC}} = U_0 e^{-\frac{t}{\tau}}$$

当 $t=\tau$ 时，　　　$u_C(\tau)=Ue^{-1}=36.8\%U_0$

可见时间常数 τ 等于电压 u_C 衰减到初始值的 36.8% 时所需要的时间。可以用数学方法证明，指数曲线上任意点的次切距的长度都等于 τ。以初始点为例，如图 3-8(a) 所示。

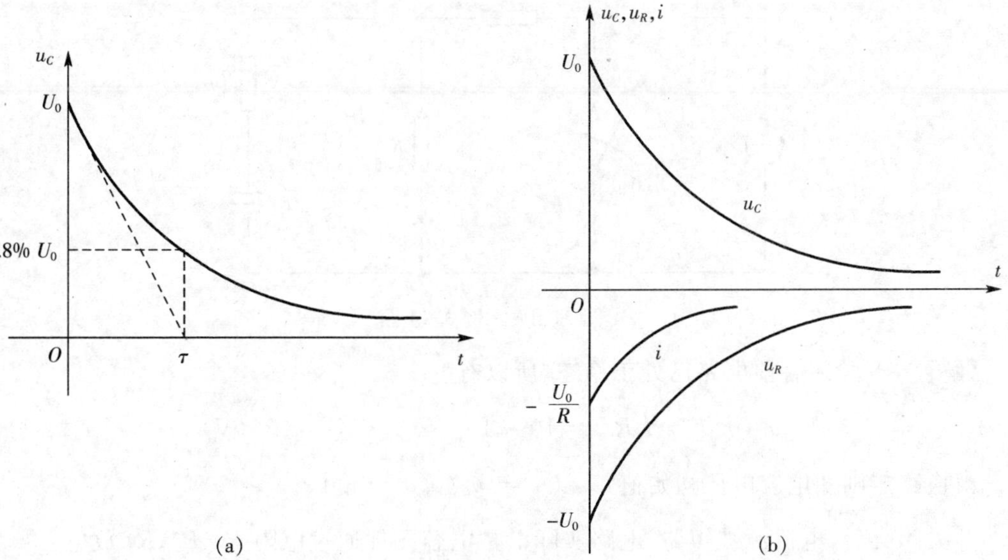

图 3-8　u_C,u_R,i 的变化曲线

$\left.\frac{\mathrm{d}u_C}{\mathrm{d}t}\right|_{t=0}=-\frac{U_0}{\tau}$ 即过初始点的切线与横轴相交于 τ。

从理论上讲，电路只有经过 $t=\infty$ 的时间才能达到稳定，但是由于指数曲线开始变化较快，而后逐渐缓慢，实际上经过 $t=5\tau$ 的时间，就可认为暂态过程结束，达到稳定状态了。这时 $u_C(5\tau)=0.7\%U_0$，已经很小了。

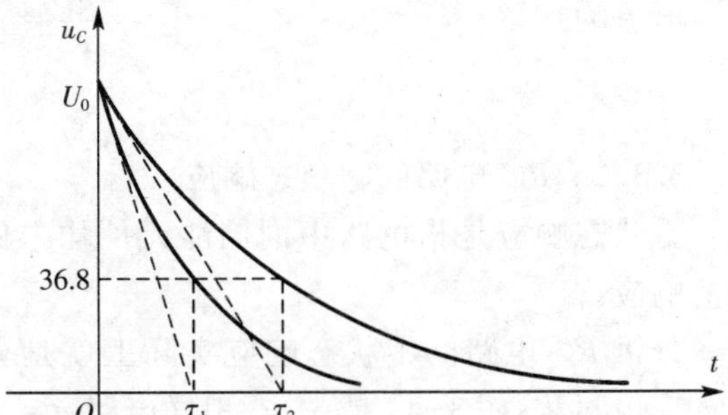

图 3-9　τ 变化对 u_C 的影响

时间常数 τ 越小，$u_C(t)$ 下降得愈快，即电容器放电过程愈短暂(图 3-9 所示)；而 τ 愈大，$u_C(t)$ 下降愈慢，因为在一定初始电压 U_0 下，电容 C 愈大，则储存的电荷愈多；而电阻 R 愈大，则放电电流就愈小，这些都促使放电过程变慢。因此，改变 R 或 C 的数值，也就是改变电路的时间常数，就可以改变电容器放电的快慢。

电容器放电电流和电阻上的电压可由下式求得

$$i=C\frac{\mathrm{d}u_C}{\mathrm{d}t}=-\frac{U_0}{R}\mathrm{e}^{-\frac{t}{\tau}}$$

$$u_R=iR=-U_0\mathrm{e}^{-\frac{t}{\tau}}$$

式中负号表示放电电流实际方向与参考方向相反。各电量变化曲线如图 3-8(b) 所示。

【例 3-4】 在图 3-10 中，$I_S = 10\text{mA}$，$R_1 = 3\text{k}\Omega$，$R_2 = 3\text{k}\Omega$，$R_3 = 3\text{k}\Omega$，$C = 2\mu\text{F}$。在开关闭合前电路已处于稳态。求在 $t \geqslant 0$ 时的 u_c 和 i_1。

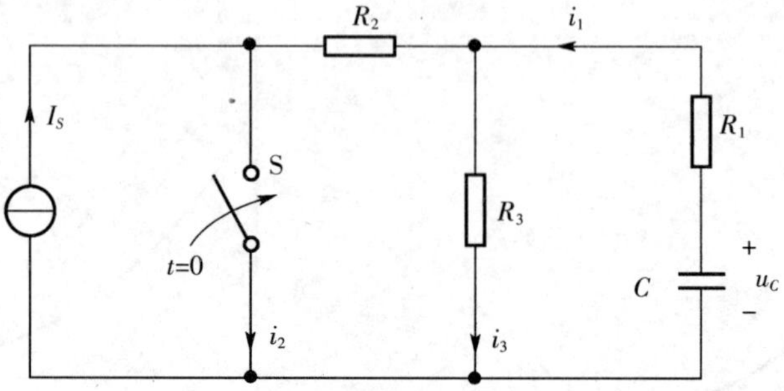

图 3-10　例 3-4 图

【解】 开关闭合前电路已处于稳态，所以有

$$u_C(0_-) = I_S R_3 = 10 \times 10^{-3} \times 3 \times 10^3 = 30(\text{V})$$

由换路定则知电容电压初始值　$U_0 = u_C(0_+) = u_C(0_-) = 30\text{V}$

开关闭合后，电流源被短路，电路实际上是电容元件通过电阻 R_1、R_2、R_3 放电，

时间常数为　$\tau = RC = (R_1 + \dfrac{R_2 R_3}{R_2 + R_3})C = 5 \times 10^3 \times 2 \times 10^{-6} = 0.01(\text{s})$

电容上电压变化规律为　$u_C = U_0 e^{-\frac{t}{\tau}} = 30e^{-\frac{t}{0.01}} = 30e^{-100t}(\text{V})$

电流为　$i_1 = \dfrac{u_C}{R} = 6e^{-100t}(\text{mA})$

3.3.2 RC 电路的零状态响应

零状态响应是指电路中的储能元件均未储能，即初始状态为零，在外加电源激励下电路的响应。

分析 RC 电路的零状态响应实际上就是分析它的充电过程。图 3-11 是一 RC 串联电路。$t=0$ 时将开关 S 合上，电路即与一恒定电压为 U_S 的电压源接通，对电容元件开始充电(电容原来并未储能)。此时，实际为输入一阶跃电压 u，如图 3-12(a) 所示，它与恒定电压[图 3-12(b)]不同，其表示式为

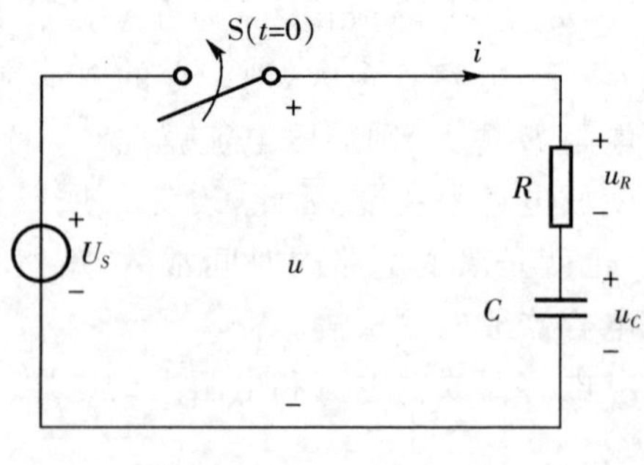

图 3-11　RC 充电电路

$$u = \begin{cases} 0 & t < 0 \\ U_S & t > 0 \end{cases}$$

式中 U_S 为电压源的幅值。

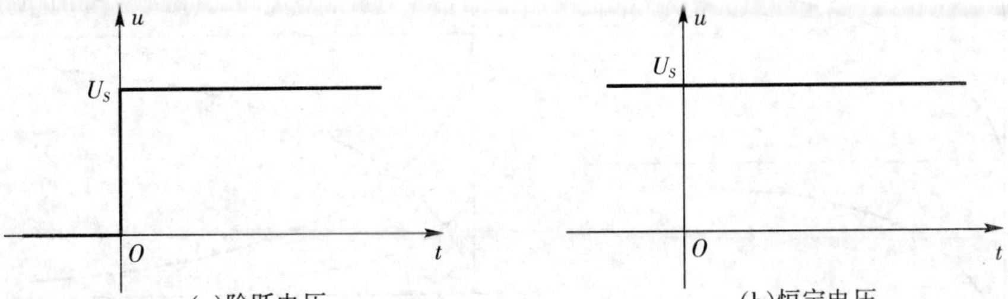

(a)阶跃电压　　(b)恒定电压

图 3－12　阶跃电压和恒定电压的比较

根据基尔霍夫电压定律，列出 $t>0$ 时电路中电压方程为

$$u_R + u_C = U_S$$

将 $u_R = iR = RC\dfrac{\mathrm{d}u_C}{\mathrm{d}t}$ 代入上式得

$$RC\frac{\mathrm{d}u_C}{\mathrm{d}t} + u_C = U_S \tag{3-12}$$

式(3－12) 是一个非齐次一阶微分方程，它的解包含两个部分，一个是特解 u'_C，另一个是补函数 u''_C。

其特解应具有与等式右边已知项相同的函数形式，而式(3－12) 中是常数项，所以可设特解为 $u'_C = K$，并代入式(3－12) 得 $u'_C = K = U_S$。

补函数是式(3－12) 所对应的齐次方程的解，即

$$RC\frac{\mathrm{d}u''_C}{\mathrm{d}t} + u''_C = 0$$

令 $u''_C = A\mathrm{e}^{pt}$ 代入上式得　$p = -\dfrac{1}{RC}$

故式(3－12) 的通解为 $u_C = u'_C + u''_C = U_S + A\mathrm{e}^{-\frac{t}{RC}}$

因为　$u_C(0_+) = 0$　　　所以　$A = -U_S$

电容充电时其端电压变化规律为　$u_C = U_S(1 - \mathrm{e}^{-\frac{t}{RC}})$

如图 3－13(a) 所示。

其他电压和电流为 $i = C\dfrac{\mathrm{d}u_C}{\mathrm{d}t} = \dfrac{U_S}{R}\mathrm{e}^{-\frac{t}{RC}}$，　$u_R = iR = U_S\mathrm{e}^{-\frac{t}{RC}}$

各变化曲线如图 3－13(b) 所示。

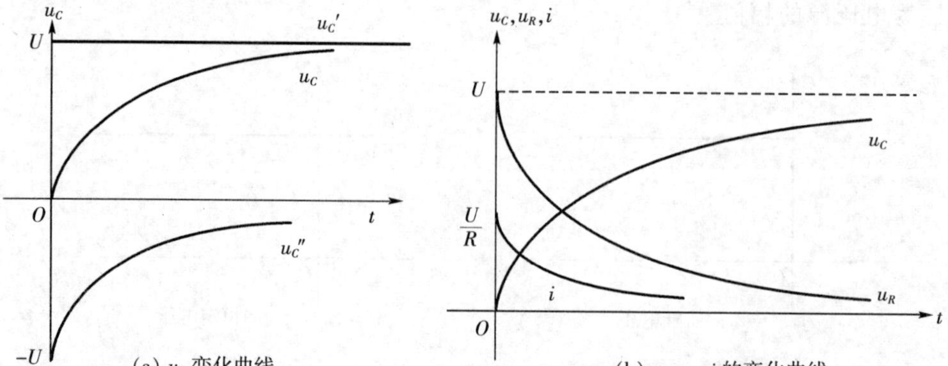

(a) u_C 变化曲线　　　　(b) u_C, u_R, i 的变化曲线

图 3-13　电容充电时各电量变化规律

从电路的角度来看，暂态过程中电容元件两端的电压 u_C 可视为由两个分量叠加而得：其一是 u'_C，即到达稳定状态时的电压，称为稳态分量，它的变化规律和大小都与电源电压有关；其二是 u''_C，仅存在于暂态过程中，称为暂态分量，它的变化规律与电源电压无关，总是按指数规律衰减，但是它的大小与电源电压有关。当电路中储能元件的能量增长到某一稳态值或衰减到某一稳态值或零值时，电路的暂态过程随即终止，暂态分量也趋于零（在上面所讨论的 RC 电路的零输入响应中，稳态分量为零值）。

综上所述，可将计算线性电路暂态过程的步骤归纳如下：

(1) 按换路后的电路列出微分方程式；

(2) 求微分方程式的特解，即稳态分量；

(3) 求微分方程式的补函数，即暂态分量；

(4) 按照换路定则确定暂态过程的初始值，从而定出积分常数。

分析较复杂电路的暂态过程时，还可以应用戴维宁定理或诺顿定理将换路后的电路化简为一个简单电路，而后利用由上述经典法所得出的式子。

分析步骤如下：

(1) 将储能元件（电容元件或电感元件）划出，而将其余部分看作有源二端网络，应用戴维宁定理或诺顿定理求出等效电源，从而简化成一个简单电路；

(2) 计算电路的时间常数；

(3) 将所得数据代入由经典法得出的式子。

【例 3-5】　如图 3-14(a) 所示，$U_S = 12\text{V}, R_1 = 3\text{k}\Omega, R_2 = 6\text{k}\Omega, C_1 = 40\mu\text{F}, C_2 = C_3 = 20\mu\text{F}$，求 $t \geqslant 0$ 时电容电压 u_C。设 $u_C(0_-) = 0$。

【解】　将电容支路划出，求出其余二端电路的等效电压源，如图 3-14(b) 所示，其中

$$U_0 = \frac{R_2}{R_1 + R_2} U_S = 8\text{V}, \quad R_{eq} = \frac{R_1 R_2}{R_1 + R_2} = 2\text{k}\Omega$$

等效电容为

$$C_{eq} = \frac{C_1(C_2 + C_3)}{C_1 + (C_2 + C_3)} = 20\mu\text{F}$$

易得电路时间常数为　$\tau = R_{eq} C_{eq} = 2 \times 10^3 \times 20 \times 10^{-6} = 4 \times 10^{-2}\,(\text{s})$

所以 $$u_C = U_0(1-e^{-\frac{t}{\tau}}) = 8(1-e^{-25t})\text{V}$$

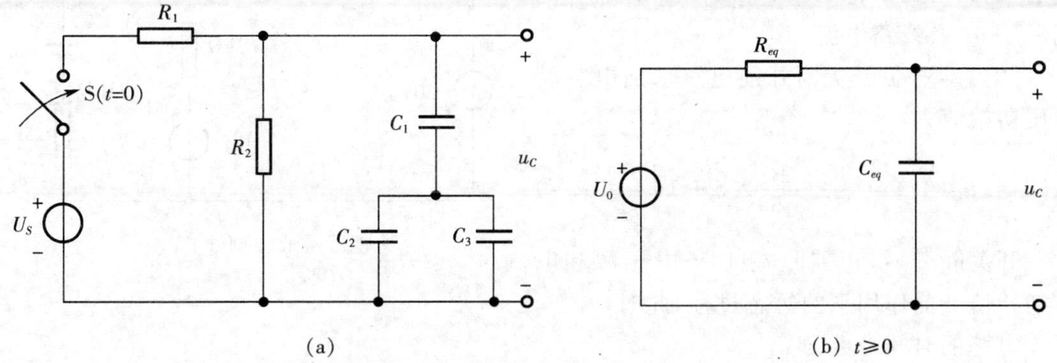

图 3-14 例 3-5 图

3.3.3 *RC* 电路的全响应

全响应是指储能元件已储存一定的能量，又有外施激励作用时，电路中的电压或电流的变化规律。

在图 3-15 中，开关 S 闭合前，电容已有一定的储能，设 $u_C(0_-)=U_0$，当 $t\geqslant 0$ 时，开关 S 闭合，对电路列写 KVL 方程为

$$RC\frac{\mathrm{d}u_C}{\mathrm{d}t}+u_C=U_S \tag{3-13}$$

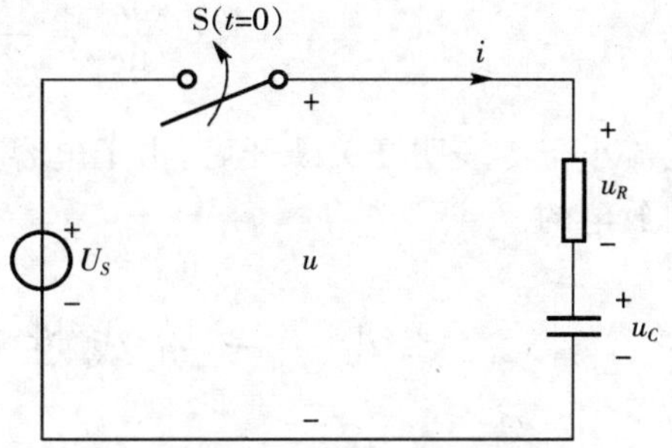

图 3-15 *RC* 电路全响应

与式(3-12) 相同，故同样方法求解微分方程可得

$$u_C = u'_C + u''_C = U_S + Ae^{-\frac{t}{RC}}$$

在这里，积分常数 A 的确定如下

因为 $u_C(0_+)=U_0$ 代入上式得 $A=U_0-U_S$

所以 $$u_C = U_S + Ae^{-\frac{t}{RC}} = U_S + (U_0-U_S)e^{-\frac{t}{\tau}} \tag{3-14}$$

$$u_C = U_0e^{-\frac{t}{\tau}} + U_S(1-e^{-\frac{t}{\tau}}) \tag{3-15}$$

容易看出式(3-14) 中第一项是稳态分量，第二项是暂态分量，而式(3-15) 中第一项是零输入响应，第二项是零状态响应。所以有

全响应 = 稳态分量 + 暂态分量

或 全响应 = 零输入响应 + 零状态响应

电路中电流为 $$i = C\frac{\mathrm{d}u_C}{\mathrm{d}t} = \frac{U_S-U_0}{R}e^{-\frac{t}{RC}}$$

电阻端电压为 $$u_R = iR = (U_S-U_0)e^{-\frac{t}{RC}}$$

【例 3-6】 电路如图 3-16 所示，开关断开前，电路已处于稳态，求开关断开后电容的端电压 u_C 及线路电流 i。

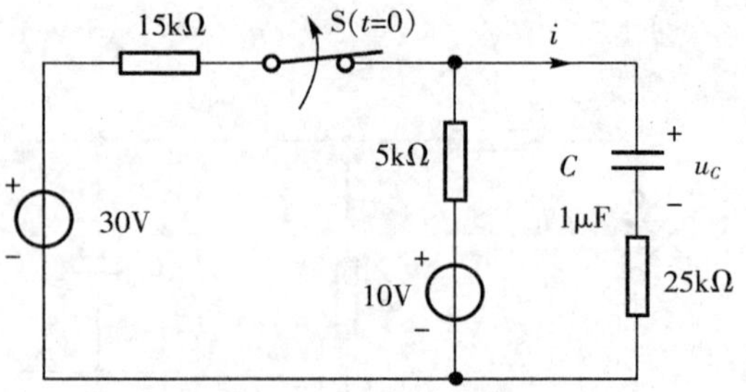

图 3-16 例 3-6 图

【解】 根据开关断开前电路求出电容端电压初始值为

$$U_0 = u_C(0_-) = \frac{30-10}{15+5} \times 5 + 10 = 15(\text{V})$$

开关断开后，电路是在 10V 电压源和电容初始值共同作用下的暂态过程，此时，

电路的时间常数为

$$\tau = RC = (5+25) \times 10^3 \times 1 \times 10^{-6} = 0.03(\text{s})$$

根据前面分析得

$$u_C = U_0 \mathrm{e}^{-\frac{t}{\tau}} + U_S(1-\mathrm{e}^{-\frac{t}{\tau}}) = (10+5\mathrm{e}^{-\frac{100t}{3}})\text{V}$$

$$i = C\frac{\mathrm{d}u_C}{\mathrm{d}t} = \frac{10-15}{25+5}\mathrm{e}^{-\frac{t}{0.03}} = -\frac{1}{6}\mathrm{e}^{-\frac{100t}{3}}(\text{mA})$$

电流小于零表明开关断开后，由于电容上电压初始值大于电源电压 10V，电容器实际上是反向放电的。

3.4 一阶线性电路暂态分析的三要素法

只包含一个独立的储能元件或可等效为一个储能元件的线性电路，称为一阶线性电路。对于比较复杂的电路，即使包含有多个电阻和电源支路，但只要储能元件只有一个（电容或电感），就仍然是一阶电路，它们的微分方程都是一阶常系数线性微分方程。

在前面讨论过的 RC 电路就是一阶线性微分电路，电路的响应是由稳态分量（包括零值）和暂态分量两部分相加而得，即 $u_C = U_S + (U_0 - U_S)\mathrm{e}^{-\frac{t}{\tau}}$

如果我们用 $f(\infty)$ 表示稳态分量，$f(0_+)$ 表示初始值，上式可写成一般式子

$$f(t) = f(\infty) + [f(0_+) - f(\infty)]\mathrm{e}^{-\frac{t}{\tau}} \tag{3-16}$$

或

$$f(t) = f(\infty) + A\mathrm{e}^{-\frac{t}{\tau}}$$

$A = f(0_+) - f(\infty)$，$A\mathrm{e}^{-\frac{t}{\tau}}$ 是暂态分量，τ 是时间常数。在同一电路中，电路各处电压、电流暂态分量的时间常数都相同。

上述结果可以推广到任何一阶线性电路瞬变过程中的每一电压和电流。不论一阶电路的结构是什么形式，只要确定了电路电压或电流的初始值 $f(0_+)$、稳态值 $f(\infty)$ 和时间常数 τ，就能直接写出电路的响应（电压或电流）。这种由 $f(0_+)$、$f(\infty)$ 和 τ 三个量直接得到电路

全解的方法，称为三要素法。至于电路响应的变化曲线，如图 3-17 所示，都是按指数规律变化的（增长或衰减）。

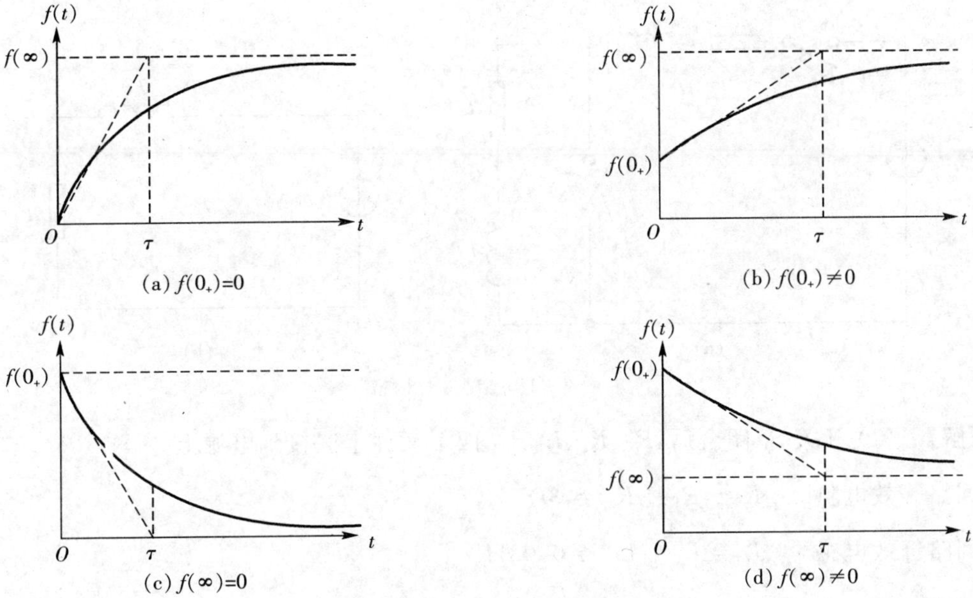

图 3-17　$f(t)$ 的变化曲线

下面举例说明三要素法的应用。

【例 3-7】　应用三要素法重新求解例 3-6 中的问题。

【解】　(1) 求初始值

根据换路前的电路求　$u_C(0_-)=15\text{V}$，由换路定则知　$u_C(0_+)=u_C(0_-)=15\text{V}$

所以　$i(0_+)=\dfrac{10-u_C(0_+)}{25+5}=-\dfrac{1}{6}(\text{mA})$

(2) 求稳态值

开关长期断开后，电路处于稳态，电容充放电结束可看成是开路，从而有

$$i(\infty)=0, u_C(\infty)=10(\text{V})$$

(3) 求时间常数

$$\tau=RC=(25+5)\times10^3\times1\times10^{-6}=0.03(\text{s})$$

(4) 代入三要素法公式得

$$u_C=u_C(\infty)+[u_C(0_+)-u_C(\infty)]e^{-\frac{t}{\tau}}=(10+5e^{-\frac{100t}{3}})\text{V}$$

$$i=i(\infty)+[i(0_+)-i(\infty)]e^{-\frac{t}{\tau}}=-\frac{1}{6}e^{-\frac{100t}{3}}\text{mA}$$

可见与上面分析结果相同。

【例 3-8】　在图 3-18(a) 中，$R_1=2\Omega$，$R_2=1\Omega$，$L_1=0.01\text{H}$，$L_2=0.02\text{H}$，$U_S=6\text{V}$。

(1) 试求 S_1 闭合后电路中电流 i_1 和 i_2 的变化规律；(2) 当 S_1 闭合后电路到达稳定状态时再闭合 S_2，再求 i_1 和 i_2 的变化规律(开关 S_1、S_2 原来均断开，且电感均未储能)。

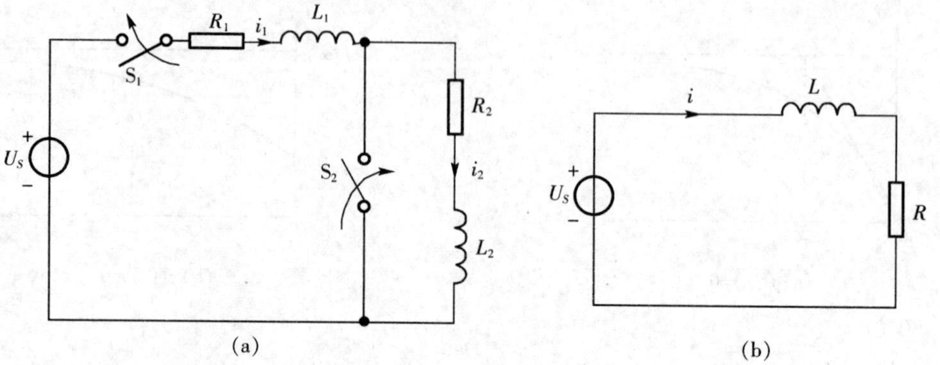

图 3-18　例 3-8 图

【解】 (1) 开关 S_1 闭合后，R_1、R_2、L_1、L_2 四个元件串联接到电源上。

回路等效电阻　　$R = R_1 + R_2 = 3\Omega$

回路等效电感　　$L = L_1 + L_2 = 0.03\text{H}$

此时　　　　　　$i_1 = i_2 = i$

S_1 闭合，而 S_2 依然断开时电路如图 3-18(b) 所示。

这是一个 RL 一阶电路，运用三要素法求解：

$i(0_-) = 0(\text{A})$，由换路定则知　$i_2(0_+) = i_2(0_-) = 0\text{A}$

当 $t = \infty$ 时，$i(\infty) = \dfrac{U_S}{R} = 2(\text{A})$，时间常数为　$\tau = \dfrac{L}{R} = 0.01\text{s}$

所以　　$i = i(\infty) + [i(0_+) - i(\infty)]e^{-\frac{t}{\tau}} = 2(1 - e^{-100t})\text{A}$

$$i_1 = i_2 = i = 2(1 - e^{-100t})\text{A}$$

(2) 在 S_1 闭合后电路到达稳定状态时，再闭合 S_2，换路后电路由 S_2 闭合后将电路分为左、右两个网孔回路，分别对左、右网孔回路求解。

对于左边网孔为一个一阶 RL 电路，运用三要素法求解：

$i_1(0_-) = 2(\text{A})$，由换路定律可得　$i_1(0_+) = i_1(0_-) = 2\text{A}$

S_2 闭合达到稳态后　$i_1(\infty) = \dfrac{U_S}{R_1} = 3\text{A}$，时间常数为　$\tau = \dfrac{L_1}{R_1} = 0.005\text{s}$

所以　　$i_1 = i_1(\infty) + [i_1(0_+) - i_1(\infty)]e^{-\frac{t}{\tau}} = 3 - e^{-200t}(\text{A})$

右边网孔也是一个一阶 RL 电路，也可运用三要素法求解：

$i_2(0_-) = 2\text{A}$，由换路定律可得　$i_2(0_+) = i_2(0_-) = 2\text{A}$

S_2 闭合达到稳态后　$i_2(\infty) = 0$，时间常数为　$\tau = \dfrac{L_2}{R_2} = 0.02\text{s}$

所以有 $i_2 = i_2(\infty) + [i_2(0_+) - i_2(\infty)]e^{-\frac{t}{\tau}} = 2e^{-50t}(A)$

【例 3-9】 在图 3-19 电路中，开关 S 闭合前电路已处于稳态。在 $t=0$ 时刻将开关闭合，求 S 闭合后的电压 u_c 和电流 i_c、i_1、i_2。

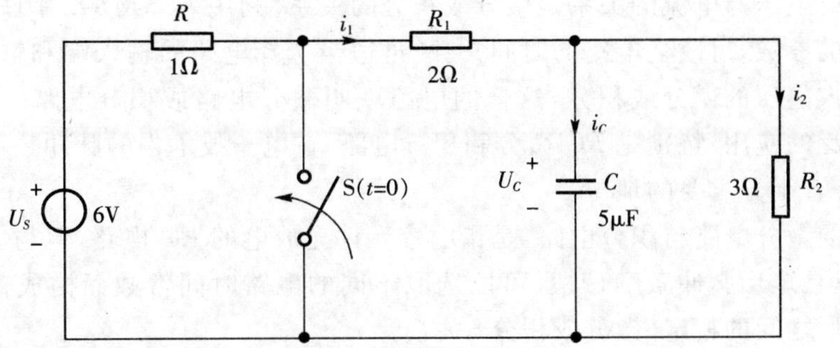

图 3-19 例 3-9 图

【解】 用三要素法求解

(1) 确定初始值：换路前($t=0_-$)的电容端电压

$$u_c(0_-) = \frac{R_2}{R+R_1+R_2}U_S = \frac{3}{1+2+3} \times 6 = 3(V)$$

换路后，$t=0_+$ 时： $u_c(0_+) = u_c(0_-) = 3(V)$

$$i_2(0_+) = \frac{u_{R2}(0_+)}{R_2} = \frac{u_c(0_+)}{R_2} = \frac{3}{3} = 1(A)$$

$$i_1(0_+) = \frac{-u_c(0_+)}{R_1} = -\frac{3}{2} = -1.5(A)$$

$$i_c(0_+) = i_1(0_+) - i_2(0_+) = -1.5 - 1 = -2.5(A)$$

(2) 计算稳态值：放电结束后，电路各处的电压、电流均为零，即

$$u_c(\infty) = 0 \quad i_c(\infty) = 0$$

$$i_1(\infty) = 0 \quad i_2(\infty) = 0$$

(3) 计算时间常数：换路后，从电容 C 两端看过去的等效电阻

$$R' = R_1 /\!/ R_2 = \frac{2 \times 3}{2+3} = 1.2(\Omega)$$

故时间常数为 $\tau = R'C = 1.2 \times 5 \times 10^{-6} = 6 \times 10^{-6}(s)$

将以上计算结果分别代入式(3-16)，得到

$$u_c = 0 + (3-0)e^{-\frac{t}{6\times10^{-6}}} = 3e^{-1.67\times10^5 t}(V)$$

$$i_c = 0 + (-2.5-0)e^{-1.67\times10^5 t} = -2.5e^{-1.67\times10^5 t}(A)$$

$$i_1 = 0 + (-1.5-0)e^{-1.67\times10^5 t} = -1.5e^{-1.67\times10^5 t}(A)$$

$$i_2 = 0 + (1-0)e^{-1.67\times10^5 t} = e^{-1.67\times10^5 t}(A)$$

3.5 微分电路与积分电路

动态元件的电压与电流的关系是微分或积分的关系。利用 RC 或 RL 串联的一阶电路，适当选取元件的参数，可改变电路的时间常数。再适当选择电路的输入端和输出端，使输出电压正比于输入电压的微分或积分，这样的电路就叫微分电路或积分电路。它们在工程技术中得到了广泛的应用。特别是 RC 微分和积分电路，在电子技术中的脉冲数字电路和自动控制技术中，有着十分重要的地位。

本节所讲的微分电路与积分电路，是指电容元件充放电的 RC 电路，但与 3.3 节所讲的电路不同，这里是矩形脉冲激励，并且可以选取不同的电路时间常数而构成输出电压波形和输入电压波形之间的特定(微分或积分) 关系。

为便于说明矩形脉冲的获得，我们来看一下 3.3 节的图 3-7。在 $t=0$ 时，将开关合到位置 2 上，使电路与电源接通；在 $t=t_1$ 时，将开关合到位置 1 上，切断电源。这样，在输入端得到的便是如图 3-21 所示的一个矩形脉冲电压 u_1。但是在实际上，不是利用开关，也可以直接输入一个矩形脉冲电压。脉冲幅度为 U，脉冲宽度为 t_p。如果是周期性的话，则脉冲周期为 T。

下面分别讨论微分电路和积分电路。

3.5.1 微分电路

图 3-20 所示的 RC 串联电路，设电路处于零状态。以电阻上电压 u_2 作为输出电压，输入电压 u_1 为矩形脉冲电压(见图 3-21)。其脉冲幅值为 U，脉冲宽度(即脉冲持续时间)为 t_p。适当选择电路元件的参数可改变电路的时间常数。输出电压 u_2 的波形与电路的时间常数 τ 和脉冲宽度 t_p 的大小有关。当 t_p 一定时，改变 τ 与 t_p 的比值，电容充放电的快慢不同，输出电压 u_2 的波形也就不同，如图 3-22 所示。

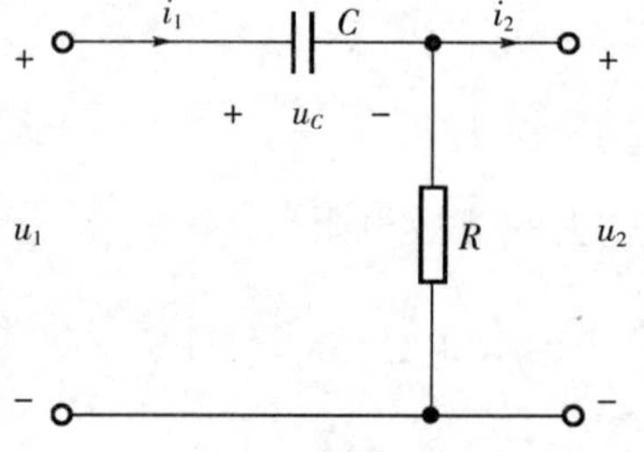

图 3-20 RC 微分电路

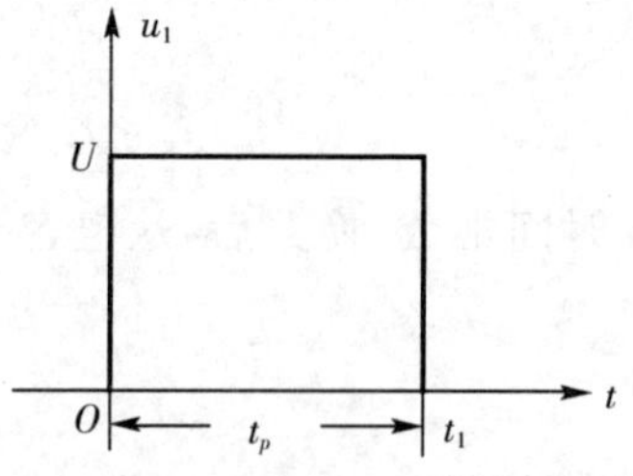

图 3-21 矩形脉冲电压

设 u_1 为单个矩形脉冲，脉冲幅值 $U=10\text{V}$，假设输出端空载，即 $i_2=0$。这与实际情况也很接近。因为微分电路的输出信号很小，需经多级放大才能驱动执行元件。而放大电路的输入阻抗较高，从微分电路中取的电流很小，可以近似认为 $i_2=0$。

(1) 当 $0<t<t_1$ 时，$u_1=U=10\text{V}$，相当于 RC 电路接入直流电压源的充电过程。电容电压为 $u_C=U(1-e^{-\frac{t}{\tau}})$，电阻上的电压为 $u_2=U-u_C=Ue^{-\frac{t}{\tau}}$

当 $\tau = 10t_p$ 和 $t = t_1 = t_p$ 时，

$$u_2 = U\mathrm{e}^{-\frac{t}{\tau}} = U\mathrm{e}^{-0.1} = 10 \times 0.905 = 9.05(\mathrm{V})$$

与此同时，$u_C = 0.95\mathrm{V}$

由于 $\tau \gg t_p$，电容器充电很慢，在经过一个脉冲宽度（$t = t_p$）时，电容器上只充电到 0.95V，而剩下的 9.05V 电压加在电阻两端。这样，输出电压 u_2 和输入电压 u_1 的波形很相近（图 3－22），电路就成为一般的阻容耦合电路而非微分电路。随着 τ 和 t_p 的比值减小，电容充电加快，电阻上电压 u_2 很快由 U 衰减为零，形成一个正的尖脉冲。

(2)$t_1 < t < \infty$ 时，相当于 RC 电路放电过程，此时，电容电压

$$u_C = U\mathrm{e}^{-\frac{t-t_1}{\tau}}$$

电阻上电压　　$u_2 = -u_C = -U\mathrm{e}^{-\frac{t-t_1}{\tau}}$

电阻上的电压从零跃变为 $-10\mathrm{V}$，再按指数规律趋近于零。当 $\tau \ll t_p$ 时，电阻上电压迅速由 $-10\mathrm{V}$ 衰减为 0，输出电压 u_2 为一负的尖脉冲。如图 3－22 所示。

该电路成为微分电路的条件是 $\tau \ll t_p$，因而 $u_C \gg u_R$，这样就有 $u_C \approx u_1$。又因为

$$i = C\frac{\mathrm{d}u_C}{\mathrm{d}t} = C\frac{\mathrm{d}u_1}{\mathrm{d}t}, \quad u_2 = iR = RC\frac{\mathrm{d}u_1}{\mathrm{d}t}$$

输出电压 u_2 与输入电压 u_1 的微分成正比，因此称该电路为微分电路。

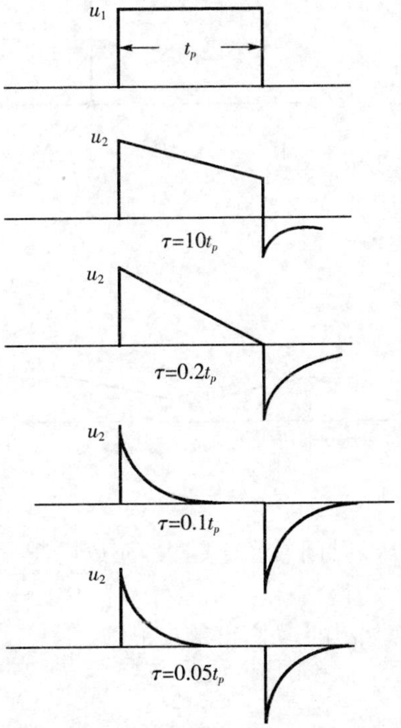

图 3－22　不同时间常数下 u_2 的波形

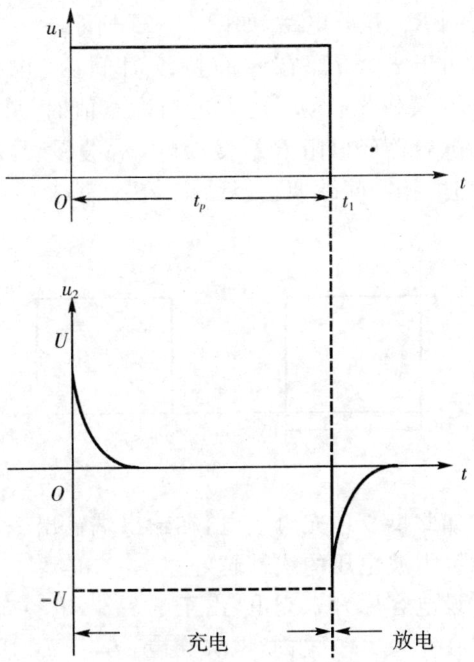

图 3－23　u_1 和 u_2 的波形

【例 3－10】　在图 3－20 的电路中，$R = 20\mathrm{k}\Omega$，$C = 100\mathrm{pF}$，输入信号电压 u_1 是单个矩

形脉冲(图 3-23),其幅值 $U=6\text{V}$,脉冲宽度 $t_p=50\mu\text{s}$。试分析和作出输出电压的 u_2 的波形。设电容元件原先未储能。

【解】 $\tau=RC=20\times10^3\times100\times10^{-12}=2\times10^{-6}\text{s}=2\mu\text{s}$

τ 是输入电压的脉冲宽度的 $\frac{1}{25}$,$\tau\ll t_p$。

在 $t=0$ 时,u_1 从零突然上升到 6V,即 $u_1=U=6\text{V}$,开始对电容元件充电。由于电容元件两端电压不能跃变,在这瞬间它相当于短路 $u_c(0)=0$,所以 $u_2(0)=U=6\text{V}$。因为 $\tau\ll t_p$,相对于 t_p 而言,充电很快结束,u_c 很快增长到 U 值;与此同时,u_2 很快衰减到零值。这样,电阻两端就输出一个正尖脉冲(图 3-23)。

u_2 的表达式为 $$u_2=U\text{e}^{-\frac{t}{\tau}}=6\text{e}^{-\frac{t}{2\times10^{-6}}}=6\text{e}^{-5\times10^5t}$$

在 $t=t_1$ 时,电源电压突然下降到零,要注意这时输入端不是开路,而是短路。也由于 u_c 不能跃变,所以在这瞬间,$u_2=-u_C=-U=-6\text{V}$,极性与前相反;而后电容元件经电阻很快放电,u_2 很快衰减到零。这样,就输出一个负尖脉冲。此时

$$u_2=-U\text{e}^{-\frac{t}{\tau}}=-6\text{e}^{-\frac{t}{2\times10^{-6}}}=-6\text{e}^{-5\times10^5t}$$

3.5.2 积分电路

同样是 RC 串联电路,但是以电容上电压作为输出电压,适当选择电路的参数,使时间常数 $\tau\gg t_p$(脉冲宽度),就得到 RC 积分电路,如图 3-24 所示。

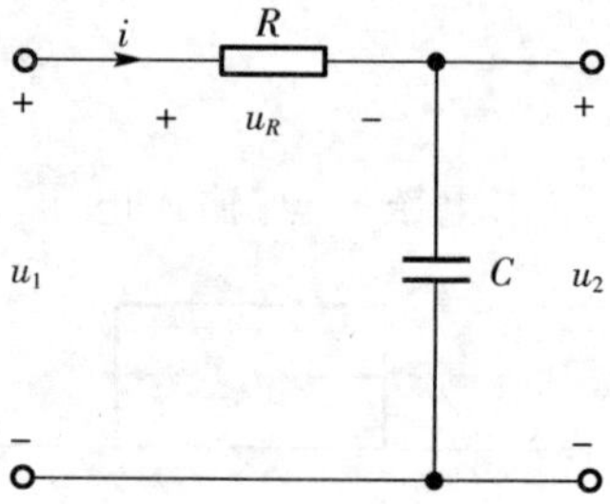

图 3-24 RC 积分电路

由于 $\tau\gg t_p$,在脉冲持续时间内,电容缓慢充电,$u_2(u_C)$ 缓慢增长,u_C 还未达到稳态值时,脉冲已经结束。然后电容器经电阻 R 缓慢放电,u_C 缓慢衰减,还未衰减为零值时,脉冲间歇期已经结束,下一个脉冲又到来了。如图 3-25 所示。

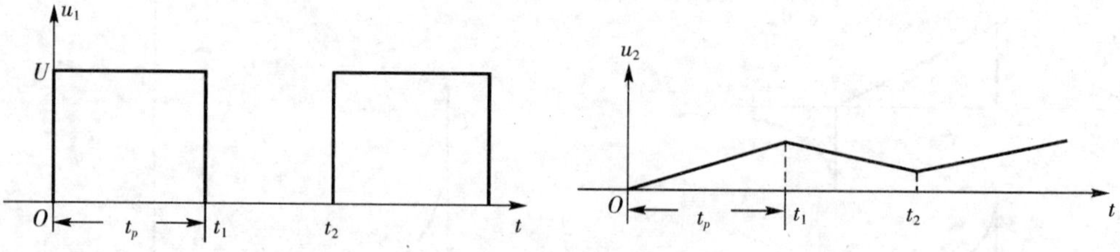

图 3-25 RC 积分电路波形

如此反复地充电放电,在输出端输出一个锯齿波电压。时间常数 τ 越大,充放电越慢,输出的锯齿波电压的线性越好。

设电容原来未充电,由于 $\tau\gg t_p$,电容充放电很慢,即 u_c 的增长和衰减很慢。

在 $0<t<t_p$ 内,电容充电,$u_2=u_C\ll u_R$。

由 KVL 得 $$u_1=u_R+u_2\approx u_R=iR$$

而 $$u_2=u_C=\frac{1}{C}\int i\text{d}t=\frac{1}{RC}\int u_1\text{d}t$$

可见输出电压 u_2 与输入电压 u_1 成积分关系，所以称此电路为积分电路。

在脉冲数字电路中，常用积分电路把矩形脉冲转换为锯齿波电压信号做扫描信号用。

3.6 *RL* 电路的响应

3.6.1 *RL* 电路的零输入响应

现在讨论 *RL* 电路的零输入响应。图 3-26(a) 所示电路在开关 S 动作之前电压和电流已恒定不变，电感中有电流 $I_0 = \dfrac{U_0}{R_0} = i(0_-)$。在 $t = 0$ 时，开关由 1 合到 2，具有初始电流 I_0 的电感 L 和电阻 R 相连接，构成一个闭合回路。如图 3-26(b) 所示。

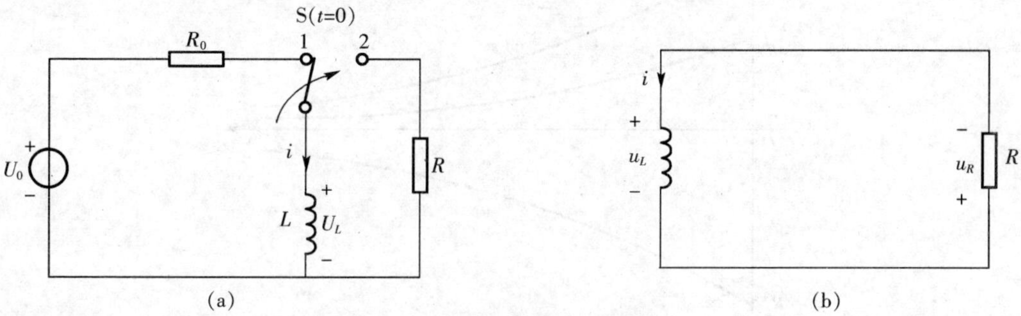

图 3-26　*RL* 电路的零输入响应

在 $t > 0$ 时，根据 KVL，有

$$u_R + u_L = 0$$

而 $u_R = Ri$，$u_L = L\dfrac{\mathrm{d}i}{\mathrm{d}t}$，电路的微分方程为

$$L\frac{\mathrm{d}i}{\mathrm{d}t} + Ri = 0$$

这也是一个一阶齐次微分方程。令方程的通解 $i = A\mathrm{e}^{pt}$，可以得到相应的特征方程

$$pL + R = 0$$

其特征根为

$$p = -\frac{R}{L}$$

故电流为

$$i = A\mathrm{e}^{-\frac{R}{L}t}$$

根据 $i(0_+) = i(0_-) = I_0$，代入上式可求得 $A = i(0_+) = I_0$，从而

$$i = i(0_+)\mathrm{e}^{-\frac{R}{L}t} = I_0\mathrm{e}^{-\frac{R}{L}t} \tag{3-17}$$

电阻和电感电压分别为 $u_R = Ri = RI_0 e^{-\frac{R}{L}t}$

$$u_L = L\frac{di}{dt} = -RI_0 e^{-\frac{R}{L}t}$$

与 RC 电路类似，令 $\tau = \frac{L}{R}$，称为 RL 电路的时间常数，则上述各式可写为

$$i = I_0 e^{-\frac{t}{\tau}}$$

$$u_R = RI_0 e^{-\frac{t}{\tau}}, \qquad u_L = -RI_0 e^{-\frac{t}{\tau}}$$

图 3-27 所示曲线分别为 i、u_L 和 u_R 随时间变化的曲线。

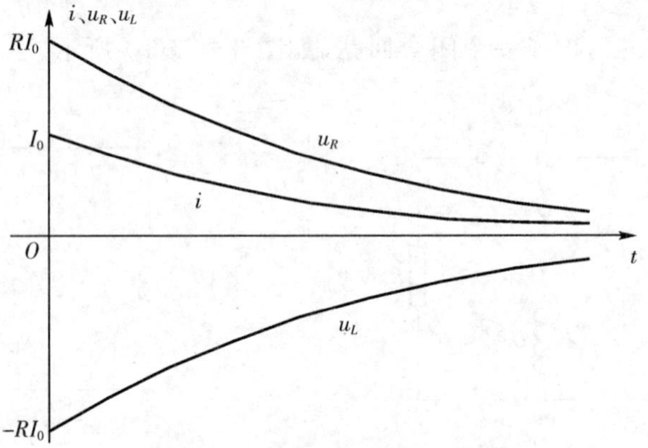

图 3-27　RL 电路的零输入响应曲线

【例 3-11】　图 3-28 所示是一台 300kW 汽轮发电机的励磁回路。已知励磁绕组的电阻 $R = 0.189\Omega$，电感 $L = 0.398\text{H}$，直流电压 $U = 35\text{V}$。电压表的量程为 50V，内阻 $R_V = 5\text{k}\Omega$，开关未断开时，电路中电流已经恒定不变。在 $t = 0$ 时，断开开关。求：

(1) 电阻、电感回路的时间常数；

(2) 电流 i 的初始值和开关断开后电流 i 的最终值；

(3) 电流 i 和电压表处的电压 u_v；

(4) 开关刚断开时，电压表处的电压。

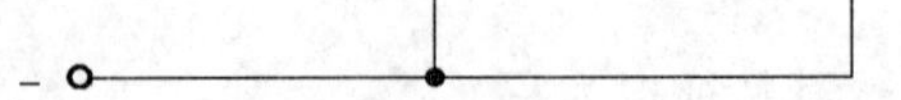

图 3-28　例 3-7 图

【解】　(1) 时间常数为

$$\tau = \frac{L}{R + R_V} = \frac{0.398}{0.189 + 5\times10^3} = 79.6(\mu\text{s})$$

(2) 开关断开前，由于电流已恒定不变，电感 L 两端电压为零，故

$$i(0_-) = \frac{U}{R} = \frac{35}{0.189} = 185.2(\text{A})$$

由于电感中电流不能跃变，电流的初始值 $i(0_+) = i(0_-) = 185.2(\text{A})$

(3) 按 $i = i(0_+)e^{-\frac{t}{\tau}}$，可得　　$i = 185.2e^{-12\,560t}\text{A}$

电压表处的电压为

$$u_v = -R_v i = -5\times10^3\times185.2e^{-12\,560t}\text{V} = -926e^{-12\,560t}\text{kV}$$

(4) 开关刚断开时，电压表处的电压为

$$u_v(0_+) = -926\text{kV}$$

在这个时刻电压表要承受很高的电压，其绝对值将远大于直流电源的电源U，而且初始瞬间的电流也很大，可能损坏电压表。由此可见，切断电感电流时必须考虑磁场能量的释放。如果磁场能量较大，而又必须在短时间内完成电流的切断，则必须考虑如何解决因此出现的电弧(一般出现在开关处)问题。

3.6.2　*RL* 电路的零状态响应

零状态响应就是电路在零初始状态下(动态元件初始储能为零)由外施激励引起的响应。

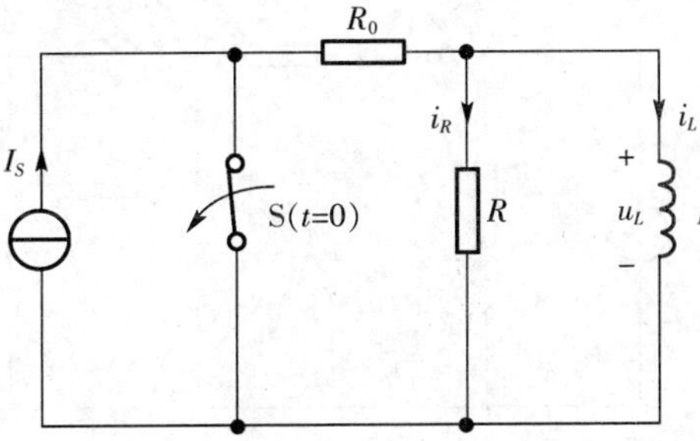

图 3-29　RL 电路的零状态响应

图 3-29 所示为 RL 电路，直流电流源的电流为 I_S，在开关打开前电感中的电流为零。开关打开后初始瞬间 $i_L(0_+) = i_L(0_-) = 0$，电路的响应为零状态响应。对电路列 KCL 方程，则电路的微分方程为

$$\frac{L}{R}\frac{\text{d}i}{\text{d}t} + i_L = I_S$$

初始条件为　$i_L(0_+) = 0$

电流 i_L 的通解为

$$i_L = i'_L + Ae^{-\frac{R}{L}t} = i'_L + Ae^{-\frac{t}{\tau}}$$

式中，$\tau = \dfrac{L}{R}$ 为时间常数。

特解 $i'_L = I_S$，积分常数 $A = -i'_L(0_+) = -I_S$

所以
$$i_L = I_S(1 - e^{-\frac{t}{\tau}}) \tag{3-18}$$

【例 3-12】　在图 3-30(a) 中，$R = R_S = 1\text{k}\Omega$，$L_1 = 15\text{mH}$，$L_2 = L_3 = 10\text{mH}$ 电流源 $I_S = 10\text{mA}$。当开关闭合后($t > 0$)，求电流 i(设线圈无互感)。

【解】　电感 L_2 和 L_3 并联后再和 L_1 串联，其等效电感为

$$L = L_1 + \frac{L_2L_3}{L_2 + L_3} = 15\times10^{-3} + \frac{(10\times10)\times10^{-6}}{(10\times10)\times10^{-3}} = 20\times10^{-3}\text{H} = 20\text{mH}$$

应用戴维宁定理，将理想电流源 I_S 与电阻 R_S 并联的电源，转化为电压为 U_S 的理想电

压源与内阻 R_0 串联的等效电压源。其中

$$U_S = R_S I_S = 1 \times 10^3 \times 10 \times 10^{-3} = 10(\text{V})$$

$$R_0 = R_S = 1\,000\Omega = 1\text{k}\Omega$$

等效电路如图 3－30(b) 所示。由等效电路可得出电路的时间常数

$$\tau = \frac{L}{R_0 + R} = \frac{20 \times 10^{-3}}{2 \times 10^3} = 10 \times 10^{-6}\,\text{s} = 10\mu\text{s}$$

于是 $i = \frac{U_S}{R_0 + R}(1 - e^{-\frac{t}{\tau}}) = \frac{10}{(1+1) \times 10^3}(1 - e^{-\frac{t}{10 \times 10^{-6}}})\text{A} = 5(1 - e^{-10^5 t})\text{mA}$

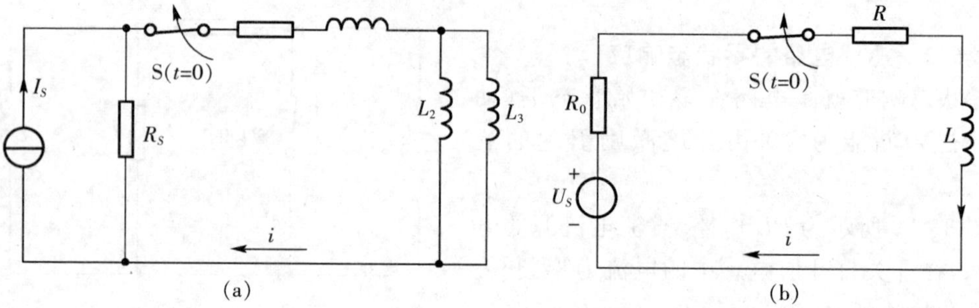

图 3－30 例 3－12 图

3.6.3 *RL* 电路的全响应

图 3－31 所示的电路中，电源电压为 U_S，$i(0_-) = I_0$。当开关闭合时，即是一 *RL* 串联电路。

$t \geqslant 0$ 时的电路的微分方程式为

$$Ri + L\frac{\text{d}i}{\text{d}t} = U_S$$

由此得出

$$i = i' + i'' = \frac{U_S}{R} + Ae^{-\frac{R}{L}t}$$

在 $t = 0_+$ 时，$i(0) = I_0 = \frac{U_S}{R_0 + R}$

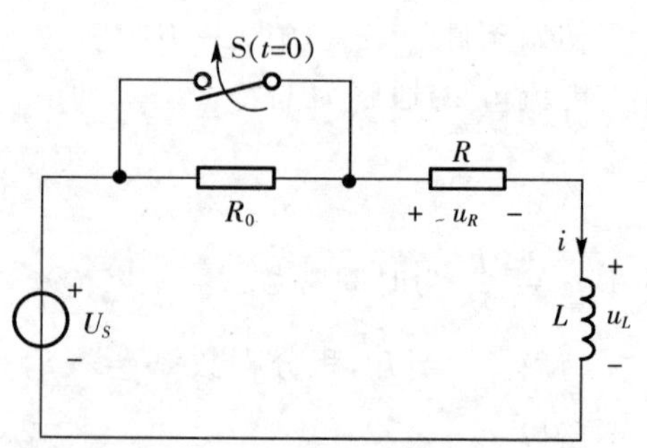

图 3－31 RL 电路的全响应

则
$$A = I_0 - \frac{U_S}{R}$$

所以
$$i = \frac{U_S}{R} + (I_0 - \frac{U_S}{R})e^{-\frac{R}{L}t} \tag{3-19}$$

式中，右边第一项为稳态分量，第二项为暂态分量。两者相加即为全响应 i。

可见，$i=\frac{U}{R}+(I_0-\frac{U}{R})e^{-\frac{R}{L}t}$ 的一般式子就是 $f(t)=f(\infty)+[f(0_+)-f(\infty)]e^{-\frac{t}{\tau}}$。因此，三要素法可以同样应用于一阶 RL 线性电路，由它可以直接得出下式

$$i=I_0e^{-\frac{t}{\tau}}+\frac{U}{R}(1-e^{-\frac{t}{\tau}})$$

式中，右边第一项是零输入响应，第二项是零状态响应。两者叠加即为全响应 i。

【例 3-13】 在图 3-32 中，如果在稳定状态下 R_1 被短路，试问短路后经多少时间电流才能达到 15A？

【解】 先应用三要素法求 i

(1) 确定 i 的初始值　　$i(0_+)=\frac{U}{R_1+R_2}=\frac{220}{8+12}=11(\text{A})$

(2) 确定 i 的稳态值

$$i(\infty)=\frac{U}{R_2}=\frac{220}{12}=18.3(\text{A})$$

(3) 确定电路的时间常数

$$\tau=\frac{L}{R_2}=\frac{0.6}{12}=0.05(\text{s})$$

于是可得　　$i=18.3+(11-18.3)e^{-\frac{1}{0.05}t}$

当电流达到 15A 时

$$15=18.3-7.3e^{-20t}$$

所经过的时间为

$$t=0.039\text{s}$$

电流的变化曲线如图 3-33 所示。

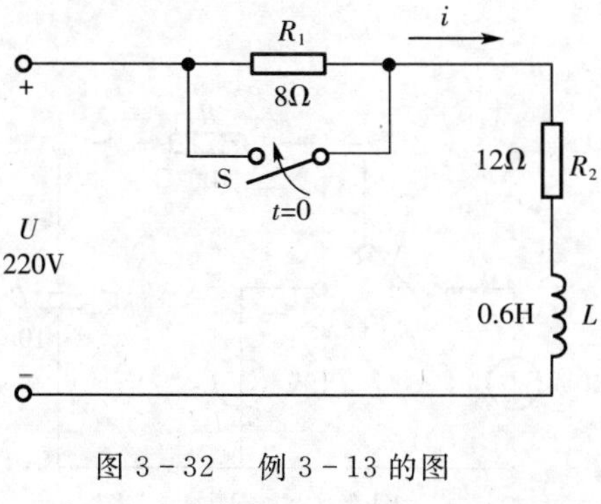

图 3-32　例 3-13 的图

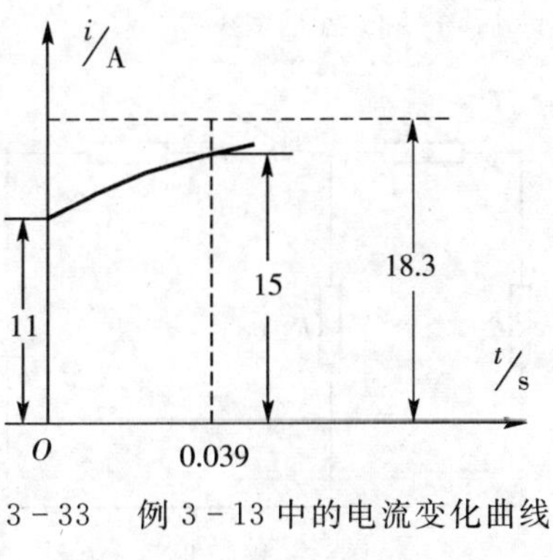

图 3-33　例 3-13 中的电流变化曲线

习　　题

3-1　在图3-34(a)、(b)所示已达稳态的电路中，求当电路“换路”开关断开时，R、L、C各元件上的电压和电流的初始值。

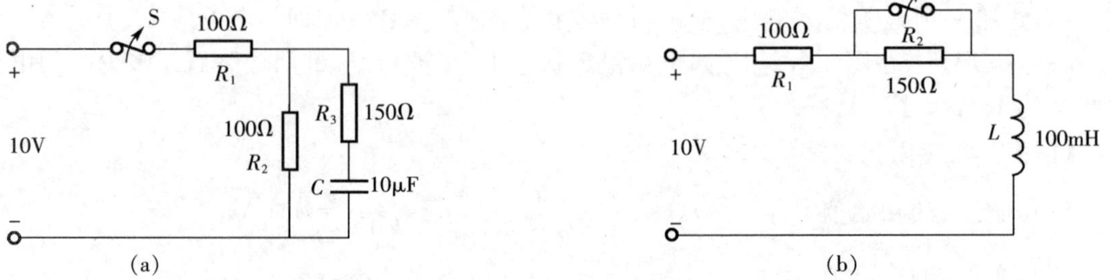

图3-34　题3-1图

3-2　图3-35的开关S闭合前，电容电压为零，求开关闭合后u_C、i_1、i_2各量的初始值。

3-3　在图3-36所示的电路中，$C = 2\mu F$，$L = 0.5H$，$R_1 = R_2 = 40\ k\Omega$，$U = 30V$。试求开关闭合瞬间($t = 0_+$)及电路稳定后($t = \infty$)，各元件端电压及各支路电流。

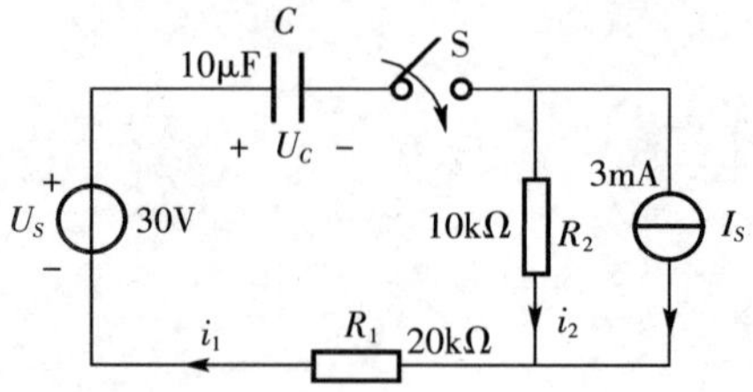

图3-35　题3-2图

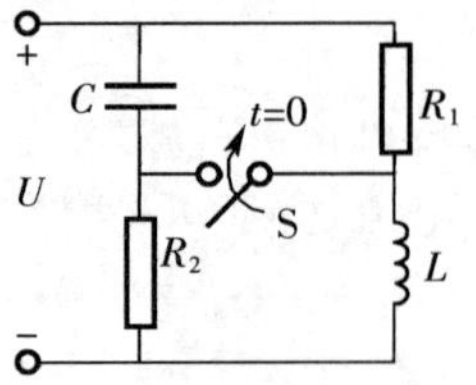

图3-36　题3-3图

3-4　在图3-37所示电路中，电容C已被充电，端电压$U_C = 20V$，$R_1 = R_2 = 400\Omega$，$R_3 = 800\Omega$，$R_4 = 600\Omega$，$C = 50\mu F$。当开关S闭合后经过多少时间，放电电流i下降到5mA、3mA、1mA。

3-5　电路如图3-38所示，$t = 0$时将开关投向a点，经0.5s后再将开关投向b点，求开关与b点接通0.5s后，u_C和i各是多少？

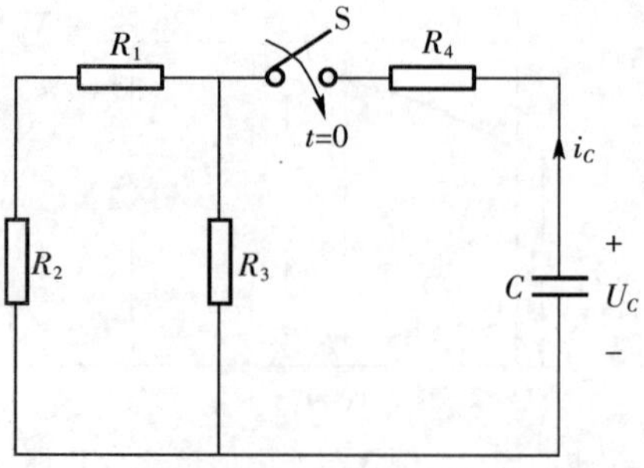

图3-37　题3-4图

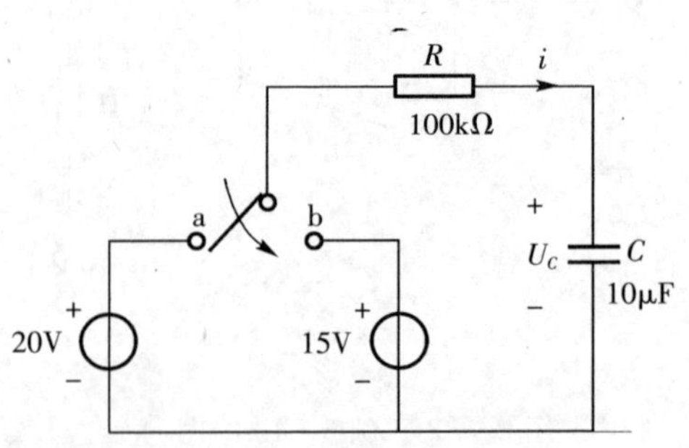

图3-38　题3-5图

3-6　电路如图3-39所示，$i_L(0_-) = 0$，试求$t \geqslant 0$时的电流i_L的变化规律。

3-7　电路如图3-40所示，换路前电路处于稳态，求$t \geqslant 0$时电流i_L，i_1，i_2。

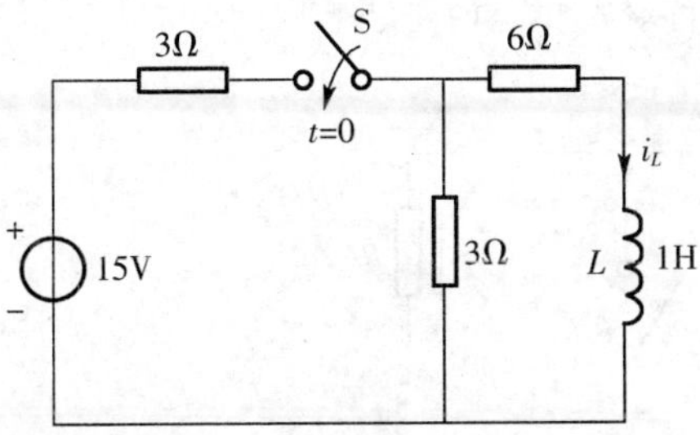

图 3－39　题 3－6 图

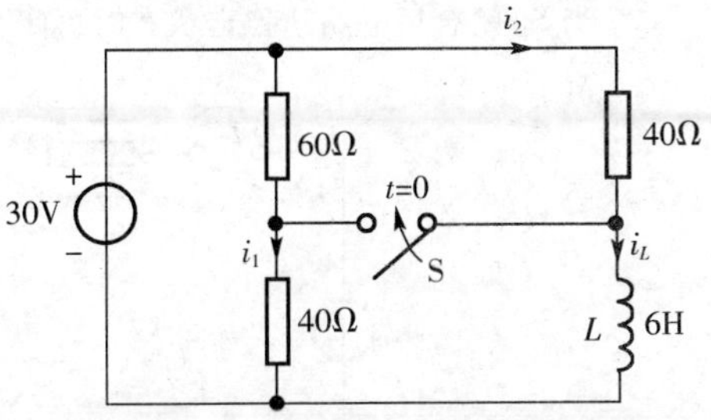

图 3－40　题 3－7 图

3－8　当具有电阻 $R=1\Omega$ 及电感 $L=0.2\text{H}$ 的电磁继电器线圈(图 3－41) 中的电流 $i=30\text{A}$ 时，继电器即动作而将电源切断。设负载电阻和线路电阻分别为 $R_L=30\Omega$ 和 $R_C=1\Omega$，直流电源电压 $U=220\text{V}$，试问当负载被短路后，需要经过多少时间继电器才能将电源切断？

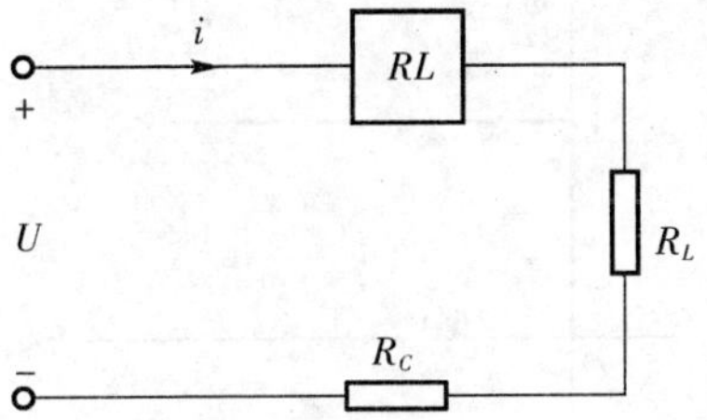

图 3－41　题 3－8

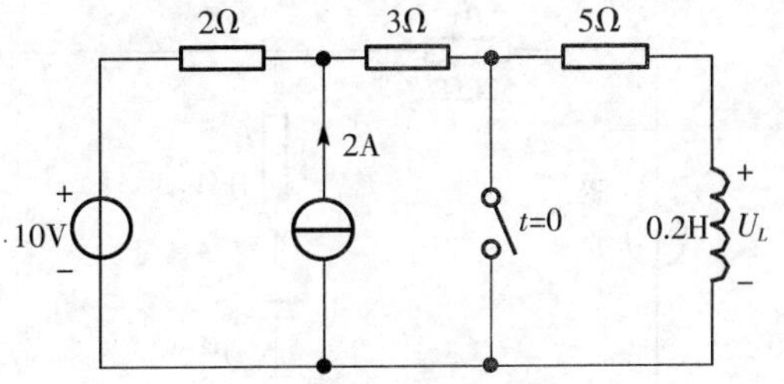

图 3－42　题 3－9 图

3－9　图 3－42 所示电路中开关 S 打开前已处于稳态。$t=0$ 时，开关打开，求 $t\geqslant 0$ 时的 $u_L(t)$ 和电压源发出的功率。

3－10　在图 3－43 所示的电路中 $i_L(0_-)=0$。开关 S 闭合前电路为稳态。$t=0$ 时，开关闭合，求开关闭合后电感上的 i_L 和 u_L。

3－11　如图 3－44 所示电路，各参数已给定，$t=0$ 时开关 S 打开，求开关打开后电压 $u(t)$。

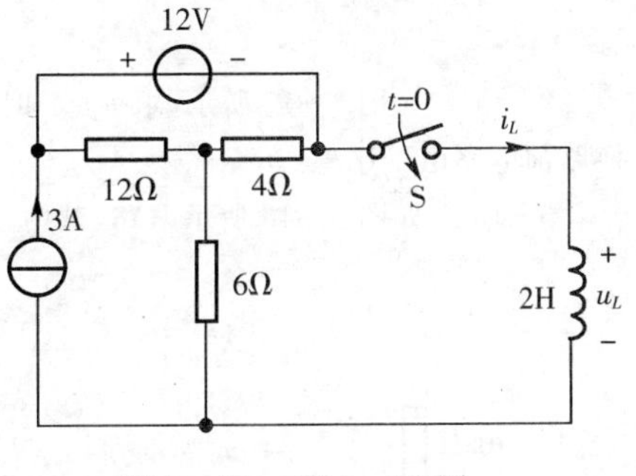

图 3－43　题 3－10 图

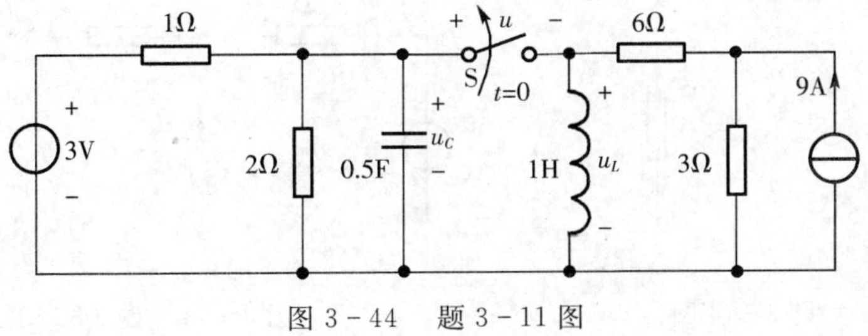

图 3－44　题 3－11 图

3－12　在图 3－45 中，$R_1=2\Omega$，$R_2=1\Omega$，$L_1=0.01\text{H}$，$L_2=0.02\text{H}$，$E=6\text{V}$。

试求：(1)S_1 闭合后电路中电流 i_1 和 i_2 的变化规律；

(2) 当 S_1 闭合后电路达稳定状态时再闭合 S_2，再求 i_1 和 i_2 的变化规律。

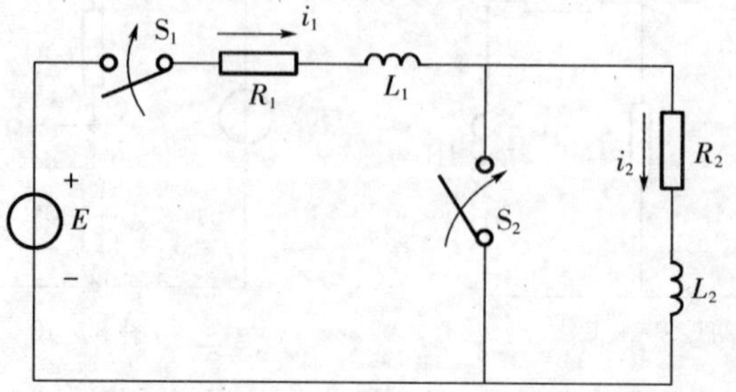

图 3-45　题 3-12 图

3-13　在图 3-46(a) 所示电路中，u 为一阶跃电压，如图(b) 所示，试求 i_3 和 u_C。设 $u_C(0_-)=1\text{V}$。

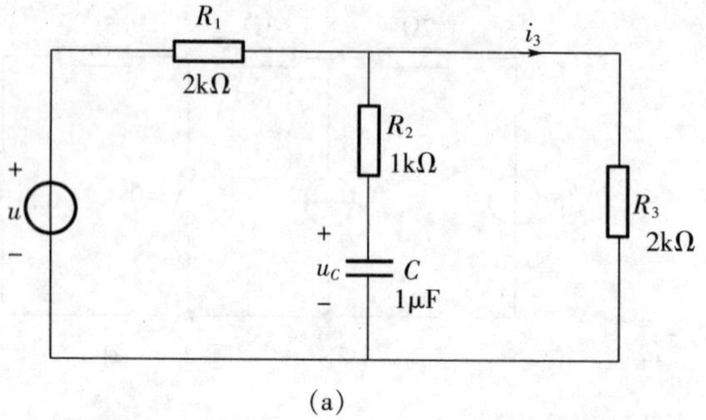

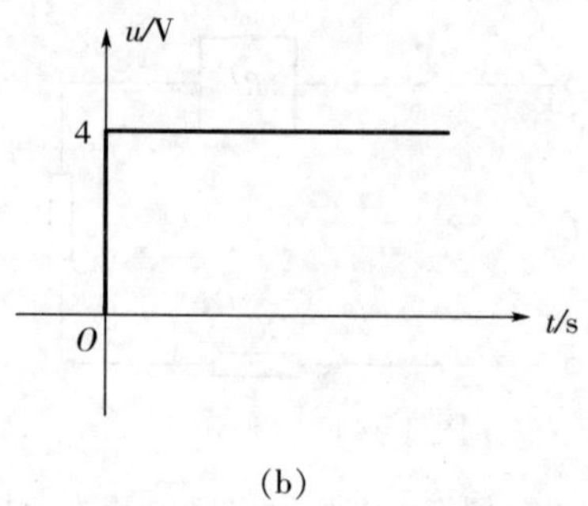

图 3-46　题 3-13 图

3-14　如图 3-47 所示，求 $t \geqslant 0$ 时：(1) 电容电压 u_C，(2) B 点电位 u_B，(3) A 点电位 u_A 的变化规律。换路前电路已处于稳态。

3-15　如图 3-48 所示电路，试用三要素法求 $t \geqslant 0$ 时的 i_1，i_2 及 i_L。换路前电路已处于稳态。

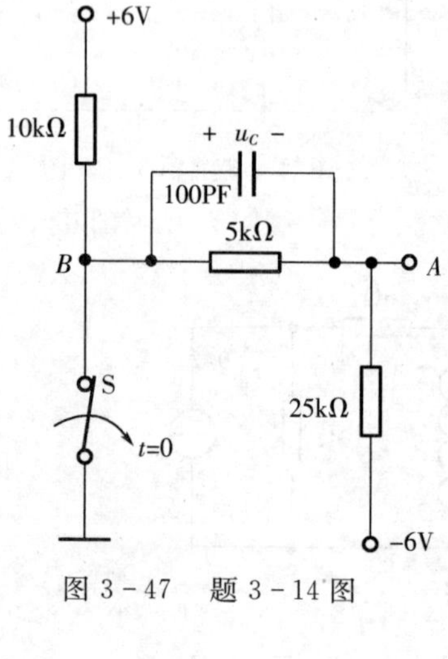

图 3-47　题 3-14 图

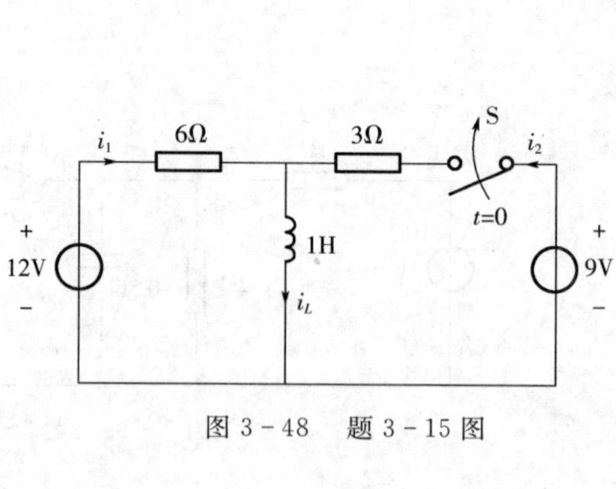

图 3-48　题 3-15 图

第 4 章　正弦交流电路

所谓正弦交流电路，是指含有正弦电源（激励）而且电路各部分所产生的电压和电流（响应）均按正弦规律变化的电路。交流发电机中所产生的电动势和正弦信号发生器所输出的信号电压，都是随时间按正弦规律变化的，它们是常用的正弦电源。在生产上和日常生活中所用的交流电，一般都是正弦交流电。因此，正弦交流电路是电工学中很重要的一个部分。对本章中所讨论的一些基本概念、基本理论和基本分析方法，应很好地掌握，并能运用，为后面学习交流电机、电器及电子技术打下理论基础。

分析与计算正弦交流电路，主要是确定不同参数和不同结构的各种正弦交流电路中电压与电流之间的关系和功率。交流电路具有用直流电路的概念无法理解和无法分析的物理现象。因此，在学习本章的时候，必须建立交流的概念，否则容易引起错误。

4.1　正弦电压与电流

前面第 1 章、第 2 章分析的是直流电路，除在换路瞬间，其中的电流和电压的大小与方向（或电压的极性）是不随时间而变化的，如图 4-1 所示。

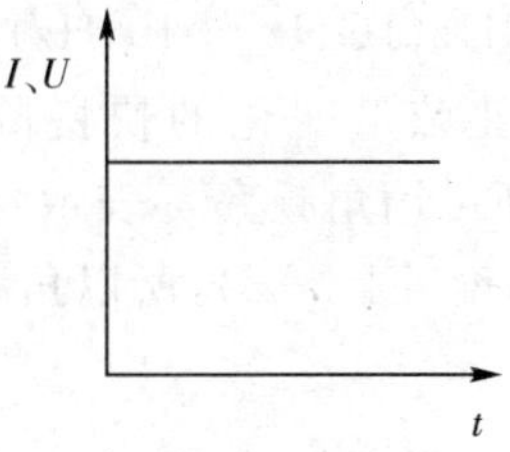

图 4-1　直流

正弦电压和电流是按照正弦规律周期性变化的，其波形如图 4-2 所示。由于正弦电压和电流的方向是周期性变化的，在电路图上所标的方向是指它们的参考方向，即代表正半周时的方向。在负半周时，由于所标的参考方向与实际方向相反，则其值为负。图中的虚线箭头代表电流的实际方向，符号“⊕”和“⊖”代表电压的实际方向（极性）。

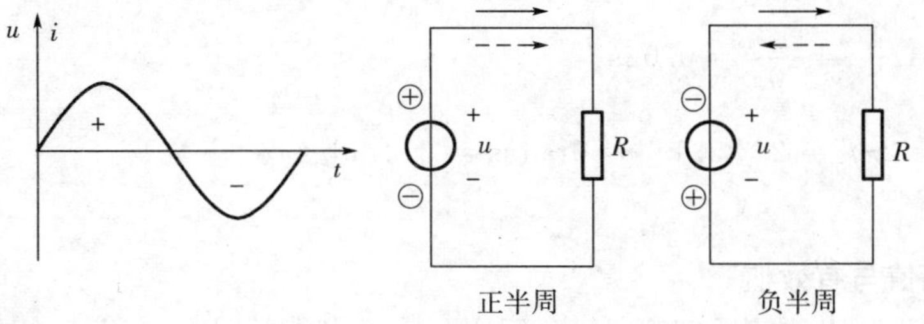

图 4-2　正弦电压和电流

正弦电压和电流等物理量，常统称为正弦量。正弦量的特征表现在变化的快慢、大小及初始值三个方面，而它们分别由频率（或周期）、幅值（或有效值）和初相位来确定，所以频率、幅值和初相位就称为确定正弦量的三要素。

4.1.1 频率与周期

正弦量变化一次所需的时间(秒)称为周期 T,每秒内变化的次数称为频率 f,它的单位是赫[兹](Hz)。

频率是周期的倒数,即

$$f = \frac{1}{T} \tag{4-1}$$

在我国和大多数国家都采用50Hz作为电力标准频率,有些国家(如美国、日本等)采用60Hz。这种频率在工业上应用广泛,习惯上也称为工频。通常的交流电动机和照明负载都用这种频率。

在其他各种不同的技术领域内使用着各种不同的频率。例如,高频炉的频率是200～300kHz;中频炉的频率是500～8 000Hz;高速电动机的频率是150～2 000Hz;通常收音机中波段的频率是525～1 640kHz,短波段是2.3～23MHz;移动通信的频率是900MHz和1 800MHz;在无线通信中使用的频率可高达300GHz($1GHz = 10^9 Hz$)。

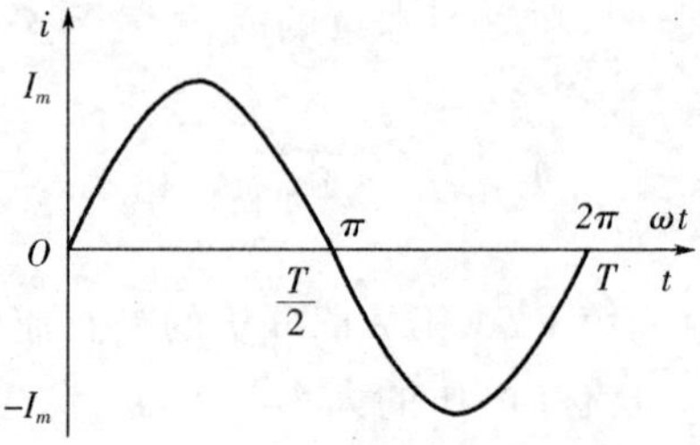

图 4-3 正弦波形

正弦量变化的快慢除用周期和频率表示外,还可用角频率 ω 表示。因为一周期内经历了 2π 弧度(图 4-3),所以角频率为

$$\omega = \frac{2\pi}{T} = 2\pi f \tag{4-2}$$

它的单位是弧度每秒(rad/s)。

上式表示 T, f, ω 三者之间的关系,只要知道其中之一,则其余均可求出。

【例 4-1】 已知 $f = 50Hz$,试求 T 和 ω。

【解】 $T = \frac{1}{f} = \frac{1}{50}s = 0.02s$

$\omega = 2\pi f = 2 \times 3.14 \times 50rad/s = 314rad/s$

4.1.2 幅值与有效值

正弦量在任一瞬间的值称为瞬时值,用小写字母来表示,如 i,u 及 e 分别表示电流、电压及电动势的瞬时值。瞬时值中最大的值称为幅值或最大值,用带下标 m 的小写字母来表示,如 I_m,U_m 及 E_m 分别表示电流、电压及电动势的幅值。

图 4-3 是正弦电流的波形,它的数学表达式为

$$i = I_m \sin\omega t \tag{4-3}$$

正弦电流、电压和电动势的大小往往不是用它们的幅值，而是常用有效值（均方根值）来计量的。有效值是用电流的热效应来规定的，因为在电工技术中，电流常表现出其热效应。不论是周期性变化的电流还是直流，只要它们在相等的时间内通过同一电阻而两者的热效应相等，就把它们的安培值看作是相等的。就是说，某一个周期电流 i 通过电阻 R（如电阻炉）在一个周期内产生的热量，和另一个直流 I 通过同样大小的电阻在相等的时间内产生的热量相等，那么这个周期性变化的电流 i 的有效值在数值上就等于这个直流 I。

根据上述，可得

$$\int_0^T Ri^2 \mathrm{d}t = RI^2 T$$

由此可得出周期电流的有效值

$$I = \sqrt{\frac{1}{T}\int_0^T i^2 \mathrm{d}t} \tag{4-4}$$

式(4-4)适用于周期性变化的量，但不能用于非周期量。

当周期电流为正弦量时，即 $i = I_m \sin\omega t$，则

$$I = \sqrt{\frac{1}{T}\int_0^T I_m^2 \sin^2\omega t \, \mathrm{d}t}$$

因为

$$\int_0^T \sin^2\omega t \, \mathrm{d}t = \int_0^T \frac{1-\cos 2\omega t}{2}\mathrm{d}t = \frac{1}{2}\int_0^T \mathrm{d}t - \frac{1}{2}\int_0^T \cos 2\omega t \, \mathrm{d}t = \frac{T}{2} - 0 = \frac{T}{2}$$

所以

$$I = \sqrt{\frac{1}{T} I_m^2 \frac{T}{2}} = \frac{I_m}{\sqrt{2}} \tag{4-5}$$

如果考虑到周期电流 i 是作用在电阻 R 两端的周期电压 u 产生的，则由式(4-4)就可推得周期电压的有效值

$$U = \sqrt{\frac{1}{T}\int_0^T u^2 \mathrm{d}t}$$

当周期电压为正弦量时，即 $u = U_m \sin\omega t$，则

$$U = \frac{U_m}{\sqrt{2}} \tag{4-6}$$

同理

$$E = \frac{E_m}{\sqrt{2}}$$

按照规定，有效值都用大写字母表示，和表示直流的字母一样。一般所讲的正弦电压或电流的大小，例如交流电压380V或220V，都是指它的有效值。一般交流电流表和电压表的刻度也是根据有效值来定的。

【例 4-2】 已知 $u=U_m\sin\omega t$，$U_m=310\text{V}$，$f=50\text{Hz}$，试求有效值 U 和 $t=\frac{1}{10}s$ 时的瞬时值。

【解】

$$U=\frac{U_m}{\sqrt{2}}=\frac{310}{\sqrt{2}}\text{V}=220\text{V}$$

$$u=U_m\sin 2\pi ft=310\sin\frac{100\pi}{10}=0$$

4.1.3 初相位

正弦量是随时间而变化的，要确定一个正弦量还需从计时起点（$t=o$）上看。所取的计时起点不同，正弦量的初始值（$t=0$ 时的值）就不同，到达幅值或某一特定值所需的时间也就不同。

正弦量可用下式表示为

$$i=I_m\sin\omega t \tag{4-7}$$

其波形如图 4-3 所示。它的初始值为零。

正弦量也可用下式表示为

$$i=I_m\sin(\omega t+\psi) \tag{4-8}$$

其波形如图 4-4 所示。在这种情况下，初始值 $i_0=I_m\sin\psi$，不等于零。

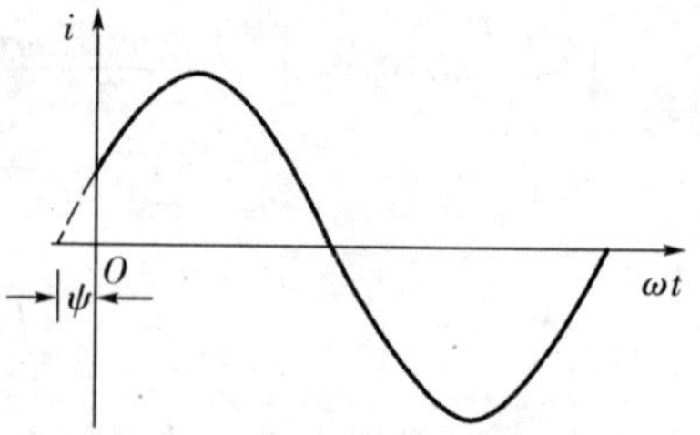

图 4-4 初相位不等于零的正弦波形

上两式中的角度 ωt 和（$\omega t+\psi$）称为正弦量的相位角或相位，它反映出正弦量变化的进程。当相位角随时间连续变化时，正弦量的瞬时值随之作连续变化。$t=0$ 时的相位角称为初相位角或初相位。在式(4-7) 中初相位为零，在式(4-8) 中初相位为 ψ。因此，所取计时起点不同，正弦量的初相位不同，其初始值也就不同。

在一个正弦交流电路中，电压 u 和电流 i 的频率是相同的，但初相位不一定相同。例如图 4-5 所示。图中 u 和 i 的波形可用下式表示：

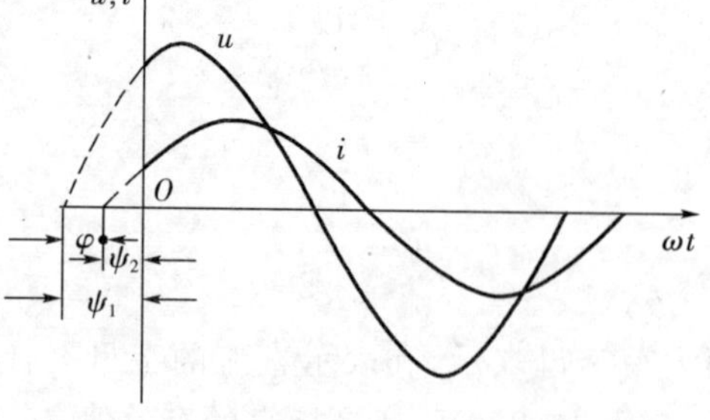

图 4-5 u 和 i 的初相位不相等

$$\left.\begin{aligned} u &= U_m \sin(\omega t + \psi_1) \\ i &= I_m \sin(\omega t + \psi_2) \end{aligned}\right\} \tag{4-9}$$

它们的初相位分别为 ψ_1 和 ψ_2。

两个同频率正弦量的相位角之差或初相位角之差，称为相位角差或相位差，用 φ 表示。在式 4(-9) 中，u 和 i 的相位差为

$$\varphi = (\omega t + \psi_1) - (\omega t + \psi_2) = \psi_1 - \psi_2 \tag{4-10}$$

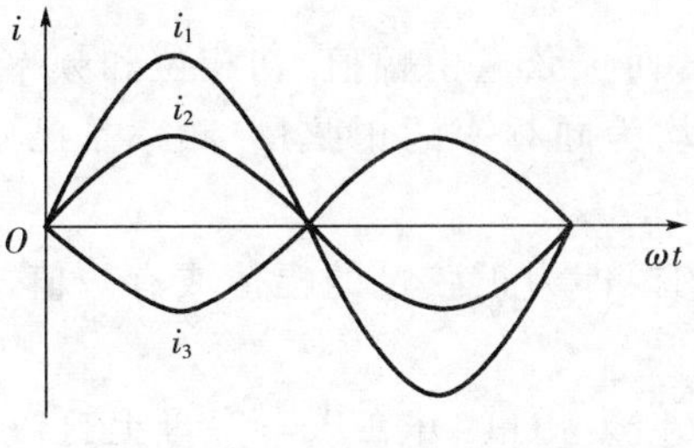

图 4-6　正弦量的同相和反相

当两个同频率正弦量的计时起点($t = 0$)改变时，它们的相位和初相位即跟着改变，但是两者之间的相位差仍保持不变。

由图 4-5 的正弦波形可见，因为 u 和 i 的初相位不同(不同相)，所以它们的变化步调是不一致的，即不是同时到达正的幅值或零值。图中，$\psi_1 > \psi_2$，所以 u 较 i 先到达正的幅值。这时就说，在相位上 u 比 i 超前 φ 角，或者说 i 比 u 滞后 φ 角。

在图 4-6 所示的情况下，i_1 和 i_2 具有相同的初相位，即相位差 $\varphi = 0$，则两者同相(相位相同)；而 i_1 和 i_3 反相(相位相反)，即两者的相位差 $\varphi = 180°$。

正弦量所以能得到广泛应用，第一，是因为可以利用变压器把正弦电压升高或降低，这种变换电压的方法既灵活又简单经济。第二，在分析电路时常遇到加、减、求导及积分的问题，而由于同频率的正弦量之和或差仍为同一频率的正弦量，正弦量对时间的导数或积分也仍为同一频率的正弦量，这样，就有可能使电路各部分的电压和电流的波形相同，这在技术上具有重大意义。第三，正弦量变化平滑，在正常情况下不会引起过电压而破坏电气设备的绝缘。另外，非正弦周期量中含有高次谐波(将在第 4.8 节讨论)，而这些高次谐波往往不利于电气设备的运行。

4.2　正弦量的相量表示法

如上节所述，一个正弦量具有幅值、频率及初相位三个特征或要素，而这些特征可以用一些方法表示出来。正弦量的各种表示方法是分析与计算正弦交流电路的工具。前面已经讲过两种表示法，一种是用三角函数式来表示，如 $i = I_m \sin(\omega t + \psi)$，这是正弦量的基本表示法；另一种是用正弦波形来表示，如图 4-3 所示。

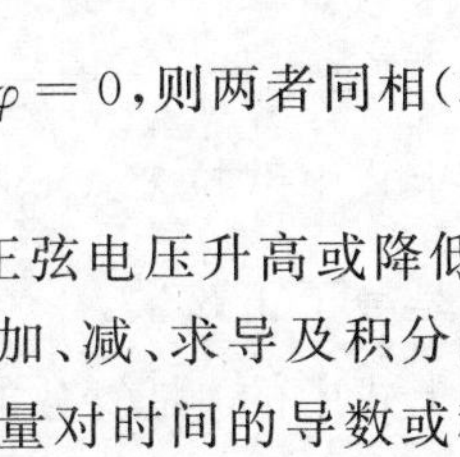

图 4-7　复数

此外，正弦量还可以用相量来表示。相量表示法的基础是复数，就是用复数来表示正弦量。

设复平面中有一复数 A，其模为 r，辐角为 ψ(图 4-7)，它可用下列三种式子表示

$$A = a + \mathrm{j}b = r\mathrm{cso}\psi + \mathrm{j}r\sin\psi = r(\cos\psi + \mathrm{j}\sin\psi) \tag{4-11}$$

$$A = r\mathrm{e}^{\mathrm{j}\psi} \tag{4-12}$$

或简写为

$$A = r\angle\psi \tag{4-13}$$

因此，一个复数可用上述几种复数式来表示。式(4－11)称为复数的代数式，式(4－12)称为指数式，式(4－13)则称为极坐标式。三者可以互相转换。复数的加减运算可用代数式，复数的乘除运算可用指数式或极坐标式。

由上可知，一个复数由模和辐角两个特征来确定，而正弦量由幅值、初相位和频率三个特征来确定。但在分析线性电路时，正弦激励和响应均为同频率的正弦量，频率是已知的，可不必考虑。因此，一个正弦量由幅值和初相位就可确定。

比照复数和正弦量，正弦量可用复数表示。复数的模即为正弦量的幅值或有效值，复数的辐角即为正弦量的初相位。

为了与一般的复数相区别，把表示正弦量的复数称为相量，并在大写字母上打“•”。于是表示正弦电压 $u = U_m \sin(\omega t + \phi)$ 的相量式为

$$\dot{U} = U(\cos\psi + \mathrm{j}\sin\psi) = U\mathrm{e}^{\mathrm{j}\psi} = U\angle\psi$$

上式由欧拉公式 $\cos\psi = \dfrac{\mathrm{e}^{\mathrm{j}\psi} + \mathrm{e}^{-\mathrm{j}\psi}}{2}$，$\sin\psi = \dfrac{\mathrm{e}^{\mathrm{j}\psi} - \mathrm{e}^{-\mathrm{j}\psi}}{2\mathrm{j}}$ 推出。注意，相量只是表示正弦量，而不是等于正弦量。

上式中的 j 是复数的虚数单位，即 $\mathrm{j} = \sqrt{-1}$，并由此得 $\mathrm{j}^2 = -1$，$1/\mathrm{j} = -\mathrm{j}$。

按照各个正弦量的大小和相位关系画出的若干个相量的图形称为相量图。在相量图上能形象地看出各个正弦量的大小和相互间的相位关系。例如，在图 4－5 中用正弦波形表示的电压 u 和电流 i 两个正弦量，在式(4－9)中是用三角函数式表示的，如用相量图表示则如图 4－8 所示。电压相量 $\dot{U}$ 比电流相量 $\dot{I}$ 超前 φ 角，也就是正弦电压 u 比正弦电流 i 超前 φ 角。

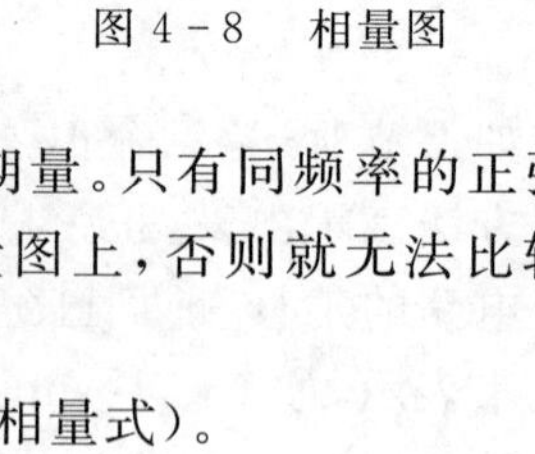

图 4－8　相量图

只有正弦周期量才能用相量表示，相量不能表示非正弦周期量。只有同频率的正弦量才能画在同一相量图上，不同频率的正弦量不能画在一个相量图上，否则就无法比较和计算。

由上可知，表示正弦量的相量有两种形式：相量图和复数式(相量式)。

当 $\psi = \pm 90°$ 时，则

$$\mathrm{e}^{\pm \mathrm{j}90°} = \cos 90° \pm \mathrm{j}\sin 90° = 0 \pm \mathrm{j} = \pm \mathrm{j}$$

因此，任意一个相量乘上 $+\mathrm{j}$ 后，即向前旋转了 90°；乘上 $-\mathrm{j}$ 后，即向后(顺时针旋转)旋转了 90°。

【**例 4-3**】　在图 4-9 所示的电路中，设

$$i_1 = I_{1m}\sin(\omega t + \phi_1) = 100\sin(\omega t + 45^\circ)\,\text{A}$$

$$i_2 = I_{2m}\sin(\omega t + \phi_2) = 60\sin(\omega t - 30^\circ)\,\text{A}$$

求总电流 i，并画出电流相量图。

【**解**】　将 $i = i_1 + i_2$ 化为基尔霍夫电流定律的相量表示式，求 i 的相量 $\dot{I}_m$

$$\begin{aligned}\dot{I}_m &= \dot{I}_{1m} + \dot{I}_{2m} = \dot{I}_{1m}e^{j\varphi_1} + \dot{I}_{2m}e^{j\varphi_2} = 100e^{j45^\circ} + 60e^{-j30^\circ}\\ &= (100\cos45^\circ + j100\sin45^\circ) + (60\cos30^\circ - j60\sin30^\circ)\\ &= (70.7 + j70.7) + (52 - j30)\\ &= 122.7 + j40.7 = 129e^{j18^\circ20'}\,(\text{A})\end{aligned}$$

于是得

$$i = 129\sin(\omega t + 18^\circ20')\,\text{A}$$

电流相量图如图 4-10 所示。

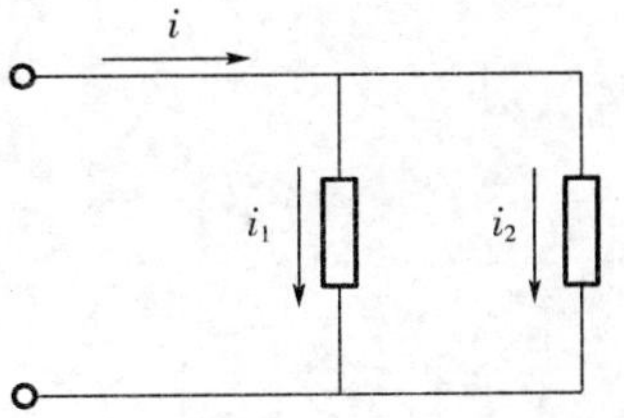

图 4-9　例 4-3 的图

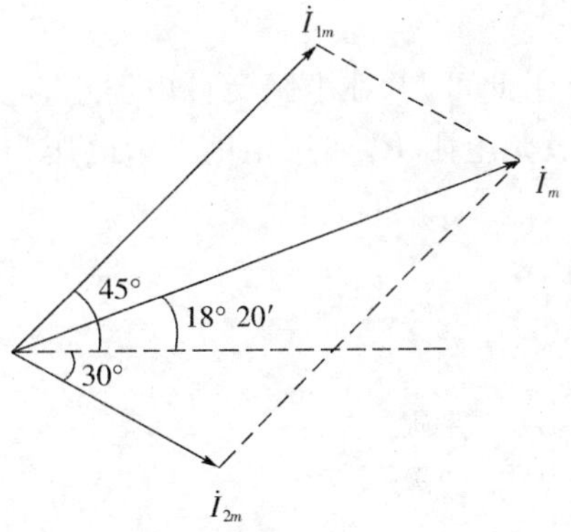

图 4-10　电流相量图

4.3　单一参数的交流电路

分析各种正弦交流电路，不外乎要确定电路中电压与电流之间的关系（大小和相位），并讨论电路中能量的转换和功率问题。分析各种交流电路时应以单一参数（电阻、电感、电容）元件的电路为基础，我们必须首先掌握单一参数元件电路中电压与电流之间的关系，因为其他电路无非是一些单一参数元件的组合而已。

4.3.1　电阻元件的交流电路

图 4-11(a) 是一个线性电阻元件的交流电路。电压和电流的参考方向如图中所示，两者的关系由欧姆定律确定，即

$$u = iR$$

为了分析方便起见，选择电流经过零值并将向正值增加的瞬间作为计时起点($t = 0$)，即设

$$i = I_m \sin\omega t$$

为参考正弦量，则

$$u = iR = I_m R\sin\omega t = U_m \sin\omega t \tag{4-14}$$

也是一个同频率的正弦量。

比较上列两式即可看出，在电阻元件的交流电路中，电流和电压是同相的(相位差 $\varphi = 0$)。表示电压和电流的正弦波形如图 4-11(b) 所示。

在式(4-14) 中

$$U_m = I_m R$$

或

$$\frac{U_m}{I_m} = R$$

由此可知，在电阻元件电路中，电压的幅值(或有效值) 与电流的幅值(或有效值) 之比值，就是电阻 R。如用相量表示电压与电流的关系，则为

$$\dot{U} = U e^{j0^\circ} \qquad \dot{I} = I e^{j0^\circ}$$

$$\frac{\dot{U}}{\dot{I}} = \frac{U}{I} e^{j0^\circ}$$

或

$$\dot{U} = R\dot{I} \tag{4-15}$$

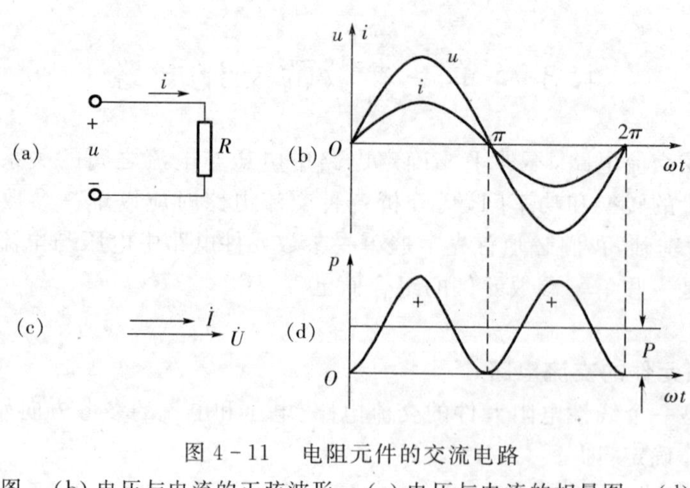

图 4-11　电阻元件的交流电路

(a) 电路图　(b) 电压与电流的正弦波形　(c) 电压与电流的相量图　(d) 功率波形

此即欧姆定律的相量表示式。电压和电流的相量图如图 4-11(c) 所示。

知道了电压与电流的变化规律和相互关系后，便可计算出电路中的功率。在任意瞬间，电压瞬时值 u 与电流瞬时值 i 的乘积，称为瞬时功率，用小写字母 p 代表，即

$$p = p_R = ui = U_m I_m \sin^2 \omega t = \frac{U_m I_m}{2}(1-\cos 2\omega t) = UI(1-\cos 2\omega t) \tag{4-16}$$

由式(4-16)可见，P 是由两部分组成的，第一部分是常数 UI，第二部分是幅值为 UI，并以 2ω 的角频率随时间而变化的交变量 $UI\cos 2\omega t$。P 随时间而变化的波形如图 4-11(d) 所示。

由于在电阻元件的交流电路中 u 与 i 同相，它们同时为正，同时为负，所以瞬时功率总是正值，即 $p \geqslant 0$，瞬时功率为正，这表示外电路从电源取用能量。在这里就是电阻元件从电源取用电能而转换为热能。

一个周期内电路消耗电能的平均速度，即瞬时功率的平均值，称为平均功率。在电阻元件电路中，平均功率为

$$P = \frac{1}{T}\int_0^T p\mathrm{d}t = \frac{1}{T}\int_0^T UI(1-\cos 2\omega t)\mathrm{d}t = UI = I^2 R = \frac{U^2}{R} \tag{4-17}$$

【例 4-4】　把一个 100Ω 的电阻元件接到频率为 50Hz、电压有效值为 10V 的正弦电源上，问电流是多少？

【解】　因为电阻与频率无关，所以电压有效值保持不变时，电流有效值相等，即

$$I = \frac{U}{R} = \frac{10}{100} = 0.1\text{A} = 100\text{mA}$$

4.3.2　电感元件的交流电路

图 4-12(a) 是一个线性电感元件的交流电路。

当电感线圈中通过电流 i 时，其中产生自感电动势 e_L。设电流 i，电动势和电压的参考方向如图 4-12(a) 所示。根据基尔霍夫电压定律得出

$$u = -e_L = L\frac{\mathrm{d}i}{\mathrm{d}t}$$

设电流为参考正弦量，即

$$i = I_m \sin\omega t$$

则

$$u = L\frac{\mathrm{d}(I_m \sin\omega t)}{\mathrm{d}t} = I_m \omega L\cos\omega t = I_m \omega L\sin(\omega t + 90°) = U_m \sin(\omega t + 90°) \tag{4-18}$$

也是一个同频率的正弦量。

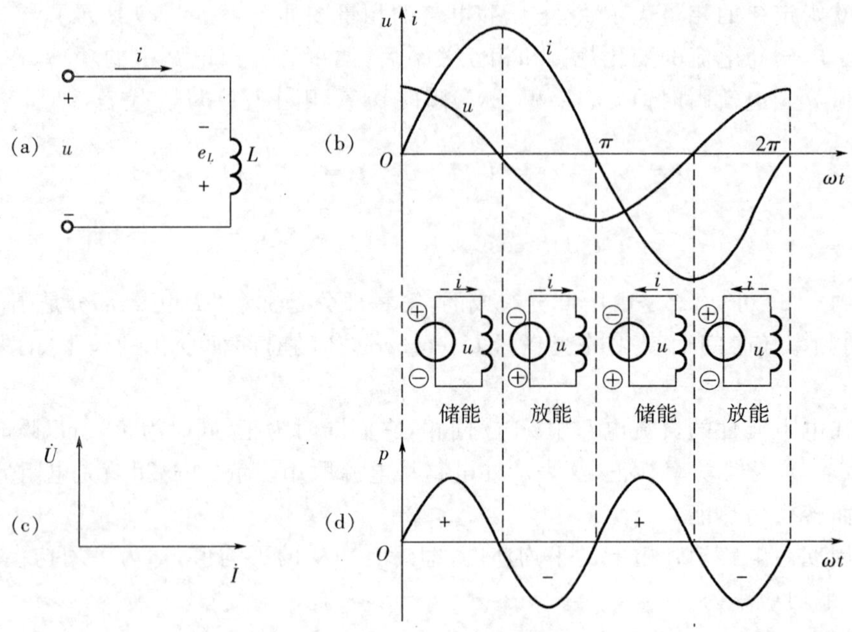

图 4-12 电感元件的交流电路

(a) 电路图 (b) 电压与电流的正弦波形 (c) 电压与电流的相量图 (d) 功率波形

比较上列两式可知，在电感元件电路中，在相位上电流比电压滞后 90°(相位差 $\varphi=+90°$)。表示电压 u 和电流 i 的正弦量波形如图 4-12(b) 所示。在式(4-18) 中

$$U_m = \omega L I_m$$

或

$$\frac{U_m}{I_m} = \frac{U}{I} = \omega L \tag{4-19}$$

由此可知，在电感元件电路中，电压的幅值(或有效值) 与电流的幅值(或有效值) 之比为 ωL。显然，它的单位为欧姆。当电压 U 一定时，ωL 愈大，则电流 I 愈小。可见它具有对交流电路起阻碍作用的物理性质，所以称为感抗，用 X_L 代表，即

$$X_L = \omega L = 2\pi f L \tag{4-20}$$

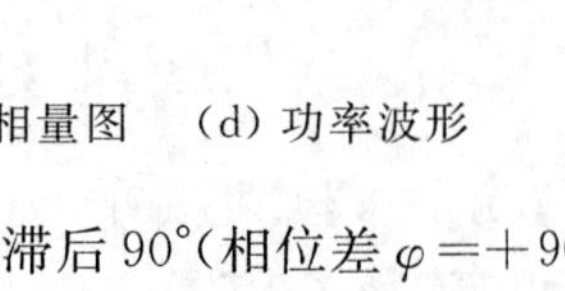

图 4-13 X_L 和 I 同 f 的关系

感抗 X_L 与电感 L、频率 f 成正比。由此，电感线圈对高频电流的阻碍作用很大，而对直流则可视作短路。

应该注意，感抗只是电压与电流的幅值或有效值之比，而不是它们的瞬时值之比，即 $\frac{u}{i} \neq X_L$。因为这与上述电阻电路不一样。在这里电压与电流之间成导数关系，而不是正比关系。

如设电压为

$$u = U_m \sin\omega t$$

则电流应为

$$i = \frac{U_m}{X_L}\sin(\omega t - 90°) = I_m \sin(\omega t - 90°)$$

因此，在分析与计算交流电路时，以电压或电流作为参考量都可以，它们之间的关系（大小和相位差）是一样的。

如用相量表示电压与电流的关系，则为

$$\dot{U} = Ue^{j90°} \qquad \dot{I} = Ie^{j0°}$$

$$\frac{\dot{U}}{\dot{I}} = \frac{U}{I}e^{j90°} = jX_L$$

或

$$\dot{U} = jX_L\dot{I} = j\omega L\dot{I} \tag{4-21}$$

式(4-21)表示电压的有效值等于电流的有效值与感抗的乘积，在相位上电压比电流超前 90°。由电流相量乘上算子后，即向前（逆时针方向）旋转 90°。电压和电流的相量图如图 4-12(c) 所示。

知道了电压和电流的变化规律和相互关系后，便可找出瞬时功率的变化规律，即

$$\begin{aligned} p = p_L = ui &= U_m I_m \sin\omega t \sin(\omega t + 90°) \\ &= U_m I_m \sin\omega t \cos\omega t = \frac{U_m I_m}{2}\sin 2\omega t \qquad (4-22) \\ &= UI\sin 2\omega t \end{aligned}$$

由上式可见，p 是一个幅值为 UI，并以角频率 2ω 随时间而变化的交变量，其变化波形如图 4-12(d) 所示。

在第一个和第三个 1/4 周期内，P 是正的（u 和 i 正负相同）；在第二个和第四个 1/4 周期内，p 是负的（u 和 i 一正一负）。瞬时功率的正负可以这样来理解：当瞬时功率为正值时，电感元件处于受电状态，它从电源取用电能；当瞬时功率为负值时，电感元件处于供电状态，它把电能归还电源。

在电感元件电路中，平均功率

$$P = \frac{1}{T}\int_0^T p\,dt = \frac{1}{T}\int_0^T UI\sin 2\omega t\,dt = 0$$

从图 4-12(d) 的功率波形也容易看出，p 的平均值为零。

从上述可知，在电感元件的交流电路中，没有能量消耗，只有电源与电感间的能量互换。这种能量互换的规模，用无功功率 Q 来衡量。这里规定无功功率等于瞬时功率 p_L 幅值，即

$$Q = UI = X_L I^2 \tag{4-23}$$

它表示单位时间内互换了多少能量。无功功率的单位是乏(var)或千乏(kvar)。

应当指出,电感元件和后面将要讲的电容元件都是储能元件,它们与电源间进行能量转换是工作所需。这对电源来说,也是一种负担。但对储能元件本身说,没有消耗能量,故将往返于电源与储能元件之间的功率命名为无功功率。因此,平均功率也称为有功功率。

【例 4-5】 把一个 0.1H 的电感元件接到频率为 50Hz,电压有效值为 10V 的正弦电源上,问电流是多少?如保持电压值不变,而电源频率改变为 5 000Hz,这时电流将为多少?

【解】 当 $f = 50\text{Hz}$ 时

$$X_L = 2\pi fL = 2 \times 3.14 \times 50 \times 0.1\Omega = 31.4\Omega$$

$$I = \frac{U}{X_L} = \frac{10}{31.4}\text{A} = 0.318\text{A} = 318\text{mA}$$

当 $f = 5\,000\text{Hz}$ 时

$$X_L = 2 \times 3.14 \times 5\,000 \times 0.1\Omega = 3\,140\Omega$$

$$I = \frac{10}{3\,140}\text{A} = 0.00318\text{A} = 3.18\text{mA}$$

可见,在电压有效值一定时,频率愈高,则通过电感元件的电流有效值愈小。

4.3.3 电容元件的交流电路

图 4-14(a)是一个线性电容元件的交流电路,电流 i 和电压 u 的参考方向如图所示,两者相同。由

$$i = C\frac{\mathrm{d}u}{\mathrm{d}t}$$

如果在电容器的两端加一正弦电压

$$u = U_m \sin\omega t$$

则

$$i = C\frac{\mathrm{d}(U_m \sin\omega t)}{\mathrm{d}t} = \omega C U_m \cos\omega t = \omega C U_m \sin(\omega t + 90^\circ) \tag{4-24}$$

也是一个同频率的正弦量。

比较上列两式可知,在电容元件电路中,在相位上电流比电压超前 90°($\varphi = -90^\circ$)。这里规定:当电流比电压滞后时,其相位差 φ 为正;当电流比电压超前时,其相位差 φ 为负。这样的规定是为了便于说明电路是电感性的还是电容性的。

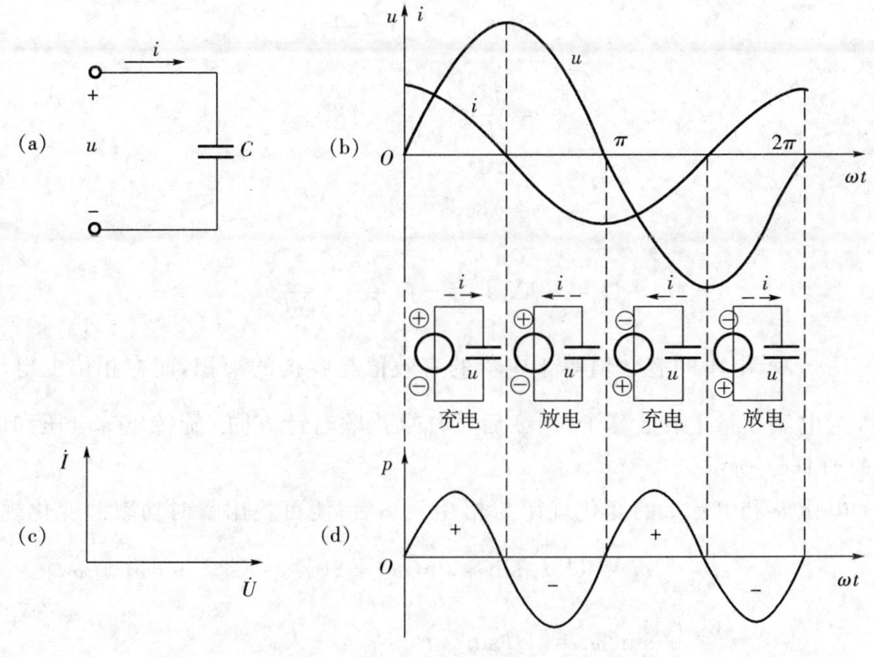

图 4－14　电容元件的交流电路

(a) 电路图　(b) 电压与电流的正弦波形　(c) 电压与电流的相量图　(d) 功率波形

表示电压和电流的正弦波形如图 4－14(b) 所示。

在式(4－24) 中

$$I_m = \omega C U_m$$

或

$$\frac{U_m}{I_m} = \frac{U}{I} = \frac{1}{\omega C} \tag{4-25}$$

由此可知，在电容元件电路中，电压的幅值(或有效值) 与电流的幅值(或有效值) 的比值为$\frac{1}{\omega C}$。显然，它的单位是欧姆。当电压U一定时，$\frac{1}{\omega C}$愈大，则电流I愈小。可见它具有对电流起阻碍作用的物理性质，所以称为容抗，用X_C代表，即

$$X_C = \frac{1}{\omega C} = \frac{1}{2\pi f C} \tag{4-26}$$

容抗X_C与电容C、频率f成反比。所以电容元件对高频电流所呈现的容抗很小，是一个捷径，而对直流($f = 0$) 所呈现的容抗$X_C \to \infty$，可视作开路。因此，电容元件有隔离直流的作用。

当电压U和电容C一定时，容抗X_C和电流I同频率f的关系如图 4－15 所示。

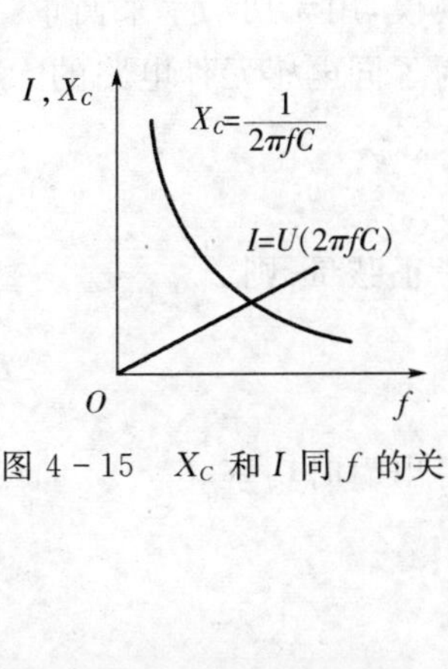

图 4－15　X_C 和 I 同 f 的关系

如用相量表示电压与电流的关系，则为

$$\dot{U} = U\mathrm{e}^{\mathrm{j}0^\circ} \qquad \dot{I} = I\mathrm{e}^{\mathrm{j}90^\circ}$$

$$\frac{\dot{U}}{\dot{I}} = \frac{U}{I}\mathrm{e}^{-\mathrm{j}90^\circ} = -\mathrm{j}X_C$$

或

$$\dot{U} = -\mathrm{j}X_C\dot{I} = -\mathrm{j}\frac{\dot{I}}{\omega C} = \frac{\dot{I}}{\mathrm{j}\omega C} \tag{4-27}$$

式(4-27)表示电压的有效值等于电流的有效值与容抗的乘积，而在相位上电压比电流滞后90°。因为电流相量$\dot{I}$乘上算子$(-j)$后，即向后(顺时针方向)旋转90°。电压和电流的相量图如图4-14(c)所示。

知道了电压u和电流i的变化规律与相互关系后，便可找出瞬时功率的变化规律，即

$$\begin{aligned} p = p_c = ui &= U_m I_m \sin\omega t \sin(\omega t + 90^\circ) = U_m I_m \sin\omega t \cos\omega t \\ &= \frac{U_m I_m}{2}\sin 2\omega t = UI\sin 2\omega t \end{aligned} \tag{4-28}$$

由上式可见，p是一个以2ω的角频率随时间而变化的交变量，它的幅值为UI。p的波形如图4-14(d)所示。

在第一个和第三个$\frac{1}{4}$周期内，电压值在增高，就是电容元件在充电。这时，电容元件从电源取用电能而储存在它的电场中，所以p是正的。在第二个和第四个$\frac{1}{4}$周期内，电压值在降低，就是电容元件在放电。这时，电容元件放出在充电时所存储的能量，把它归还给电源，所以p是负的。

在电容元件电路中，平均功率

$$P = \frac{1}{T}\int_0^T p\,\mathrm{d}t = \frac{1}{T}\int_0^T UI\sin 2\omega t\,\mathrm{d}t = 0$$

这说明电容元件是不消耗能量的，在电源与电容元件之间只发生能量的互换。能量互换的规模，用无功功率来衡量，它等于瞬时功率p_c的幅值。

为了同电感元件电路的无功功率相比较，也设电流

$$i = I_m \sin\omega t$$

为参考正弦量，则

$$u = U_m \sin(\omega t - 90^\circ)$$

于是得出瞬时功率

$$p = p_c = ui = -UI\sin 2\omega t$$

由此可见，电容元件电路的无功功率

$$Q = -UI = -X_C I^2 \tag{4-29}$$

即电容性无功功率取负值，而电感性无功功率取正值，以示区别。

【例 4-6】 把一个 25μF 的电容元件接到频率为 50Hz，电压有效值为 220V 的正弦电源上，问电流是多少？如保持电压值不变，而电源频率改为 5 000Hz，这时电流将为多少？

【解】 当 $f = 50\text{Hz}$ 时

$$X_C = \frac{1}{2\pi fC} = \frac{1}{2\times 3.14\times 50\times (25\times 10^{-6})}\Omega = 127.4\Omega$$

$$I = \frac{U}{X_C} = \frac{220}{127.4}\text{A} \approx 1.73\text{A}$$

当 $f = 5\,000\text{Hz}$ 时

$$X_C = \frac{1}{2\times 3.14\times 5\,000\times (25\times 10^{-6})}\Omega = 1.274\Omega$$

$$I = \frac{220}{1.274}\text{A} \approx 173\text{A}$$

可见，在电压有效值一定时，频率愈高，则通过电容元件的电流有效值愈大。

4.4　电阻、电感与电容元件串联的交流电路

电阻、电感与电容元件串联的交流电路如图 4-16 所示。电路的各元件通过同一电流，电流与各个电压的参考方向如图中所示。分析这种电路可以应用上节所得的结果。

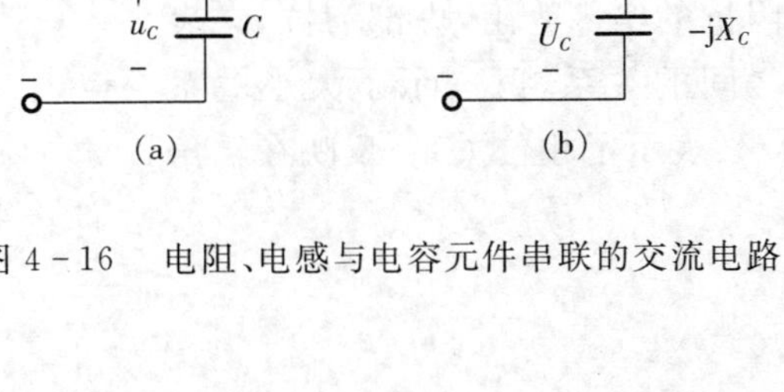

图 4-16　电阻、电感与电容元件串联的交流电路

由图 4-16(a)，根据基尔霍夫电压定律可列出

$$u = u_R + u_L + u_C = Ri + L\frac{\mathrm{d}i}{\mathrm{d}t} + \frac{1}{C}\int i\mathrm{d}t \qquad (4-30)$$

如图 4-16(b) 所示，用相量表示电压与电流的关系，则为

$$\dot{U} = \dot{U}_R + \dot{U}_L + \dot{U}_C = R\dot{I} + \mathrm{j}X_L\dot{I} - \mathrm{j}X_C\dot{I} = [R + \mathrm{j}(X_L - X_C)]\dot{I} \qquad (4-31)$$

此即为基尔霍夫电压定律的相量表示式。

将上式写成

$$\frac{\dot{U}}{\dot{I}} = R + \mathrm{j}(X_L - X_C) \qquad (4-32)$$

式中的 $R + \mathrm{j}(X_L - X_C)$ 称为电路的阻抗，用大写的 Z 表示，即

$$Z = R + \mathrm{j}(X_L - X_C) = \sqrt{R^2 + (X_L - X_C)^2}\,\mathrm{e}^{\mathrm{j}\arctan\frac{X_L - X_C}{R}} = |Z|\,\mathrm{e}^{\mathrm{j}\varphi} \qquad (4-33)$$

在上式中

$$|Z| = \sqrt{R^2 + (X_L - X_C)^2} = \sqrt{R^2 + (\omega L - \frac{1}{\omega C})^2} \qquad (4-34)$$

是阻抗的模，称为阻抗模，即

$$\frac{U}{I} = \sqrt{R^2 + (X_L - X_C)^2} = |Z| \qquad (4-35)$$

阻抗的单位也是欧姆，也具有对电流起阻碍作用的性质

$$\varphi = \arctan\frac{X_L - X_C}{R} \qquad (4-36)$$

是阻抗的辐角，即为电流与电压之间的相位差。

设电流

$$i = I_m \sin\omega t$$

为参考正弦量，则电压

$$u = U_m \sin(\omega t + \varphi)$$

图 4-17 是电流与各个电压的相量图。

由式(4-33) 可见，阻抗的实部为阻，虚部为抗，它表示了电路的电压与电流之间的关系，既表示了大小关系(反映在阻抗模 $|Z|$ 上)，又表示了相位关系(反映在辐角 φ 上)。

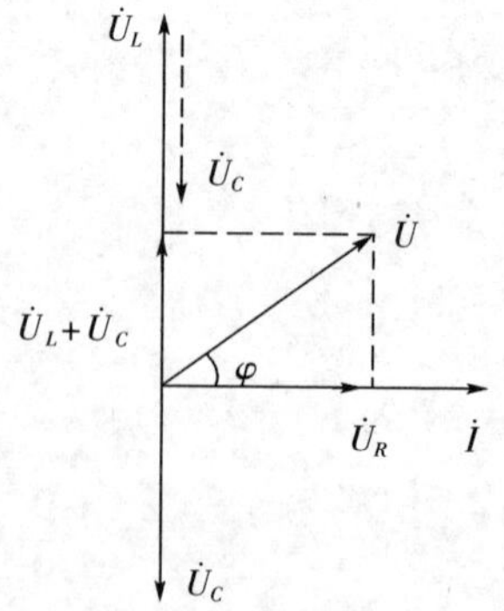

图 4-17 电流与电压的相量图

对电感性电路($X_L > X_C$),φ 为正;对电容性电路($X_L < X_C$),φ 为负。当然,也可以使 $X_L = X_C$,即 $\varphi = 0$,则为电阻性电路。因此,φ 角的正负和大小是由电路(负载)的参数决定的。

最后讨论电路的功率。

电阻、电感与电容元件串联的交流电路的瞬时功率为

$$p = ui = U_m I_m \sin(\omega t + \varphi)\sin\omega t \tag{4-37}$$

并可推导出

$$p = UI\cos\varphi - UI\cos(2\omega t + \varphi) \tag{4-38}$$

由于电阻元件上要消耗电能,相应的平均功率为

$$\begin{aligned} P &= \frac{1}{T}\int_0^T p\mathrm{d}t = \frac{1}{T}\int_0^T [UI\cos\varphi - UI\cos(2\omega t + \varphi)]\mathrm{d}t \\ &= UI\cos\varphi \end{aligned} \tag{4-39}$$

从图 4-17 的相量图可得出

$$U\cos\varphi = U_R = RI$$

于是

$$P = U_R I = RI^2 = UI\cos\varphi \tag{4-40}$$

而电感元件与电容元件要储放能量,且它们与电源之间要进行能量互换,相应的无功功率可根据式(4-23)和式(4-29),并由图 4-17 的相量图得出

$$Q = U_L I - U_C I = (U_L - U_C)I = I^2(X_L - X_C) = UI\sin\varphi \tag{4-41}$$

式(4-40)和式(4-41)是计算正弦交流电路中的平均功率(有功功率)和无功功率的一般公式。

由上述可知,一个交流发电机输出的功率不仅与发电机的端电压及其输出电流的有效值的乘积有关,而且还与电路(负载)的参数有关。电路所具有的参数不同,则电压与电流间的相位差 φ 就不同,在同样的电压 U 和电流 I 之下,电路的有功功率和无功功率也就不同。式(4-40)中的 $\cos\varphi$ 称为功率因数。

在交流电路中,平均功率一般不等于电压与电流有效值的乘积,如将两者的有效值相乘,则得出所谓视在功率 S,即

$$S = UI = |Z| I^2 \tag{4-42}$$

交流电气设备是按照规定了的额定电压 U_N 和额定电流 I_N 来设计和使用的,变压器的容量就是以额定电压和额定电流的乘积,即所谓额定视在功率

$$S_N = U_N I_N$$

来表示的。

视在功率的单位是伏·安(V·A)或千伏·安(kV·A)。

由于平均功率 P，无功功率 Q 和视在功率 S 三者所代表的意义不同，为了区别起见，各采用不同的单位。

这三个功率之间有一定的关系，即

$$S = \sqrt{P^2 + Q^2} \tag{4-43}$$

显然，它们可以用一个直角三角形 —— 功率三角形来表示。

另外，由式(4-34)可见，$|Z|$，R，$(X_L - X_C)$ 三者之间的关系以及由图 4-17 可见，$\dot{U}$，$\dot{U}_R$，$(\dot{U}_L + \dot{U}_C)$ 三者之间的关系也可以用直角三角形来表示，它们分别称为阻抗三角形和电压三角形。

功率、电压和阻抗三角形是相似的，现在把它们同时表示在图 4-18 中。引出这个三角形的目的，主要是为了帮助读者分析与记忆。

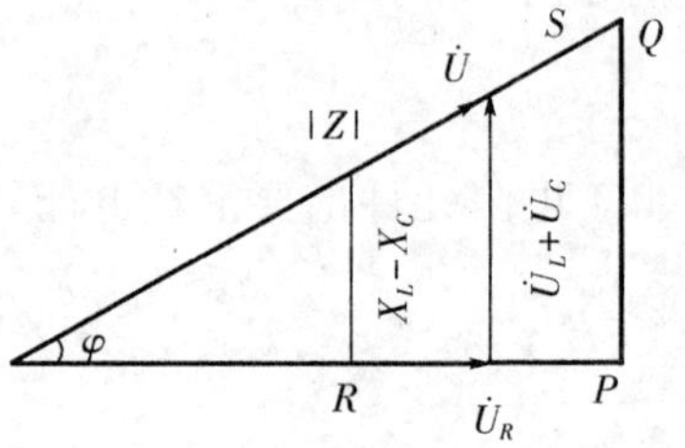

图 4-18　功率、电压、阻抗三角形

应当注意：功率和阻抗都不是正弦量，所以不能用相量表示。

在这一节中，分析了电阻、电感与电容元件串联的交流电路，但在实际中常见的是电阻与电感元件串联的电路(电容的作用可忽略不计)和电阻与电容元件串联的电路(电感的作用可忽略不计)。交流电路中电压与电流的关系(大小和相位)有一定的规律性，是容易掌握的。

【例 4-7】 在电阻、电感与电容元件串联的交流电路中，已知 $R = 30\Omega$，$L = 127\text{mH}$，$C = 40\mu\text{F}$，电源电压 $u = 220\sqrt{2}\sin(314t + 20°)\text{V}$。(1) 求电流 i 及各部分电压 u_R，u_L，u_C；(2) 作相量图；(3) 求功率 P 和 Q。

【解】 (1) $X_L = \omega L = 314 \times 127 \times 10^{-3}\Omega \approx 40\Omega$

$$X_C = \frac{1}{\omega C} = \frac{1}{314 \times 40 \times 10^{-6}}\Omega \approx 80\Omega$$

$$Z = R + j(X_L - X_C) = [30 + \text{j}(40 - 80)]\Omega$$

$$= (30 - \text{j}40)\Omega = 50\angle -53°\ \Omega$$

$$\dot{U} = 220\angle 20°\ \text{V}$$

于是得

$$\dot{I} = \frac{\dot{U}}{Z} = \frac{220\angle 20°}{50\angle -53°}\text{A} = 4.4\angle 73°\ \text{A}$$

$$i = 4.4\sqrt{2}\sin(314t + 73°)\text{A}$$

$$\dot{U}_R = R\dot{I} = 30 \times 4.4\angle 73°\text{V} = 132\angle 73°\ \text{V}$$

$$u_R = 132\sqrt{2}\sin(314t + 73°)\text{V}$$

$$\dot{U}_L = \mathrm{j}X_L\dot{I} = \mathrm{j}40\times4.4\angle 73^\circ\ \mathrm{V} = 176\angle 163^\circ\ \mathrm{V}$$

$$u_L = 176\sqrt{2}\sin(314t+163^\circ)\mathrm{V}$$

$$\dot{U}_C = -\mathrm{j}X_C\dot{I} = -\mathrm{j}80\times4.4\angle 73^\circ$$

$$= 352\angle -17^\circ\ \mathrm{V}$$

$$u_C = 352\sqrt{2}\sin(314t-17^\circ)\mathrm{V}$$

注意：　$\dot{U} = \dot{U}_R + \dot{U}_L + \dot{U}_C$

$U \neq U_R + U_L + U_C$

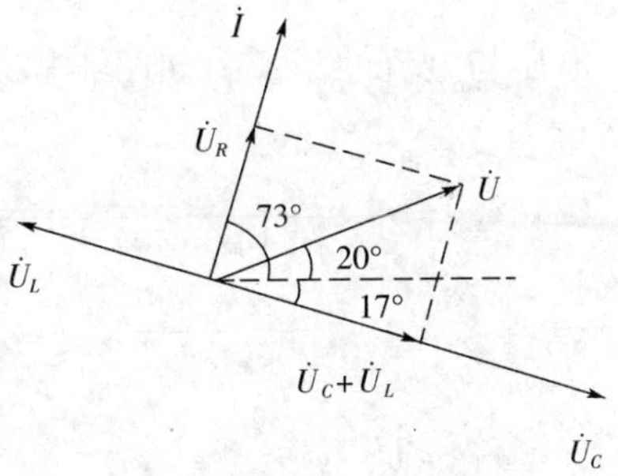

图 4-19　例 4-7 的相量图

(2) 电流和各个电压的相量图如图 4-19 所示。

(3) $P = UI\cos\varphi = 220\times4.4\times\cos(-53^\circ)\mathrm{W} = 220\times4.4\times0.6\mathrm{W} = 580.8\mathrm{W}$

$$Q = UI\sin\varphi = 220\times4.4\times\sin(-53^\circ)$$

$$= 220\times4.4\times(-0.8)\mathrm{var}$$

$$= -774.4\mathrm{var}(电容性)$$

【例 4-8】　有一 RC 电路[图 4-20(a)]，$R = 2\mathrm{k}\Omega$，$C = 0.1\mu\mathrm{F}$。输入端接正弦信号源，$U_1 = 1\mathrm{V}$，$f = 500\mathrm{Hz}$。(1) 试求输出电压 U_2，并讨论输出电压与输入电压间的大小与相位关系；(2) 当将电容 C 改为 $20\mu\mathrm{F}$ 时，求(1) 中各项；(3) 或将频率 f 改为 4 000Hz 时，再求(1) 中各项。

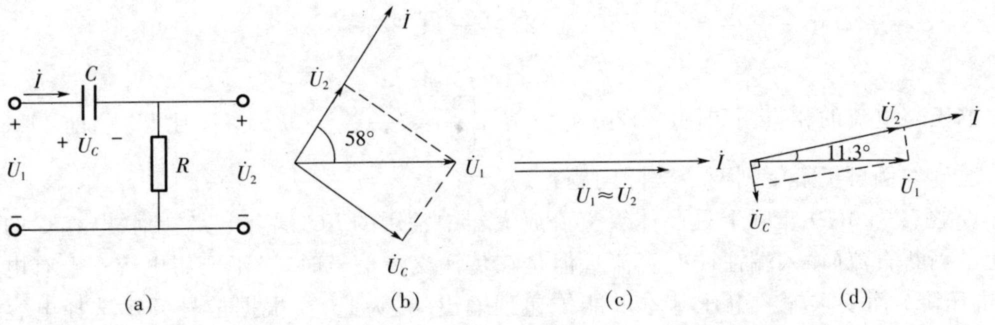

图 4-20　例 4-8 图

【解】　(1) $X_C = \frac{1}{2\pi fC} = \frac{1}{2\times3.14\times500\times(0.1\times10^{-6}}\Omega$

$$= 3\,200\Omega = 3.2\mathrm{k}\Omega$$

$$|Z| = \sqrt{R^2+X_C^2} = \sqrt{2^2+3.2^2}\mathrm{k}\Omega = 3.77\mathrm{k}\Omega$$

$$I = \frac{U_1}{|Z|} = \frac{1}{3.77\times10^3}\mathrm{A} = 0.27\times10^{-3}\mathrm{A} = 0.27\mathrm{mA}$$

$$U_2 = RI = 2\times10^3\times0.27\times10^{-3} = 0.54\text{V}$$

$$\varphi = \arctan\frac{-X_C}{R} = \arctan\frac{-3.2}{2} = \arctan(-1.6) = -58^\circ$$

电压与电流的相量图如图 4－20(b) 所示，$\frac{U_2}{U_1} = \frac{0.54}{1} = 54\%$，$\dot{U}_2$ 比 $\dot{U}_1$ 超前 58°。

(2) $X_C = \frac{1}{2\times3.14\times500\times(20\times10^{-6})}\Omega = 16\Omega \ll R$

$$|Z| = \sqrt{2\,000^2+16^2} \approx 2\text{k}\Omega$$

$$U_2 \approx U_1,\varphi \approx 0^\circ,U_C \approx 0$$

电压与电流的相量图如图 4－20(c) 所示。

(3) $X_C = \frac{1}{2\times3.14\times4\,000\times(0.1\times10^{-6})}\Omega = 400\Omega = 0.4\text{k}\Omega$

$$|Z| = \sqrt{2^2+0.4^2}\text{k}\Omega \approx 2.04\text{k}\Omega$$

$$I = \frac{1}{2.04}\text{mA} = 0.49\text{mA}$$

$$U_2 = RI = (2\times10^3)\times(0.49\times10^{-3})\text{V} = 0.98\text{V}$$

$$\varphi = \arctan\frac{-0.4}{2} = \arctan(-0.2) = -11.3^\circ$$

电压与电流的相量图如图 4－20(d) 所示，$\frac{U_2}{U_1} = \frac{0.98}{1} = 98\%$，$\dot{U}_2$ 比 $\dot{U}_1$ 超前 11.3°。

通过本例可了解下列两个实际问题：

1. 图 4－20(a) 实际上是晶体管交流放大器中常用的 RC 耦合电路。串联电容 C 的目的是为了隔断直流(输入端往往有直流)。但是在传递交流信号时，又不希望电容 C 上有电压损失(电压降)而要求输入电压基本上能传递到输出端。为此，要根据信号频率选择电容值的大小，使 $X_C \ll R$[比较(1)和(2)]。图 4－20(a) 也是一种移相电路，$\dot{U}_2$ 的相位与 $\dot{U}_1$ 不同[见(1)]，改变 C 或 R 的数值都能达到移相的目的。

2. 输出电压的大小和相位随着信号频率的不同而发生变化[比较(1)和(3)]。这是因为频率愈高，容抗愈小，电容 C 的分压作用也就愈小。

【例 4－9】 利用图 4－21(a) 所示电路，可以测量电感线圈的参数 R 和 L。现已知三个电压表的读数分别为 $U = 149\text{V}$，$U_1 = 50\text{V}$，$U_2 = 121\text{V}$，且知 $R_1 = 5\Omega$，$f = 50\text{Hz}$。求线圈的参数。

【解】 相量图在正弦电路中常作为一种辅助的分析工具，如果使用得法，可根据相量图的几何关系进行简单运算，以简化电路的求解过程。现以本题为例说明使用相量图的分析方法。

先画出图 4-21(a) 电压和电流的相量图，如图 4-21(b) 所示。以 $\dot{I}$ 为参考相量，R_1 两端电压 $\dot{U}_1$ 与 $\dot{I}$ 同相。线圈上的电压 $\dot{U}_2$ 含有两个分量：$\dot{U}_R$ 也与 $\dot{I}$ 同相，$\dot{U}_L$ 较 $\dot{I}$ 超前 90°。由相量图得($\dot{U}$,$\dot{U}_1$,$\dot{U}_2$) 和($\dot{U}_2$,$\dot{U}_R$,$\dot{U}_L$) 两个电压三角形。$\cos\varphi$ 是线圈的功率因数。

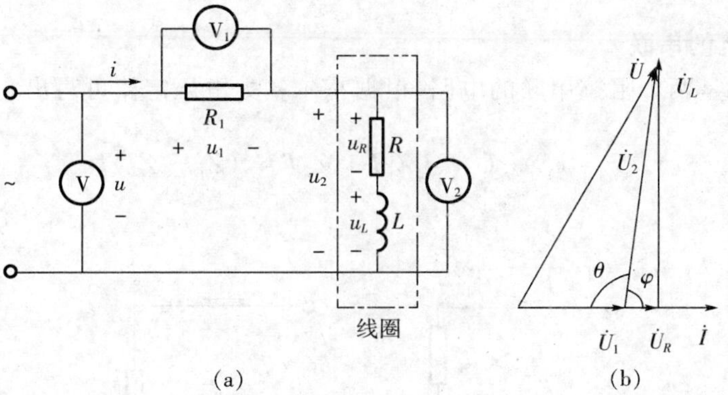

图 4-21　例 4-9 图

由相量图应用余弦定理计算

$$U^2 = U_1^2 + U_2^2 - 2U_1U_2\cos\theta$$

$$\cos\theta = \frac{U_1^2 + U_2^2 - U^2}{2U_1U_2} = \frac{50^2 + 121^2 - 149^2}{2 \times 50 \times 121} = 0.418$$

$$\theta = 114.7°, \varphi = 180° - 114.7° = 65.3°$$

电路中电流

$$I = \frac{U_1}{R_1} = \frac{50}{5}\text{A} = 10\text{A}$$

因 $$U_R = RI = U_2\cos\varphi$$

则 $$R = \frac{U_2\cos\varphi}{I} = \frac{121\cos65.3°}{10}\Omega = 5.06\Omega$$

同理 $$X_L = \frac{U_2\sin\varphi}{I} = \frac{121\sin65.3°}{10}\Omega = 11\Omega$$

$$L = \frac{X_L}{2\pi f} = \frac{11}{314}\text{H} = 0.035\text{H} = 35\text{mH}$$

4.5 阻抗的串联与并联

在交流电路中，阻抗的连接形式是多种多样的，其中最简单的和最常用的是串联与并联。

4.5.1 阻抗的串联

图 4-22(a) 是两个阻抗串联的电路。根据霍尔基夫电压定律可写出它的相量表示式

$$\dot{U} = \dot{U}_1 + \dot{U}_2 = Z_1\dot{I} + Z_2\dot{I} = (Z_1 + Z_2)\dot{I} \tag{4-44}$$

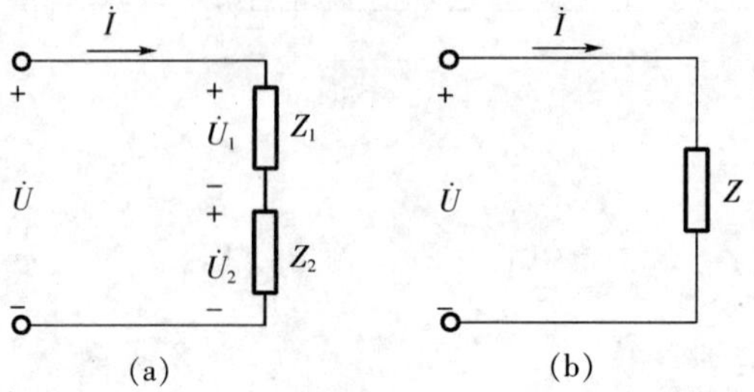

图 4-22
(a) 阻抗的串联 (b) 等效电路

两个串联的阻抗可用一个等效阻抗 Z 来代替，在同样电压的作用下，电路中电流的有效值和相位保持不变。根据图 4-22(b) 所示的等效电路可写出

$$\dot{U} = Z\dot{I} \tag{4-45}$$

比较上列两式，则得

$$Z = Z_1 + Z_2 \tag{4-46}$$

因为一般

$$U \neq U_1 + U_2$$

即

$$|Z|I \neq |Z_1|I + |Z_2|I$$

所以

$$|Z| \neq |Z_1| + |Z_2|$$

由此可见，只有等效阻抗才等于各个串联阻抗之和。在一般的情况下，等效阻抗可写为

$$Z = \sum Z_K = \sum R_K + j\sum X_K = |Z| e^{j\varphi}$$

式中

$$|Z| = \sqrt{(\sum R_K)^2 + (\sum X_K)^2}$$

$$\varphi = \arctan \frac{\sum X_K}{\sum R_K}$$

在上列各式的 $\sum X_K$ 中，感抗 X_L 取正号，容抗 X_C 取负号。

【例 4-10】 在图 4-22(a) 中，有两个阻抗 $Z_1 = (6.16 + j9)\Omega$ 和 $Z_2 = (2.5 - j4)\Omega$，它们串联在 $\dot{U} = 220\angle 30^\circ$ V 的电源上。试用相量计算电路中的电流 $\dot{I}$ 和各个阻抗上的电压 $\dot{U}_1$ 和 $\dot{U}_2$，并作相量图。

【解】 $Z = Z_1 + Z_2 = \sum R_K + j\sum X_K$

$$= [(6.16 + 2.5) + j(9 - 4)]\Omega$$

$$= (8.66 + j5)\Omega = 10\angle 30^\circ\ \Omega$$

$$\dot{I} = \frac{\dot{U}}{Z} = \frac{220\angle 30^\circ}{10\angle 30^\circ}\text{A} = 22\angle 0^\circ\ \text{A}$$

$$\dot{U}_1 = Z_1\dot{I} = (6.16 + j9)22\text{V} = 10.9\angle 55.6^\circ \times 22\text{V} = 239.8\angle 55.6^\circ\ \text{V}$$

$$\dot{U}_2 = Z_2\dot{I} = (2.5 - j4)22\text{V} = 4.71\angle -58^\circ \times 22\text{V} = 103.6\angle -58^\circ\ \text{V}$$

可用 $\dot{U} = \dot{U}_1 + \dot{U}_2$ 验算。电流与电压的相量图如图 4-23 所示。

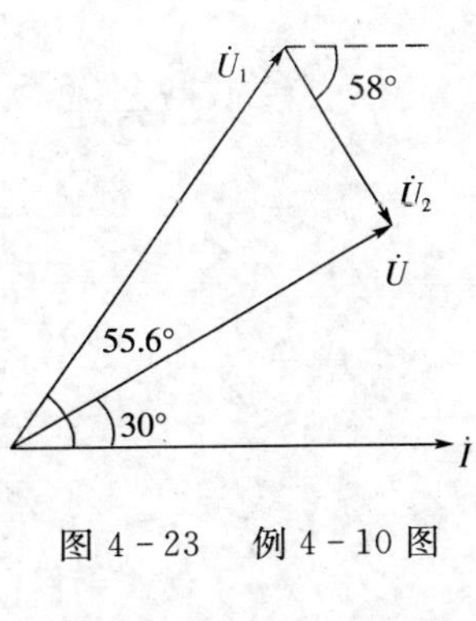

图 4-23　例 4-10 图

4.5.2　阻抗的并联

图 4-24(a) 是两个阻抗并联的电路。根据基尔霍夫电流定律可写出它的相量表示式

$$\dot{I} = \dot{I}_1 + \dot{I}_2 = \frac{\dot{U}}{Z_1} + \frac{\dot{U}}{Z_2} = \dot{U}\left(\frac{1}{Z_1} + \frac{1}{Z_2}\right) \quad (4-47)$$

两个并联的阻抗也可用一个等效阻抗 Z 来代替。根据图 4-24(b) 所示的等效电路可写出

$$\dot{I} = \frac{\dot{U}}{Z} \quad (4-48)$$

比较上列两式，则得

$$\frac{1}{Z}=\frac{1}{Z_1}+\frac{1}{Z_2} \tag{4-49}$$

或

$$Z=\frac{Z_1Z_2}{Z_1+Z_2}$$

因为一般

$$I\neq I_1+I_2$$

即

$$\frac{U}{|Z|}\neq\frac{U}{|Z_1|}+\frac{U}{|Z_2|}$$

所以

$$\frac{1}{|Z|}\neq\frac{1}{|Z_1|}+\frac{1}{|Z_2|}$$

由此可见，只有等效阻抗的倒数才等于各个并联阻抗的倒数之和，在一般情况下可写为

$$\frac{1}{Z}=\sum\frac{1}{Z_k} \tag{4-50}$$

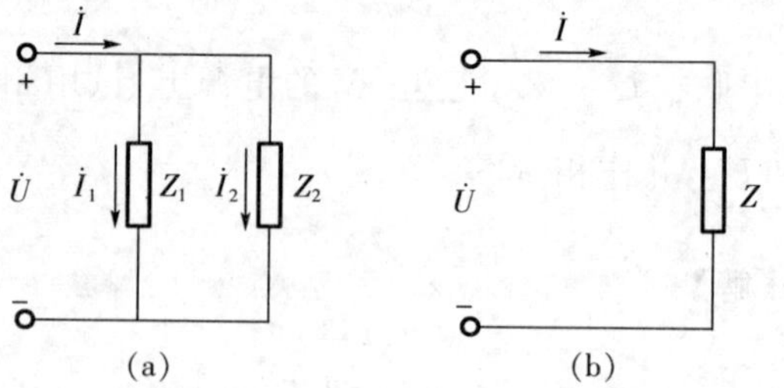

图 4-24

(a) 阻抗的并联　(b) 等效电路

【例 4-11】　在图 4-24(a) 中，有两个阻抗 $Z_1=(3+j4)\Omega$ 和 $Z_2=(8-j6)\Omega$，它们并联接在 $\dot{U}=220\angle 0^\circ$ V 的电源上。试计算电路中的电流 $\dot{I}_1$，$\dot{I}_2$ 和 $\dot{I}$，并作相量图。

【解】　$Z_1=(3+j4)\Omega=5\angle 53^\circ\,\Omega$，$Z_2=(8-j6)\Omega=10\angle -37^\circ\,\Omega$

$$Z=\frac{Z_1Z_2}{Z_1+Z_2}=\frac{5\angle 53^\circ\times 10\angle -37^\circ}{3+j4+8-j6}\Omega=\frac{50\angle 16^\circ}{11-j2}\Omega=\frac{50\angle 16^\circ}{11.8\angle -10.5^\circ}\Omega$$

$$=4.47\angle 26.5^\circ\,\Omega$$

$$\dot{I}_1=\frac{\dot{U}}{Z_1}=\frac{220\angle 0^\circ}{5\angle 53^\circ}\text{A}=44\angle -53^\circ\,\text{A}$$

$$\dot{I}_2=\frac{\dot{U}}{Z_2}=\frac{220\angle 0^\circ}{10\angle -37^\circ}\text{A}=22\angle 37^\circ\,\text{A}$$

$$\dot{I}=\frac{\dot{U}}{Z}=\frac{220\angle 0^\circ}{4.47\angle 26.5^\circ}\text{A}$$

$$=49.2\angle -26.5^\circ\,\text{A}$$

可用 $\dot{I}=\dot{I}_1+\dot{I}_2$ 验算。电流与电压的相量图如图4-25 所示。

【例 4-12】　在图 4-26 中，电源电压 $\dot{U}=220\angle 0^\circ$ V。试求：(1) 等效阻抗 Z；(2) 电流

$\dot{I}$,$\dot{I}_1$ 和 $\dot{I}_2$。

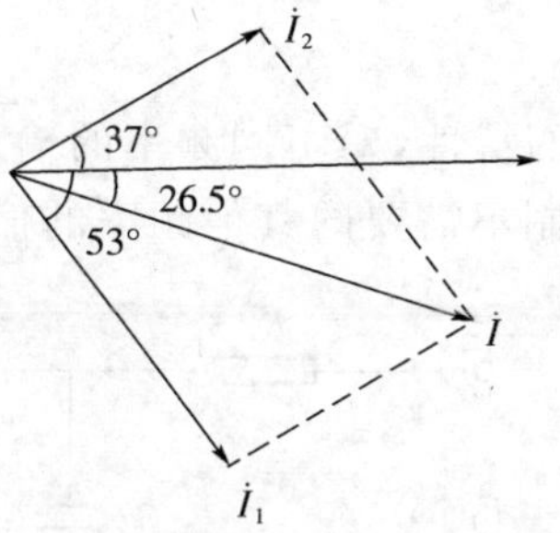

图 4-25　例 4-11 图

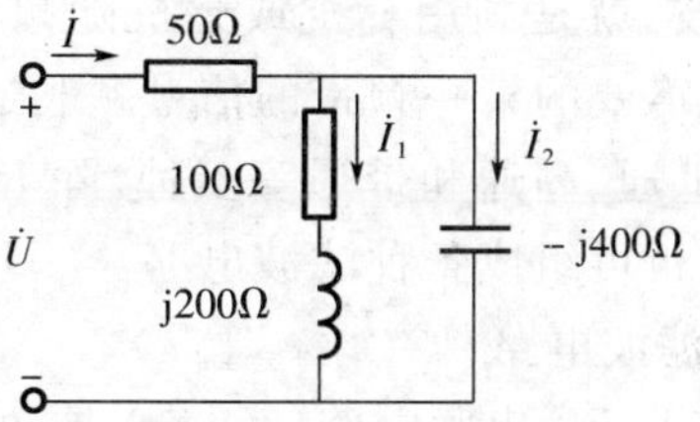

图 4-26　例 4-12 图

【解】 (1) 等效阻抗

$$Z=\left[50+\frac{(100+j200)(-j400)}{100+j200-j400}\right]\Omega$$

$$=(50+320-j240)\Omega$$

$$=(370+j240)\Omega=440\angle 33^\circ\ \Omega$$

(2) 电流

$$\dot{I}=\frac{\dot{U}}{Z}=\frac{220\angle 0^\circ}{440\angle 33^\circ}\text{A}=0.5\angle -33^\circ\ \text{A}$$

$$\dot{I}_1=\frac{-j400}{100+j200-j400}\times 0.5\angle -33^\circ\ \text{A}$$

$$=\frac{400\angle -90^\circ}{224\angle -63.4^\circ}\times 0.5\angle -33^\circ\ \text{A}=0.89\angle -59.6^\circ\ \text{A}$$

$$\dot{I}_2=\frac{100+j200}{100+j200-j400}\times 0.5\angle -33^\circ\ \text{A}$$

$$=\frac{224\angle 63.4^\circ}{224\angle -63.4^\circ}\times 0.5\angle -33^\circ\ \text{A}=0.5\angle 93.8^\circ\ \text{A}$$

4.6　交流电路的频率特性

在交流电路中，电容元件的容抗和电感元件的感抗都与频率有关，在电源频率一定时，它们有一确定值。但当电源电压或电流(激励)的频率改变(即使它们的幅值不变)时，容抗和感抗值随着改变，从而使电路中各部分所产生的电流和电压(响应)的大小和相位也随着改变。响应与频率的关系称为电路的频率特性或频率响应。在电力系统中，频率一般是固定的，但在电子技术和控制系统中，经常要研究在不同频率下电路的工作情况。

本章前面几节所讨论的电压和电流都是时间函数，在时间领域内对电路进行分析，所以常称为时域分析。本节是在频率领域内对电路进行分析，就称为频域分析。

4.6.1 滤波电路

所谓滤波，就是利用容抗或感抗随频率而改变的特性，对不同频率的输入信号产生不同的响应，让需要的某一频带的信号顺利通过，而抑制不需要的其他频率的信号。滤波电路通常可分为低通、高通和带通等多种。除 RC 电路外，其他电路也可组成各种滤波电路。

1. 低通滤波电路

图 4-27 是 RC 串联电路，$U_1(j\omega)$ 是输入信号电压，$U_2(j\omega)$ 是输出信号电压，两者都是频率的函数。

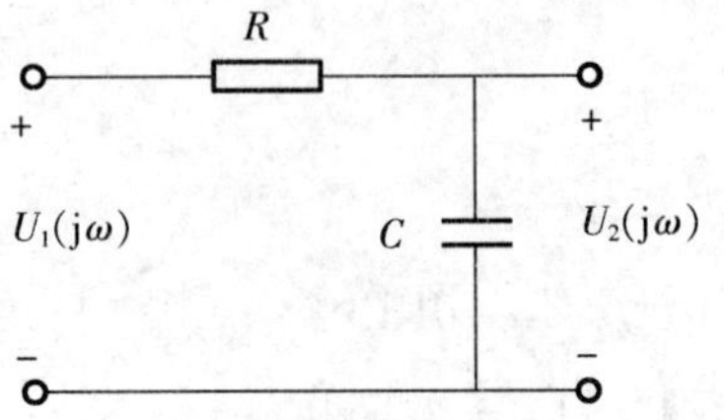

图 4-27　RC 低通滤波电路

电路输出电压与输入电压的比值称为电路的传递函数或转移函数，用 $T(j\omega)$ 表示，它是一个复数。由图 4-27 可得

$$T(j\omega)=\frac{U_2(j\omega)}{U_1(j\omega)}=\frac{\frac{1}{j\omega C}}{R+\frac{1}{j\omega C}}=\frac{1}{1+j\omega RC}$$

$$=\frac{1}{\sqrt{1+(\omega RC)^2}}\angle-\arctan(\omega RC)=|T(j\omega)|\angle\varphi(\omega) \tag{4-51}$$

式中

$$|T(j\omega)|=\frac{|U_2(j\omega)|}{|U_1(j\omega)|}=\frac{1}{\sqrt{1+(\omega RC)^2}}$$

是传递函数 $T(j\omega)$ 的模，是角频率 ω 的函数；

$$\varphi(\omega)=-\arctan(\omega RC)$$

是 $T(j\omega)$ 的辐角，也是 ω 的函数。

设

$$\omega_0=\frac{1}{RC}$$

则

$$T(j\omega)=\frac{1}{1+j\frac{\omega}{\omega_0}}=\frac{1}{\sqrt{1+\left(\frac{\omega}{\omega_0}\right)^2}}\angle-\arctan\frac{\omega}{\omega_0}$$

表示 $T(j\omega)$ 随 ω 变化的特性称为幅频特性，表示 $\varphi(\omega)$ 随 ω 变化的特性称为相频特性，两者统称为频率特性。

由上列式子可见，当

$$\omega=0\text{ 时},\quad |T(j\omega)|=1,\quad \varphi(\omega)=0$$

$$\omega=\infty \text{ 时}, \quad |T(j\omega)|=0, \quad \varphi(\omega)=-\frac{\pi}{2}$$

又当

$$\omega=\omega_0=\frac{1}{RC}\text{ 时}, |T(j\omega)|=\frac{1}{\sqrt{2}}=0.707, \varphi(\omega)=-\frac{\pi}{4}$$

如表 4-1 所列,并如图 4-28 所示。

表 4-1　频率特性

ω	0	ω_0	∞
$\vert T(j\omega)\vert$	1	0.707	0
$\varphi(\omega)$	0	$-\frac{\pi}{4}$	$-\frac{\pi}{2}$

在实际应用上,输出电压不能下降过多。通常规定:当输出电压下降到输入电压的 70.7%,即$|T(j\omega)|$下降到 0.707 时为最低限。此时,$\omega=\omega_0$,而将频率范围 $0\leqslant\omega\leqslant\omega_0$ 称为通频带。ω_0 称为上限截止频率,它又称为半功率点频率①或 3dB 频率②。

当 $\omega<\omega_0$ 时,$|T(j\omega)|$变换不大,接近于 1;当 $\omega>\omega_0$ 时,$|T(j\omega)|$明显下降。这表明上述 RC 电路具有使低频信号较易通过而抑制较高频率信号的作用,故常称为低通滤波电路。

2. 高通滤波电路

图 4-29 所示的电路与图 4-27 的电路所不同的是从电阻 R 两端输出。电路的传递函数为

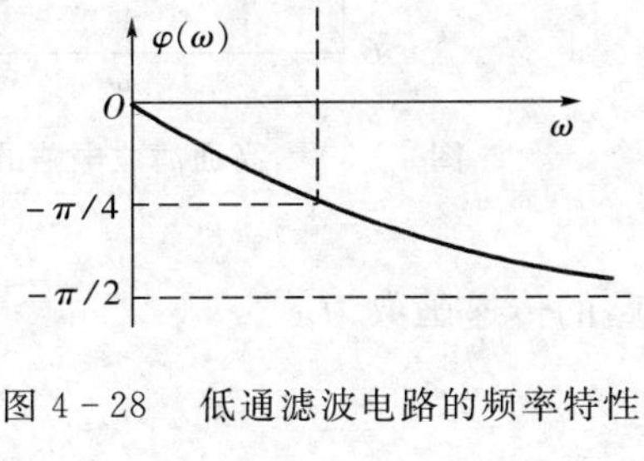

图 4-28　低通滤波电路的频率特性

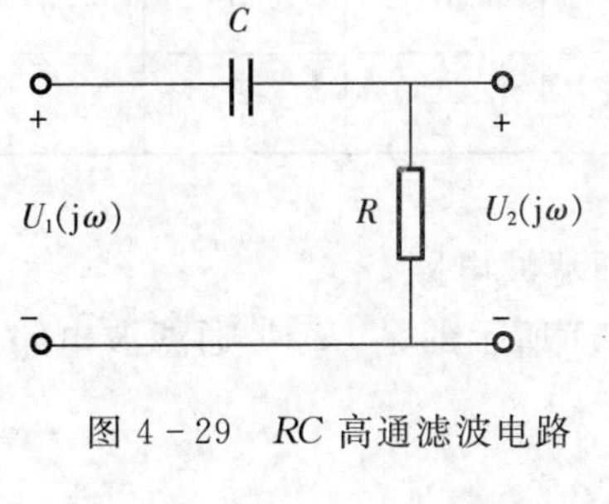

图 4-29　RC 高通滤波电路

① 如果电路输出端接一电阻负载,当$|T(j\omega)|$下降到 0.707(即$\frac{1}{\sqrt{2}}$)时,因为功率正比于电压平方,这时输出功率只是输入功率的一半,故有此名。

② 传递函数$|T(j\omega)|$可用对数形式表示,其表示单位为分贝(dB)。当$|T(j\omega)|=0.707$时,$|T(j\omega)|=20\lg 0.707=20\times(-0.151)\text{dB}=-3\text{dB}$。

$$T(\mathrm{j}\omega)=\frac{U_2(\mathrm{j}\omega)}{U_1(\mathrm{j}\omega)}=\frac{R}{R+\frac{1}{\mathrm{j}\omega C}}=\frac{\mathrm{j}\omega RC}{1+\mathrm{j}\omega RC}$$

$$=\frac{1}{1-\mathrm{j}\frac{1}{\omega RC}}=\frac{1}{\sqrt{1+\left(\frac{1}{\omega RC}\right)^2}}\angle\arctan\frac{1}{\omega RC}$$

$$=|T(\mathrm{j}\omega)|\angle\varphi(\omega) \tag{4-52}$$

式中

$$|T(\mathrm{j}\omega)|=\frac{|U_2(\mathrm{j}\omega)|}{|U_1(\mathrm{j}\omega)|}=\frac{1}{\sqrt{1+\left(\frac{1}{\omega RC}\right)^2}},\quad \varphi(\omega)=\arctan\frac{1}{\omega RC}$$

设

$$\omega_0=\frac{1}{RC}$$

则

$$T(\mathrm{j}\omega)=\frac{1}{1-\mathrm{j}\frac{\omega_0}{\omega}}=\frac{1}{\sqrt{1+\left(\frac{\omega_0}{\omega}\right)^2}}\angle\arctan\frac{\omega_0}{\omega}$$

频率特性列在表 4-2 中,并如图 4-30 所示。由图可见,上述 RC 电路具有使高频信号较易通过而抑制较低频率信号的作用,故常称为高通滤波电路。

表 4-2 频率特性

ω	0	ω_0	∞
$\|T(\mathrm{j}\omega)\|$	0	0.707	1
$\varphi(\omega)$	$\frac{\pi}{2}$	$\frac{\pi}{4}$	0

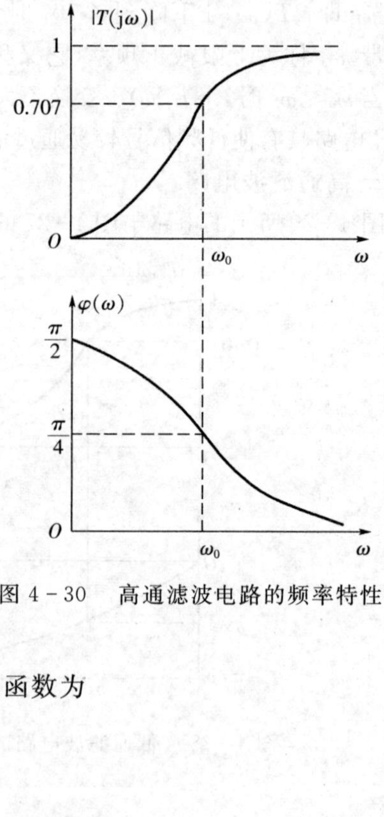

图 4-30 高通滤波电路的频率特性

3. 带通滤波电路

图 4-31 所示的是 RC 带通滤波电路。电路的传递函数为

$$T(\mathrm{j}\omega)=\frac{U_2(\mathrm{j}\omega)}{U_1(\mathrm{j}\omega)}=\frac{\dfrac{\frac{R}{\mathrm{j}\omega C}}{R+\frac{1}{\mathrm{j}\omega C}}}{R+\dfrac{1}{\mathrm{j}\omega C}+\dfrac{\frac{R}{\mathrm{j}\omega C}}{R+\frac{1}{\mathrm{j}\omega C}}}$$

$$=\frac{\dfrac{R}{1+j\omega RC}}{\dfrac{1+j\omega RC}{j\omega C}+\dfrac{R}{1+j\omega RC}}$$

$$=\frac{j\omega RC}{(1+j\omega RC)^2+j\omega RC}$$

$$=\frac{1}{3+j\left(\omega RC-\dfrac{1}{\omega RC}\right)}$$

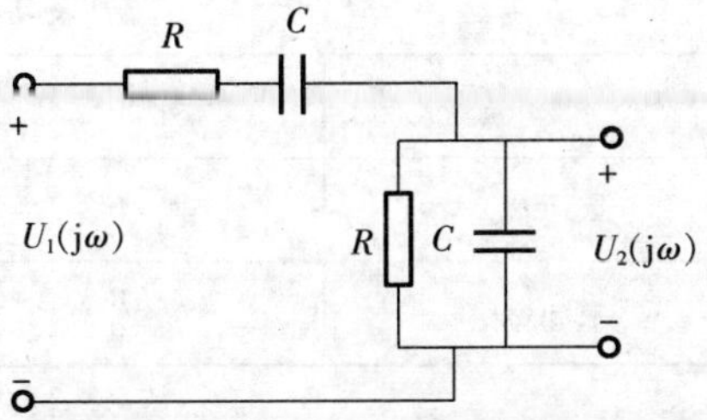

图 4-31　RC 带通滤波电路

$$=\frac{1}{\sqrt{3^2+\left(\omega RC-\dfrac{1}{\omega RC}\right)^2}}\angle -\arctan\frac{\omega RC-\dfrac{1}{\omega RC}}{3}$$

$$=|T(j\omega)|\angle\varphi(\omega) \tag{4-53}$$

式中

$$|T(j\omega)|=\frac{1}{\sqrt{3^2+\left(\omega RC-\dfrac{1}{\omega RC}\right)^2}}$$

$$\varphi(\omega)=-\arctan\frac{\omega RC-\dfrac{1}{\omega RC}}{3}$$

设

$$\omega_0=\frac{1}{RC}$$

则

$$T(j\omega)=\frac{1}{3+j\left(\dfrac{\omega}{\omega_0}-\dfrac{\omega_0}{\omega}\right)}=\frac{1}{\sqrt{3^2+\left(\dfrac{\omega}{\omega_0}-\dfrac{\omega_0}{\omega}\right)^2}}\angle -\arctan\frac{\dfrac{\omega}{\omega_0}-\dfrac{\omega_0}{\omega}}{3}$$

频率特性列在表 4-3 中，并如图 4-32 所示。由图可见，当 $\omega=\omega_0=\dfrac{1}{RC}$ 时，输入电压 $\dot{U}_1$ 与输出电压 $\dot{U}_2$ 同相，且 $\dfrac{U_2}{U_1}=\dfrac{1}{3}$。同时也规定，$|T(j\omega)|$ 等于最大值(即 $\dfrac{1}{3}$) 的 70.7% 处频率的上下限之间宽度称为通频带宽度，简称为通频带，即

$$\Delta\omega=\omega_2-\omega_1$$

表 4-3 频率特性

ω	0	ω_0	∞
$\lvert T(j\omega)\rvert$	0	$\frac{1}{3}$	0
$\varphi(\omega)$	$\frac{\pi}{2}$	0	$-\frac{\pi}{2}$

图 4-31 的 RC 串并联电路实为 RC 振荡器中的选频电路。

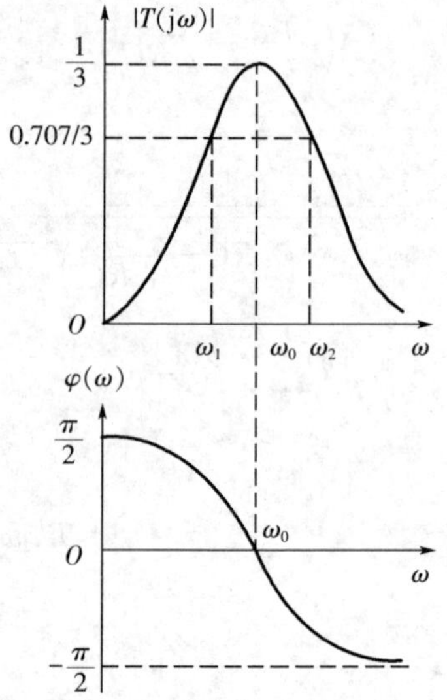

图 4-32 带通滤波电路的频率特性

4.6.2 谐振电路

在具有电感和电容元件的电路中,电路两端的电压与其中的电流一般是不同相的。如果调节电路的参数或是电源的频率而使它们同相,这时电路中就发生谐振现象。研究谐振的目的就是要认识这种客观现象,并在生产上充分利用谐振的特征,同时又要预防它所产生的危害。按发生谐振的电路的不同,谐振现象可分为串联谐振和并联谐振。现在分别讨论这两种谐振的条件和特征,以及谐振电路的频率特性。

1. 串联谐振

在 R,L,C 元件串联的电路中(图 4-16),当

$$X_L = X_C \quad 或 \quad 2\pi fL = \frac{1}{2\pi fC} \tag{4-54}$$

则

$$\varphi = \arctan\frac{X_L - X_C}{R} = 0$$

即电源电压 u 与电路中的电流 i 同相。这时电路中发生谐振现象。因为谐振发生在串联电路中,所以称为串联谐振。

式(4-54)是发生串联谐振的条件,并由此得出谐振频率

$$f = f_0 = \frac{1}{2\pi\sqrt{LC}} \tag{4-55}$$

即当电源频率 f 与电路参数 L 和 C 之间满足上式关系时,则发生谐振。可见只要调节 L,C 或电源频率 f 都能使电路发生谐振。

串联谐振具有下列特征:

(1) 电路的阻抗模 $|Z| = \sqrt{R^2 + (X_L - X_C)^2} = R$,其值最小。因此,在电源电压不变的

情况下，电路中的电流将在谐振时达到最大值，即

$$I = I_0 = \frac{U}{R}$$

在图 4－33 中分别画出了阻抗模和电流等随频率变化的曲线。

(2) 由于电源电压与电路中电流同相($\varphi = 0$)，因此电路对电源呈现电阻性。电源供给电路的能量全被电阻所消耗，电源与电路之间不发生能量的互换。能量的互换只发生在电感线圈与电容器之间。

(3) 由于 $X_L = X_C$，于是 $U_L = U_C$。而 $\dot{U}_L$ 与 $\dot{U}_C$ 在相位上相反，互相抵消，对整个电路不起作用，因此电源电压 $\dot{U} = \dot{U}_R$(图 4－34)。

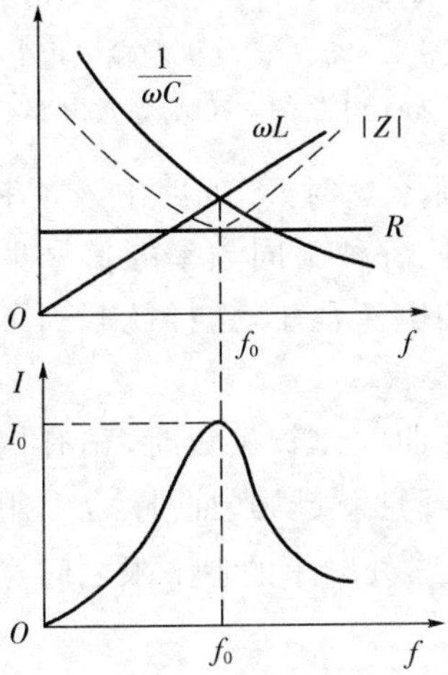

图 4－33　阻抗模与电流等随频率变化的曲线

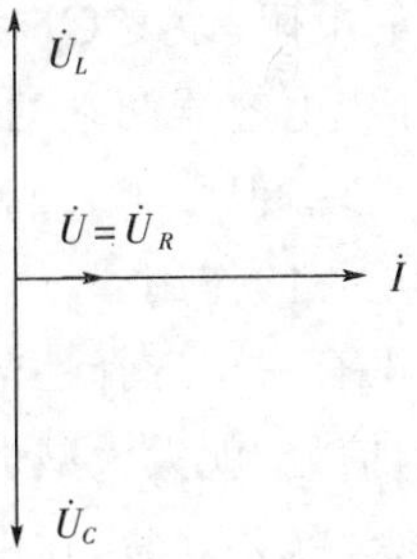

图 4－34　串联谐振时的相量图

但是，U_L 和 U_C 的单独作用不容忽视，因此

$$\begin{cases} U_L = X_L I = X_L \dfrac{U}{R} \\ U_C = X_C I = X_C \dfrac{U}{R} \end{cases} \tag{4-56}$$

当 $X_L = X_C > R$ 时，U_L 和 U_C 都高于电源电压 U。如果电压过高时，可能会击穿线圈和电容器的绝缘。因此，在电力工程中一般应避免发生串联共振。但在无线电工程中则常利用串联谐振以获得较高电压，电容或电感元件上的电压常高于电源电压几十倍或几百倍。

U_C 和 U_L 与电源电压 U 的比值，通常用 Q 来表示

$$Q = \frac{U_C}{U} = \frac{U_L}{U} = \frac{1}{\omega_0 CR} = \frac{\omega_0 L}{R} \tag{4-57}$$

式中 ω_0 为谐振角频率，Q 称为电路的品质因数。在式(4-57)中，它的意义是表示在谐振时电

容或电感元件上的电压是电源电压的 Q 倍。例如 $Q=100, U=6\text{V}$，那么在谐振时电容或电感元件上的电压就高达 600V。

串联谐振在无线电工程中的应用较多，例如在接收机里被用来选择信号。图 4-35(a) 是接收机里典型的输入电路。它的作用是将需要收听的信号从天线所收到的许多频率不同的信号值中选出来，其他不需要的信号则尽量地加以抑制。

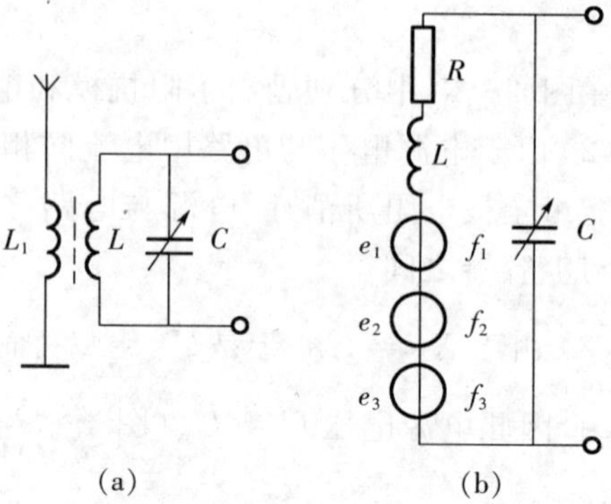

图 4-35 接收机的输入电路
(a) 电路图 (b) 等效电路

输入电路的主要部分是天线线圈 L_1 和由电感线圈 L 与可变电容 C 组成的串联谐振电路。天线所接收到的各种频率不同的信号都会在 LC 谐振电路中感应出相应的电动势 $e_1, e_2, e_3 \cdots\cdots$ 如图 4-35(b) 所示，图中的 R 是线圈 L 的电阻。改变 C，对所需信号频率调到串联谐振，那么这时 LC 回路中该频率的电流最大，在可变电容器两端的这种频率的电压也就最高。其他各种不同频率的信号虽然也在接收机里出现，但由于它们没有达到谐振，在回路中引起的电流很小，这样就起到了选择信号和抑制干扰的作用。

这里有一个选择性的问题。如图 4-36 所示，当谐振曲线比较尖锐时，稍有偏离谐振频率 f_0 的信号，就大大减弱。就是说，谐振曲线越尖锐，选择性就越强。此外，也引用通频带宽度的概念。就是规定，在电流 I 值等于最大值 I_0 的 70.7% 处频率的上下限之间宽度称为通频带宽度，即

$$\Delta f = f_2 - f_1$$

通频带宽度越小，表明谐振曲线越尖锐，电路的频率选择性就越强。而谐振曲线的尖锐或平坦同 Q 值有关，如图 4-37 所示。设电路的 L 和 C 值不变，只改变 R 值。R 值越小，Q 值越大，则谐振曲线越尖锐，也就是选择性越强。这是品质因数 Q 的另外一个物理意义。减小 R 值，也就是减小线圈导线的电阻和电路中的各种能量损耗。

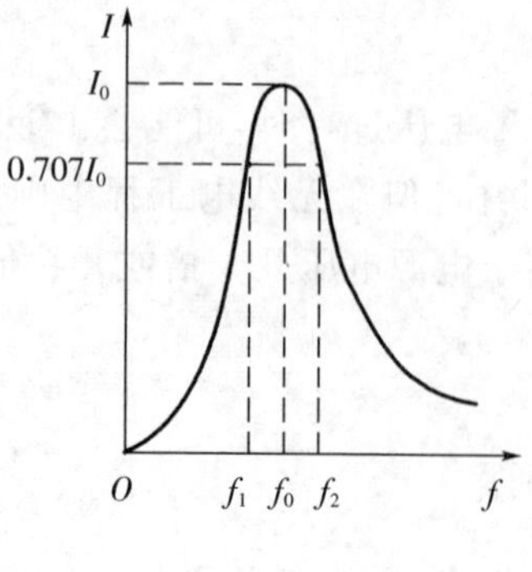

图 4-36 通频带宽度

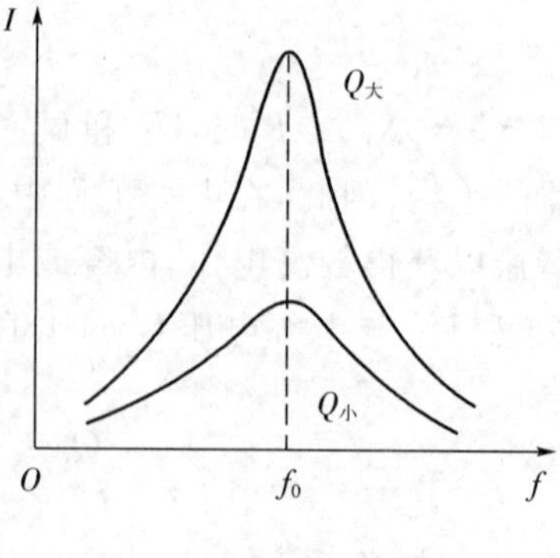

图 4-37 Q 与谐振曲线的关系

【例 4-13】　将一线圈($L=4\text{mH}, R=50\Omega$)与电容器($C=160\text{pF}$)串联,接在 $U=25\text{V}$ 的电源上。(1)当 $f_0=200\text{kHz}$ 时发生谐振,求电流与电容器上的电压;(2)当频率增加10%时,求电流与电容器上的电压。

【解】　(1)当 $f_0=200\text{kHz}$ 电路发生谐振时

$$X_L=2\pi f_0 L=2\times3.14\times200\times10^3\times4\times10^{-3}\Omega=5\,000\Omega$$

$$X_C=\frac{1}{2\pi f_0 C}=\frac{1}{2\times3.14\times200\times10^3\times160\times10^{-12}}\Omega=5\,000\Omega$$

$$I_0=\frac{U}{R}=\frac{25}{50}\text{A}=0.5\text{A}$$

$$U_C=X_C I_0=5\,000\times0.5\text{V}=2\,500\text{V}(>U)$$

(2)当频率增加10%时

$$X_L=5\,500\Omega$$

$$X_C=4\,500\Omega$$

$$|Z|=\sqrt{50^2+(5\,000-4\,500)^2}\Omega\approx1\,000\Omega(>R)$$

$$I=\frac{U}{|Z|}=\frac{25}{1\,000}\text{A}=0.025\text{A}(<I_0)$$

$$U_C=X_C I=4\,500\times0.025\text{V}=112.5\text{V}(<2\,500)$$

可见偏离谐振频率10%时,I 和 U_C 就大大减小。

【例 4-14】　某收音机的输入电路如图 4-35(a)所示,线圈 L 的电感 $L=0.3\text{mH}$,电阻 $R=16\Omega$。今欲收听640kHz某电台的广播,应将可变电容 C 调到多少皮法?如在调谐回路中感应出电压 $U=2\mu\text{V}$,试求这时回路中该信号的电流多大,并在线圈(或电容)两端得出多大电压?

【解】　根据 $f=\dfrac{1}{2\pi\sqrt{LC}}$ 可得

$$640\times10^3=\frac{1}{2\times3.14\sqrt{0.3\times10^{-3}\text{C}}}$$

由此求出

$$C=204\text{pF}$$

这时

$$I=\frac{U}{R}=\frac{2\times10^{-6}}{16}\mu\text{A}=0.13\mu\text{A}$$

$$X_C=X_L=2\pi fL=2\times3.14\times640\times10^3\times0.3\times10^{-3}\Omega=1\,200\Omega$$

$$U_C = U_L = X_L I = 1\,200 \times 0.13 \times 10^{-6}\,\text{V} = 156 \times 10^{-6}\,\text{V} = 156\mu\text{V}$$

2. 并联谐振

图 4-38 是线圈 RL 与电容器 C 并联的电路，其等效阻抗为

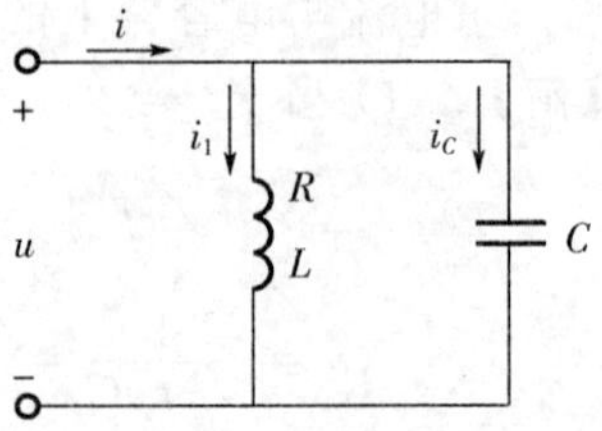

图 4-38　并联电路

$$Z = \frac{(R + \mathrm{j}\omega L)\left(-\mathrm{j}\,\dfrac{1}{\omega C}\right)}{R + \mathrm{j}\omega L - \mathrm{j}\,\dfrac{1}{\omega C}}$$

当 $\omega L \geqslant R$ 时，$Z \approx \dfrac{\mathrm{j}\omega L\left(-\mathrm{j}\,\dfrac{1}{\omega C}\right)}{R + \mathrm{j}\omega L - \mathrm{j}\,\dfrac{1}{\omega C}}$

$$= \frac{\dfrac{L}{C}}{R + \mathrm{j}\left(\omega L - \dfrac{1}{\omega C}\right)} \tag{4-58}$$

当将电源角频率 ω 调到 ω_0 时，

$$\omega_0 L = \frac{1}{\omega_0 C}, \quad \omega = \omega_0 = \frac{1}{\sqrt{LC}}$$

或

$$f = f_0 = \frac{1}{2\pi\sqrt{LC}} \tag{4-59}$$

时，发生并联谐振。

并联谐振具有下列特征：

(1) 由式(4-58)可知，谐振时电路的阻抗模为

$$|Z_0| = \frac{L}{RC} \tag{4-60}$$

其值最大，因此在电源电压 U 一定的情况下，电流 I 将在谐振时达到最小值，即

$$I = I_0 = \frac{U}{|Z_0|}$$

阻抗模与电流的谐振曲线如图 4-39 所示。

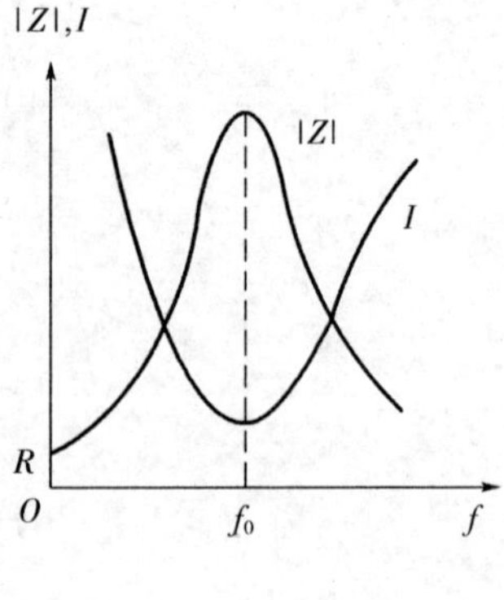

图 4-39　$|Z|$ 和 I 的谐振曲线

(2) 由于电源电压与电路中电流同相($\varphi = 0$)，因此电路对电源呈现电阻性。谐振时电路的阻抗模 $|Z_0|$ 相当于一个电阻。

(3) 谐振时各并联支路的电流为

$$I_1 = \frac{U}{\sqrt{R^2 + (\omega_0 L)^2}} \approx \frac{U}{\omega_0 L}$$

$$I_C = \frac{U}{\frac{1}{\omega_0 C}}$$

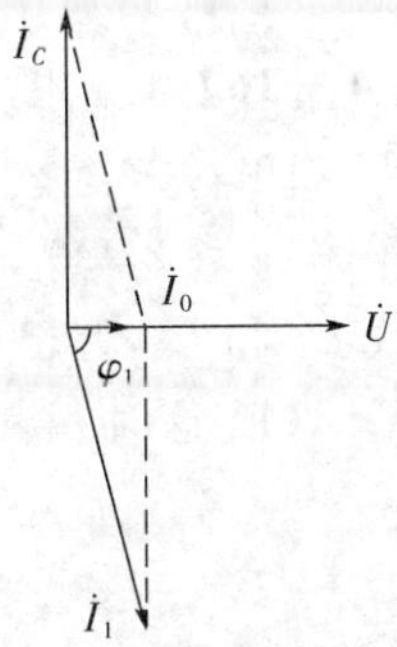

图 4-40　并联谐振时的相量图

因为

$$\omega_0 L \approx \frac{1}{\omega_0 C}, \omega_0 L \gg R, \text{即 } \varphi_1 \approx 90^\circ$$

所以由上列各式和图 4-40 的向量图可知

$$I_1 \approx I_C \gg I_0$$

即在谐振时并联支路的电流近于相等，而比总电流大许多倍。

I_C 或 I_1 与总电流 I_0 的比值为电路的品质因数

$$Q = \frac{I_1}{I_0} = \frac{1}{\omega_0 CR} = \frac{\omega_0 L}{R} \tag{4-61}$$

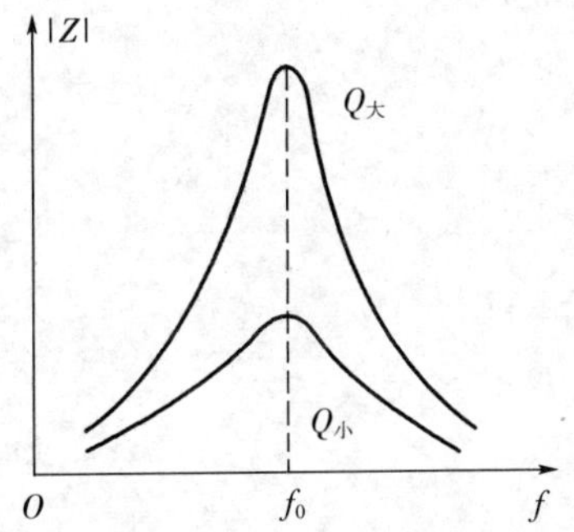

图 4-41　不同 Q 值时的阻抗模谐振曲线

即在谐振时，支路电流 I_C 或 I_1 是总电流 I_0 的 Q 倍，也就是谐振时电路的阻抗模为支路阻抗模的 Q 倍。在线圈 L 和 C 值不变时，R 值愈小，品质因数 Q 值愈大，阻抗模 $|Z_0|$ 也愈大，阻抗谐振曲线也愈尖锐(图 4-41)，选择性也就愈强。

并联谐振在无线电工程和工业电子技术中也常应用。例如利用并联谐振时阻抗高的特点来选择信号或消除干扰。

【例 4-15】　图 4-38 所示的并联电路中，$L = 0.25\text{mH}, R = 25\Omega, C = 85\text{pF}$。试求谐振角频率 ω_0、品质因数 Q 和谐振时电路的阻抗模 $|Z_0|$。

【解】　$$\omega_0 \approx \frac{1}{\sqrt{LC}} = \sqrt{\frac{1}{0.25 \times 10^{-3} \times 85 \times 10^{-12}}}\text{rad/s}$$

$$= \sqrt{4.7 \times 10^{13}}\text{rad/s} = 6.86 \times 10^6 \text{rad/s}$$

$$f_0 = \frac{\omega_0}{2\pi} = \frac{6.86 \times 10^6}{2\pi}\text{Hz} = 1\,100\text{kHz}$$

$$Q = \frac{\omega_0 L}{R} = \frac{6.86 \times 10^6 \times 0.25 \times 10^{-3}}{25} = 68.6$$

$$|Z_0| = \frac{L}{RC} = \frac{0.25 \times 10^{-3}}{25 \times 85 \times 10^{-12}}\Omega = 117\text{k}\Omega$$

【例 4-16】 在图 4-42 所示的电路中，$U = 220\text{V}$。(1) 当电源频率 $\omega_1 = 1\,000\text{rad/s}$ 时，$U_R = 0$；(2) 当电源频率 $\omega_2 = 2\,000\text{rad/s}$ 时，$U_R = U = 220\text{V}$。试求电路参数 L_1 和 L_2，并已知 $C = 1\mu\text{F}$。

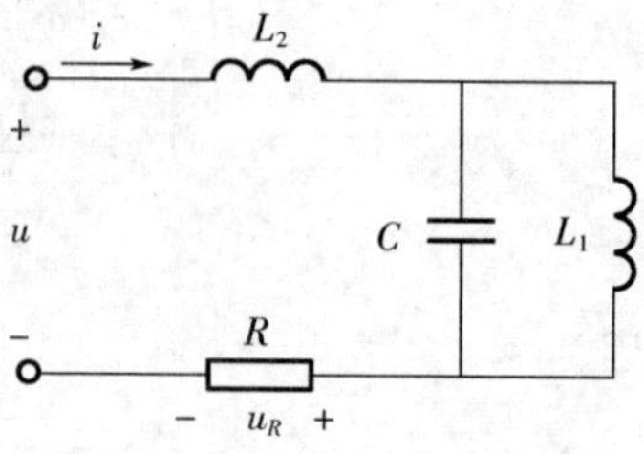

图 4-42 例 4-16 图

【解】 (1) 这时 $U_R = 0$，即 $I = 0$，电路处于并联谐振，故

$$\omega_1 L_1 = \frac{1}{\omega_1 C}$$

$$L_1 = \frac{1}{\omega_1^2 C} = \frac{1}{1\,000^2 \times 1 \times 10^{-6}} = 1\text{H}$$

(2) 这时电路处于串联谐振。先将 L_1C 并联电路等效为

$$Z_0 = \frac{(\text{j}\omega_2 L_1)\left(-\text{j}\dfrac{1}{\omega_2 C}\right)}{\text{j}\left(\omega_2 L_1 - \dfrac{1}{\omega_2 C}\right)} = -\text{j}\frac{\omega_2 L_1}{\omega_2^2 L_1 C - 1}$$

而后列出

$$\dot{U} = R\dot{I} + \text{j}\left(\omega_2 L_2 - \frac{\omega_2 L_1}{\omega_2^2 L_1 C - 1}\right)\dot{I}$$

在串联谐振时 $\dot{U}$ 和 $\dot{I}$ 同相，虚部为零，即

$$\omega_2 L_2 = \frac{\omega_2 L_1}{\omega_2^2 L_1 C - 1}$$

$$L_2 = \frac{1}{\omega_2^2 C - \dfrac{1}{L_1}} = \frac{1}{2\,000 \times 1 \times 10^{-6} - 1}\text{H} = 0.33\text{H}$$

4.7 功率因数的提高

大家都已知道，直流电路的功率等于电流与电压的乘积，但交流电路则不然。在计算交流电路的平均功率时还要考虑电压和电流的相位差 φ，即

$$P = UI\cos\varphi$$

上式中的 $\cos\varphi$ 是电路的功率因数。在前面已讲过，电压与电流间的相位差或电路的功率因数决定于电路（负载）的参数。只有在电阻负载（例如灯泡、电阻炉等）的情况下，电压和电流才同相，其功率因数为 1。对其他负载来说，其功率因数均介于 0 与 1 之间。

当电压与电流之间有相位差时，即功率因数不等于 1 时，电路中发生能量互换，出现无功功率 $Q = UI\sin\varphi$。这样就引起下面两个问题。

4.7.1　发电设备的容量不能充分利用

$$P = U_N I_N \cos\varphi$$

由上式可见，当负载的功率因数 $\cos\varphi < 1$ 时，而发电机的电压和电流又不允许超过额定值，显然这时发电机所能发出的有功功率就减小了。功率因数愈低，发电机所发出的有功功率就愈小，而无功功率却愈大。无功功率愈大，即电路中能量互换的规模愈大，则发电机发出的能量就不能充分利用，其中有一部分就在发电机与负载之间进行互换。

例如容量为 1 000kV・A 的变压器，如果 $\cos\varphi = 1$，即能发出 1 000kW 的有功功率，而在 $\cos\varphi = 0.7$ 时，则只能发出 700kW 的功率。

4.7.2　增加线路和发电机绕组的功率损耗

当发电机的电压 U 和输出的功率 P 一定时，电流 I 与功率因数成反比，而线路和发电机绕组上的功率损耗 ΔP 则与 $\cos\varphi$ 的平方成反比，即

$$\Delta P = rI^2 = \left(r\frac{P^2}{U^2}\right)\frac{1}{\cos^2\varphi}$$

式中 r 是发电机绕组和线路的电阻。

由上述可知，提高电网的功率因数对国民经济的发展有着极为重要的意义。功率因数的提高，能使发电设备的容量得到充分利用，同时也能使电能得到大量节约。也就是说，在同样的发电设备下能够多发电。

功率因数不高，根本原因就是由于电感性负载的存在。例如生产中最常用的异步电动机在额定负载时的功率因数约为 0.7 ～ 0.9，如果在轻载时其功率因数就更低。其他如工频炉、电焊变压器以及日光灯等负载的功率因数也都是较低的。电感性负载的功率因数之所以小于 1，是由于负载本身需要一定的无功功率。从经济技术观点出发，如何解决这个矛盾，也就是如何才能减少电源与负载之间能量的互换，而又使电感性负载能取得所需的无功功率，这就是我们所提出的要提高功率因数的实际意义。

按照供用电规则，高压供电的工业企业的平均功率因数不低于 0.95，其他单位不低于 0.9。

提高功率因数，常用的方法就是与电感性负载并联静电电容器（设置在用户或变电所中），其电路图和相量图如图 4－43 所示。

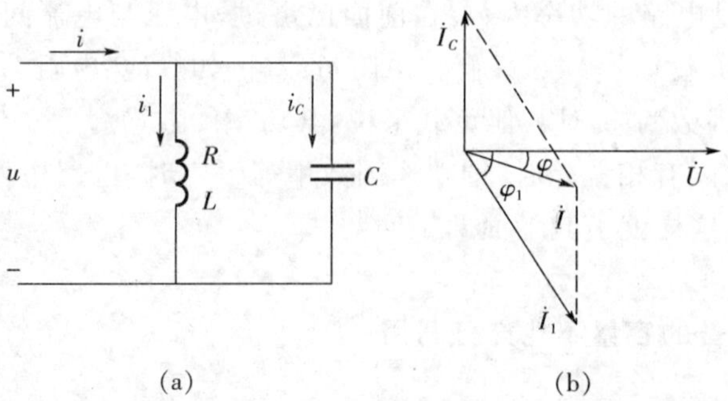

图 4-43　电容器与电感性负载并联以提高功率因数

(a) 电路图　(b) 相量图

并联电容器以后，电感性负载的电流 $I_1 = \dfrac{U}{\sqrt{R^2 + X_L^2}}$ 和功率因数 $\cos\varphi_1 = \dfrac{R}{\sqrt{R^2 + X_L^2}}$ 均未变化，这是因为所加电压和负载参数没有改变。但电压 u 和线圈电流 i 之间的相位差 φ 变小了，即 $\cos\varphi$ 变大了。这里我们所讲的提高功率因数，是指提高电源或电网的功率因数，而不是指提高某个电感性负载的功率因数。

在电感性负载上并联了电容器以后，减少了电源与负载之间的能量互换。这时电感性负载所需的无功功率，大部分或全部都是就地供给(由电容器供给)，就是说能量的互换现在主要或完全发生在电感性负载与电容器之间，因而使发电机容量能得到充分利用。

其次，由相量图可见，并联电容器以后线路电流也减少了，因而减少了功率损耗。应该注意，并联电容器以后有功功率并未改变，因为电容器是不消耗电能的。

【例 4-17】　有一电感性负载，其功率 $P = 10\text{kW}$，功率因数 $\cos\varphi_1 = 0.6$，接在电压 $U = 220\text{V}$ 的电源上，电源频率 $f = 50\text{Hz}$。(1) 如果将功率因数提高到 $\cos\varphi = 0.95$，试求与负载并联的电容器的电容值和电容器并联前后的线路电流；(2) 如要将功率因数从 0.95 再提高到 1，试问并联电容器的电容值还需增加多少？

【解】　计算并联电容器的电容值，可从图 4-43 的相量图导出一个公式。由图可得

$$I_C = I_1\sin\varphi_1 - I\sin\varphi = \left(\frac{p}{U\cos\varphi_1}\right)\sin\varphi_1 - \left(\frac{P}{U\cos\varphi}\right)\sin\varphi$$

$$= \frac{P}{U}(\tan\varphi_1 - \tan\varphi)$$

又因

$$I_C = \frac{U}{X_C} = U\omega C$$

所以

$$U\omega C = \frac{P}{U}(\tan\varphi_1 - \tan\varphi)$$

由此得

$$C = \frac{P}{\omega U^2}(\tan\varphi_1 - \tan\varphi)$$

(1) $\cos\varphi_1 = 0.6$，即　　　　　　　$\varphi_1 = 53°$

因此所需电容值为

$$C = \frac{10 \times 10^3}{2\pi \times 50 \times 200^2}(\tan 53° - \tan 18°)F = 656\mu F$$

电容器并联前的线路电流（即负载电流）为

$$I_1 = \frac{P}{U\cos\varphi_1} = \frac{10 \times 10^3}{220 \times 0.6}A = 75.6A$$

电容器并联后的线路电流为

$$I = \frac{P}{U\cos\varphi} = \frac{10 \times 10^3}{220 \times 0.95}A = 47.8A$$

(2) 如果将功率因数由 0.95 再提高到 1，则需要增加的电容值为

$$C = \frac{10 \times 10^3}{2\pi \times 50 \times 220^2}(\tan 18° - \tan 0°)F = 213.6\mu F$$

可见在功率因数已接近于 1 时再继续提高，则所需的电容值是很大的，因此一般不必提高到 1。

*4.8　非正弦周期电压和电流

除了正弦电压和电流外，在不少实际应用中还会遇到这样的电压和电流，他们虽然是周期性变化的，但不是正弦量。例如图 4-44 中所示的矩形波电压、锯齿波电压、三角波电压及全波整流电压。

一个非正弦周期函数，只要满足狄里赫利条件，都可以展开为傅立叶三角级数。设周期函数为 $f(\omega t)$，其角频率为 ω，可以分解为下列傅立叶级数

$$f(\omega t) = A_0 + A_{1m}\sin(\omega t + \varphi_1) + A_{2m}\sin(2\omega t + \varphi_2) + \cdots$$

$$= A_0 + \sum_{k=1}^{\infty} A_{km}\sin(k\omega t + \varphi_k) \qquad (4-62)$$

式中，A_0 是不随时间而变的常数，称为恒定分量或直流分量，也就是一个周期内的平均值；第二项 $A_{1m}\sin(k\omega t + \varphi_k)$ 的频率与非正弦周期函数的频率相同，称为基波或一次谐波；其余各项的频率为周期函数的频率的整数倍，称为高次谐波，例如 $k = 2,3\cdots\cdots$ 的各项，分别称

为二次谐波、三次谐波等等。

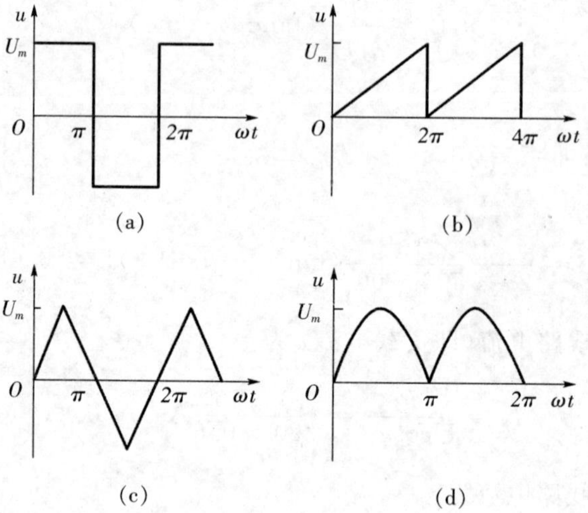

(a)　　(b)

(c)　　(d)

图 4-44　非正弦周期量

(a) 矩形波　(b) 锯齿波　(c) 三角波　(d) 全波整流波形

图 4-44 所示的几种非正弦周期电压的傅立叶级数的展开式分别为

矩形波电压

$$u=\frac{4U_m}{\pi}(\sin\omega t+\frac{1}{3}\sin3\omega t+\frac{1}{5}\sin5\omega t+\cdots)\tag{4-63}$$

锯齿形波电压

$$u=U_m(\frac{1}{2}-\frac{1}{\pi}\sin\omega t-\frac{1}{2\pi}\sin2\omega t-\frac{1}{3\pi}\sin3\omega t-\cdots)\tag{4-64}$$

三角形波电压

$$u=\frac{8U_m}{\pi^2}(\sin\omega t-\frac{1}{9}\sin3\omega t+\frac{1}{25}\sin5\omega t-\cdots)\tag{4-65}$$

全波整流电压

$$u=\frac{2U_m}{\pi}(1-\frac{2}{3}\cos2\omega t-\frac{2}{15}\cos4\omega t-\cdots)\tag{4-66}$$

从上述四例可以看出，各次谐波的幅值是不等的，频率愈高，则幅值愈小。这说明傅立叶级数具有收敛性。恒定分量（如果有的话）、基波及接近基波的高次谐波是非正弦周期量的主要组成部分。读者可试用所得级数的前三项去绘制一下 $f(\omega t)$ 的曲线，看它和实际波形相差多少。

非正弦周期电流 i 的有效值也是用

$$I=\sqrt{\frac{1}{T}\int_0^T i^2\,\mathrm{d}t}$$

计算。经计算后得出

$$I=\sqrt{I_0^2+I_1^2+I_2^2+\cdots} \tag{4-67}$$

式中

$$I_1=\frac{I_{1m}}{\sqrt{2}},\ I_2=\frac{I_{2m}}{\sqrt{2}},\cdots$$

各为基波、二次谐波等的有效值。因为它们本身都是正弦波，所以有效值等于各相应幅值的$\frac{1}{\sqrt{2}}$。

同理，非正弦周期电压 u 的有效值为

$$U=\sqrt{U_0^2+U_1^2+U_2^2+\cdots} \tag{4-68}$$

【例 4-18】　图 4-45 是一可控半波整流电压的波形，在$\frac{\pi}{3}\sim\pi$之间是正弦波，求其平均值和有效值。

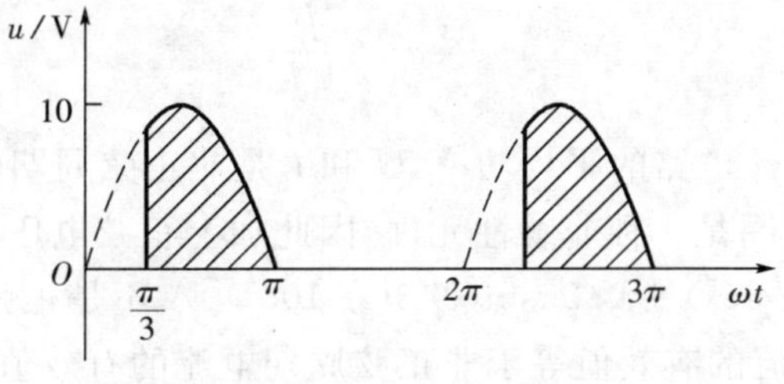

图 4-45　例 4-18 图

【解】　平均值：

$$U_0=\frac{1}{2\pi}\int_{\frac{\pi}{3}}^{\pi}u\,\mathrm{d}(\omega t)$$

$$=\frac{1}{2\pi}\int_{\frac{\pi}{3}}^{\pi}10\sin\omega t\,\mathrm{d}(\omega t)=2.39\mathrm{V}$$

有效值：

$$U=\sqrt{\frac{1}{2\pi}\int_{\frac{\pi}{3}}^{\pi}u^2\,\mathrm{d}(\omega t)}=\sqrt{\frac{1}{2\pi}\int_{\frac{\pi}{3}}^{\pi}10^2\sin^2\omega t\,\mathrm{d}(\omega t)}=4.49\mathrm{V}$$

计算非正弦周期电流电路中的平均功率和在正弦交流电路中一样，也可用下式

$$P=\frac{1}{T}\int_0^T p\,\mathrm{d}t=\frac{1}{T}\int_0^T ui\,\mathrm{d}t \tag{4-69}$$

设非正弦周期电压和非正弦周期电流如下

$$u = U_0 + \sum_{k=1}^{\infty} U_{km}\sin(k\omega t + \psi_k)$$

$$i = I_0 + \sum_{k=1}^{\infty} I_{km}\sin(k\omega t + \psi_k - \varphi_k)$$

经过计算,式(4-69)所表示的平均功率为

$$\begin{aligned} P &= U_0 I_0 + \sum_{k=1}^{\infty} U_k I_k \sin\psi_k = P_0 + \sum_{k=1}^{\infty} P_k \\ &= P_0 + P_1 + P_2 + \cdots \end{aligned} \tag{4-70}$$

可见,非正弦周期电流的电路中的平均功率等于恒定分量和各正弦谐波分量的平均功率之和。

为了便于分析和计算,通常可将非正弦周期函数电压和电流用等效正弦电压和电流来代替。等效的条件是:等效正弦量的有效值应等于已知非正弦周期量的有效值,等效正弦量的频率应等于非正弦周期量基波的频率,用等效正弦量代替非正弦周期电压和电流后,其功率必须等于电路的实际功率。这样等效代替之后,就可以用相量表示。等效正弦电压和电流之间的相位差应由下式确定

$$\cos\varphi = \frac{P}{UI} \tag{4-71}$$

式中,P 是非正弦周期电流电路的平均功率,U 和 I 是非正弦周期电流电路的有效值。

【例 4-19】 铁心线圈是一种非线性元件,因此加上正弦电压 $u = 311\sin 314t\,\text{V}$ 后,其中电流 $i = [0.8\sin(314t - 85°) + 0.25\sin(942t - 105°)]\text{A}$ 不是正弦量。试求等效正弦电流。

【解】 等效正弦电流的有效值等于非正弦周期电流的有效值,即

$$I = \sqrt{\left(\frac{0.8}{\sqrt{2}}\right)^2 + \left(\frac{0.25}{\sqrt{2}}\right)^2}\,\text{A} = 0.593\text{A}$$

平均功率为

$$P = U_1 I_1 \cos\varphi_1 = \frac{311}{\sqrt{2}} \times \frac{0.8}{\sqrt{2}} \cos 85°\,\text{W} = 10.8\text{W}$$

等效正弦电流与正弦电压之间的相位差为

$$\varphi = \arccos\frac{P}{UI} = \arccos\frac{10.8}{\frac{311}{\sqrt{2}} \times 0.593} = 85.2°$$

所以等效正弦电流为

$$i = \sqrt{2} \times 0.593\sin(314 - 85.2°)\,\text{A}$$

习　题

一、选择题

1. 在正弦交流电路中电感元件的电压与电流的关系为(　　)。

(A)$u = iX_L$　　(B)$u = L\dfrac{di}{dt}$　　(C)$i = L\dfrac{du}{dt}$

2. 在正弦交流电路中电容元件的电压与电流的关系为(　　)。

(A)$u = -iX_C$　　(B)$u = \dfrac{1}{C}\int i dt$　　(C)$u = C\dfrac{di}{dt}$

3. 感性电路的阻抗表达式为(　　)。

(A)$Z = R + X_L$　　(B)$Z = R + jX_L$　　(C)$Z = \sqrt{R^2 + X_L^2}$

4. 容性电路的阻抗表达式为(　　)。

(A)$Z = R - X_C$　　(B)$Z = R - jX_C$　　(C)$Z = \sqrt{R^2 - X_C^2}$

5. 在直流电路中,(　　)。

(A) 感抗为 0,容抗为 ∞　　(B) 感抗为 ∞,容抗为 0

(C) 感抗和容抗均为 0　　(D) 容抗为 ∞,没有电感 L

6. 在下列表达式中正确的是(　　)。

(A)$i = 4\sin(\omega t - 60°) = 4e^{-j60°}$　　(B)$i = 4\sin(\omega t - 60°) = \dfrac{4}{\sqrt{2}}\angle -60°$

(C)$i = \dfrac{4}{\sqrt{2}}e^{-j60°}$　　(D)$I = \dfrac{4}{\sqrt{2}}\angle -60°$　　(E)$\dot{I} = \dfrac{4}{\sqrt{2}}\angle -60°$

7. 在下列表达式中正确的是(　　)。

(A) $\dfrac{u_C}{i_C} = X_C$　　(B) $\dfrac{u_C}{i_C} = -jX_C$　　(C) $\dfrac{U_C}{I_C} = -jX_C$　　(D) $\dfrac{\dot{U}_C}{\dot{I}_C} = -jX_C$

8. 在下列表达式中正确的是(　　)。

(A) $\dfrac{u}{i} = z = \sqrt{R^2 + X^2}$　　(B) $\dfrac{U}{I} = Z = R + jx$

(C) $\dfrac{U}{I} = Z = \sqrt{R^2 + X^2}$　　(D) $\dfrac{\dot{U}}{\dot{I}} = Z = R + jX = z\angle\varphi$

9. 在下列表达式中正确的是(　　)。

(A)$P = P_1 + P_2 = I_1^2 R_1 + I_2^2 R_2$　　(B)$Q = Q_1 + Q_2 = I_1^2 X_L + I_2^2 X_C$

(C)$S = S_1 + S_2 = U_1 I_1 + U_2 I_2$　　(D)$S = I_1^2 z_1 + I_2^2 z_2$

10. 在图题所示电路中,电流表的读数为 10A,电压表的读数为 100V,开关 S 接通和断开时两表读数不变,可以判定(　　)。

(A) 电容器坏了　　(B)$X_C = X_L$

(C)$X_C = \dfrac{1}{2}X_L$　　(D)$X_C = 2X_L$

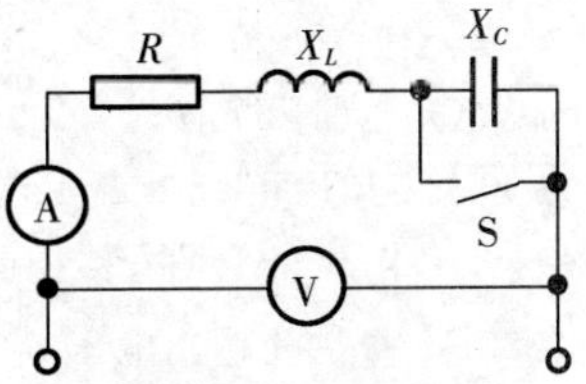

图 4-46　图题 10

二、计算题

4-1　图 4-47 所示的是时间 $t=0$ 时电压和电流的相量图，并已知 $U=220\text{V}, I_1=10\text{A}, I_2=5\sqrt{2}\text{A}$，试分别用三角函数式及复数式表示各正弦量。

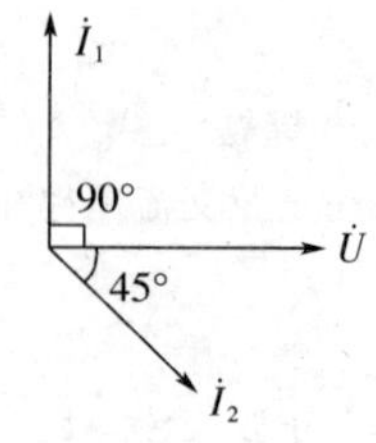

图 4-47　习题 4-1 图

4-2　已知正弦量 $\dot{U}=220e^{j30^\circ}V$ 和 $\dot{I}=(-4-j3)\text{A}$，试分别用三角函数式、正弦波形及相量图表示它们。如 $\dot{I}=(-4+j3)\text{A}$，则又如何？

4-3　已知通过线圈的电流 $i=10\sqrt{2}\sin 314t\text{A}$，线圈的电感 $L=70\text{mH}$（电阻忽略不计），设电源电压 u、电流 i 及感应电动势 e_L 的参考方向如图 4-48 所示，试分别计算在 $t=T/6, t=T/4, t=T/2$ 瞬间的电流、电压及电动势的大小，并在电路图上标出它们在该瞬间的实际方向，同时用正弦波形表示出三者之间的关系。

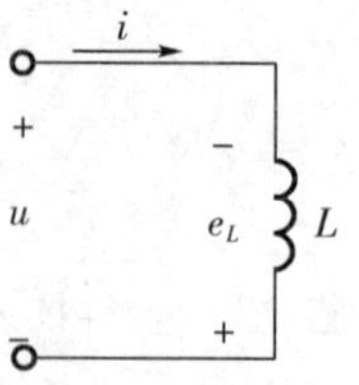

图 4-48　习题 4-3 图

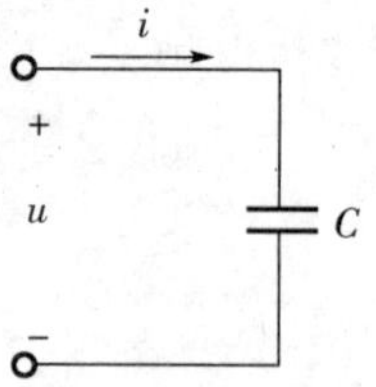

图 4-49　习题 4-4 图

4-4　在电容为 $64\mu\text{F}$ 的电容器两端加一正弦电压 $u=220\sqrt{2}\sin\omega t\text{V}$，设电压和电流的参考方向如图 4-49 所示，试计算在 $t=T/6, t=T/4, t=T/2$ 瞬间的电流和电压的大小。

4-5　有一 CJ10—10A 交流接触器，其线圈数据为 380V、30mA、50Hz，线圈电阻 1.6kΩ，试求线圈电感。

4-6　一个线圈接在 $U=120\text{V}$ 的直流电源上，$I=20\text{A}$；若接在 $f=50\text{Hz}, U=220\text{V}$ 的交流电源上，则 $I=28.2\text{A}$。试求线圈电阻及功率因数。

4-7　有一 JZ7 型中间继电器，其线圈数据为 380V、50Hz，线圈电阻 2kΩ，线圈电感 43.3H，试求线圈电流及功率因数。

4-8　日光灯管与镇流器串联接到交流电压上，可看作为 R,L 串联电路。如已知某灯管的等效电阻 $R_1=280\Omega$，镇流器的电阻和电感分别为 $R_2=20\Omega$ 和 $L=1.65\text{H}$，电源电压 $U=220\text{V}$，试求电路中的电流和灯管两端与镇流器上的电压。这两个电压加起来是否等于 220V？电源频率为 50Hz。

4-9　无源二端网络（图 4-50）输入端的电压和电流为

$$u=220\sqrt{2}\sin(314t+20^\circ)\text{V}$$

$$i=4.4\sqrt{2}\sin(314t-33^\circ)\text{A}$$

试求此二端网络由两个元件串联的等效电路和元件的参数值，并求二端网络的功率因数及输入的有功功率和无功功率。

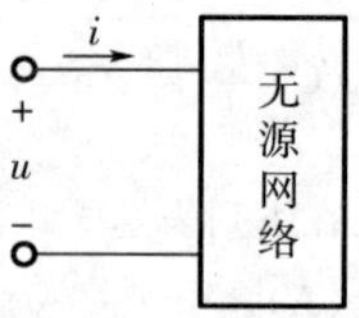

图 4-50　习题 4-9 图

4-10　有一 RC 串联电路，电源电压为 u，电阻和电容上的电压分别为 u_R 和 u_C，已知电路阻抗模为 2 000Ω，频率为 1 000Hz，并设 u 和 u_C 之间的相位差为 30°，试求 R 和 C，并说明在相位上 u_C 和 u 超前还是滞后。

4-11　图 4-51 是一移相电路。如果 $C=0.01\mu\text{F}$，输入电压 $u_1=\sqrt{2}\sin 6280t\text{V}$，今欲使输出电压 u_2 在相位上前移 60°，问应配多大的电阻 R？此时输出电压的有效值 U_2 等于多少？

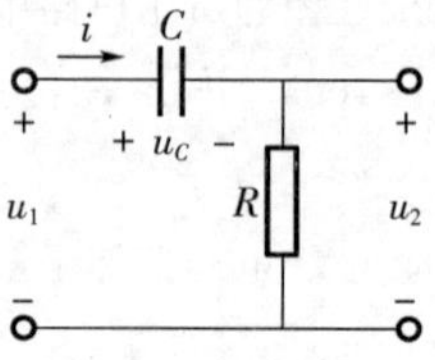

图 4-51　习题 4-11 图

4-12　图 4-52 是一移相电路。已知 $R=100\Omega$，输入信号频率为 500Hz。如果输出电压 u_2 与输入电压 u_1 间的相位差为 45°，试求电容值。同上题比较，u_2 与 u_1 在相位上(滞后和超前)有何不同？

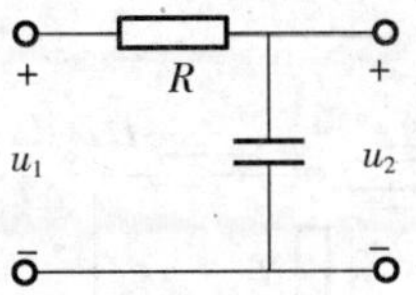

图 4-52　习题 4-12 图

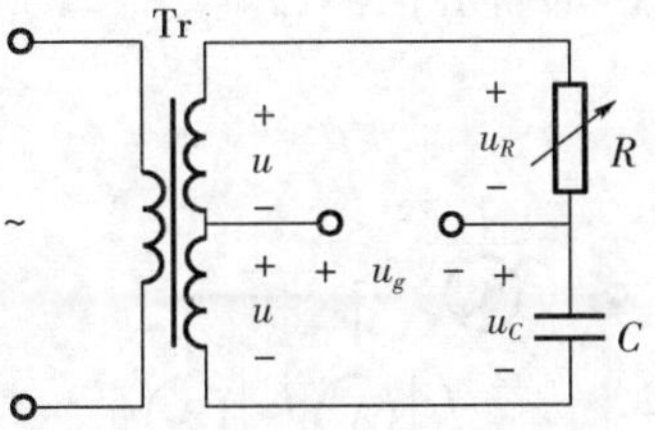

图 4-53　习题 4-13 图

4-13　图 4-53 所示的是桥式移相电路。当改变电阻 R 时，可改变控制电压 u_g 与电源电压 u 之间的相位差 θ，但电压 u_g 的有效值是不变的，试证明之。图中的 T_r 是一变压器。

4-14　有一 220V、600W 的电炉，不得不用在 380V 的电源上。欲使电炉的电压保持在 220V 的额定值，(1) 应和它串联多大的电阻？(2) 或应和它串联感抗为多大的电感线圈(其电阻可忽略不计)？(3) 从效率和功率因数上比较上述两法。串联电容器是否也可以？

4-15　在图 4-54 所示的各电路中，除 A_0 和 V_0 外，其余电流表和电压表的读数在图上都已标出(都是正弦量的有效值)，试求电流表 A_0 或电压表 V_0 的读数。

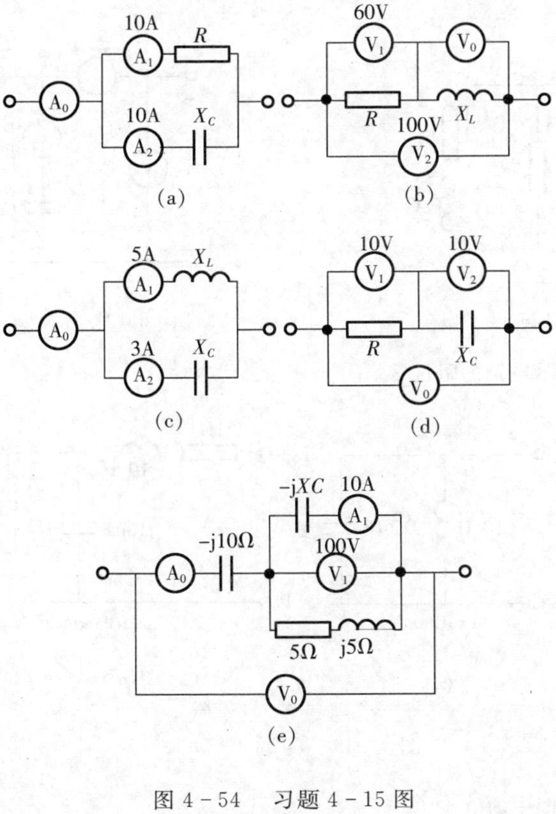

图 4-54　习题 4-15 图

4-16　在图 4-55 中，电流表 A_1 和 A_2 的读数分别为 $I_1=3A$，$I_2=4A$。(1) 设 $Z_1=R$，$Z_2=-jX_C$，

则电流表 A_0 的读数应为多少?(2) 设 $Z_1 = R$,问 Z_2 为何种参数才能使电流表 A_0 的读数最大?此读数应为多少?(3) 设 $Z_1 = jX_L$,问 Z_2 为何种参数才能使电流表 A_0 的读数最小?此读数应为多少?

4-17　图 4-56 所示电路,已知 $U = 200\text{V}, I_1 = 10\text{A}, I_2 = 10\sqrt{2}\text{A}, R_1 = 10\Omega, R_2 = X_L$。试求:$I, X_C, R_2, X_L$。

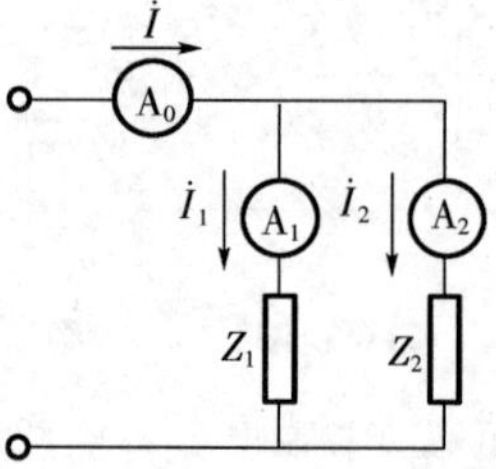

图 4-55　习题 4-16 图

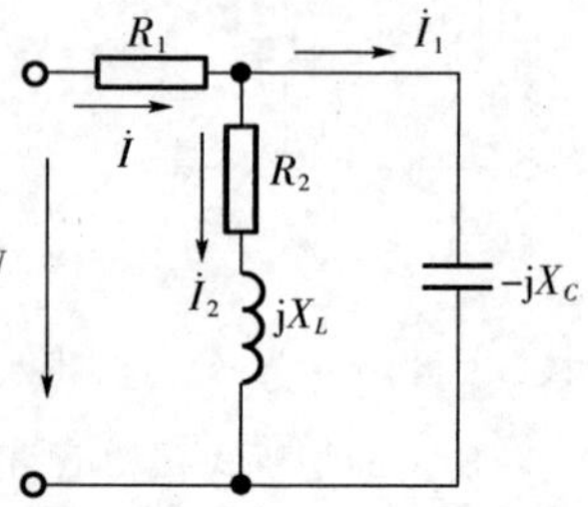

图 4-56　习题 4-17 图

4-18　图 4-57 所示电路,已知 $U = 220\text{V}, X_1 = 10\sqrt{3}\Omega, R_1 = 10\Omega, R_2 = 20\Omega$。试求:各个电流和平均功率。

4-19　在图 4-58 电路中,已知 $u = 220\sqrt{2}\sin 314t\text{V}, i_1 = 22\sin(314t - 45°)\text{A}, i_2 = 11\sqrt{2}\sin(314t + 90°)\text{A}$,试求各仪表读数及电路参数 R, L 和 C。

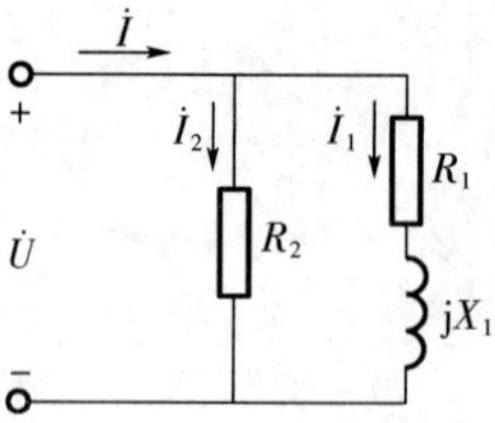

图 4-57　习题 4-18 图

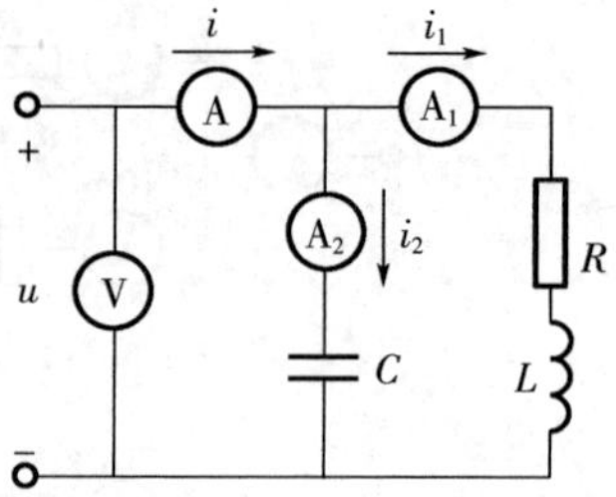

图 4-58　习题 4-19 图

4-20　求图 4-59 所示电路的阻抗 Z_{ab}。

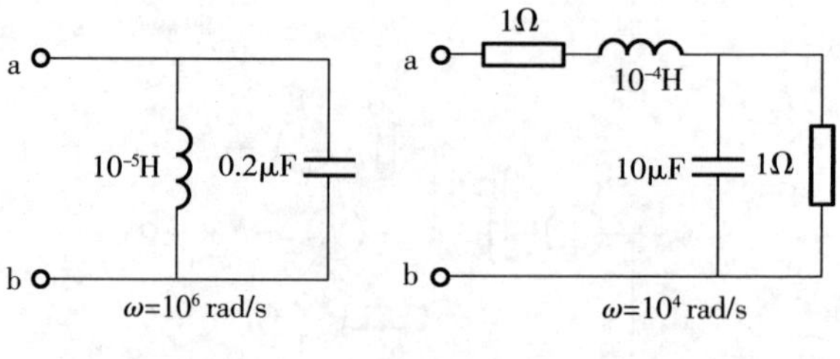

(a)　(b)

图 4-59　习题 4-20 图

4-21　求图 4-60 两图中的电流 $\dot{I}$。

4-22　计算上题中理想电流源两端的电压。

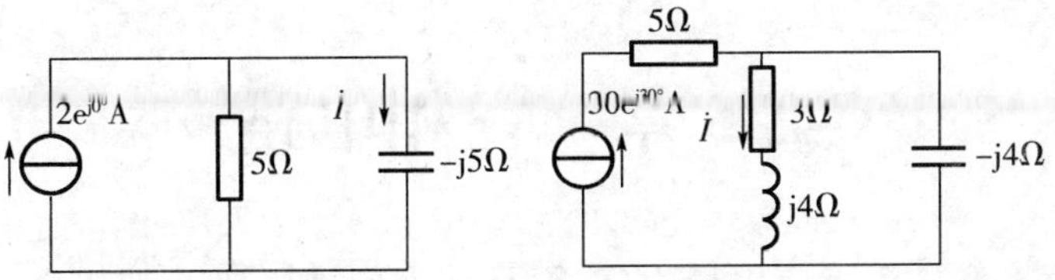

(a)　　　　　　　　　　(b)

图 4-60　习题 4-21 图

4-23　在图 4-61 所示的电路中，已知 $\dot{U}_C = 1\angle 0°$ V，求 $\dot{U}_0$。

4-24　在图 4-62 所示的电路中，已知 $U_{ab} = U_{bc}$，$R = 10\Omega$，$X_C = \dfrac{1}{\omega C} = 10\Omega$，$Z_{ab} = R + jX_L$。试求 $\dot{U}$ 和 $\dot{I}$ 同相时 Z_{ab} 等于多少？

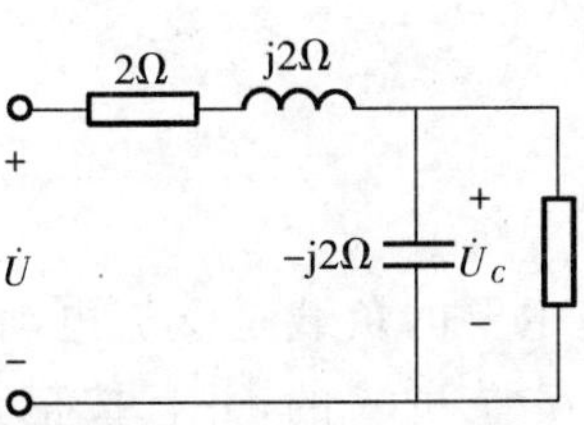

图 4-61　习题 4-23 图

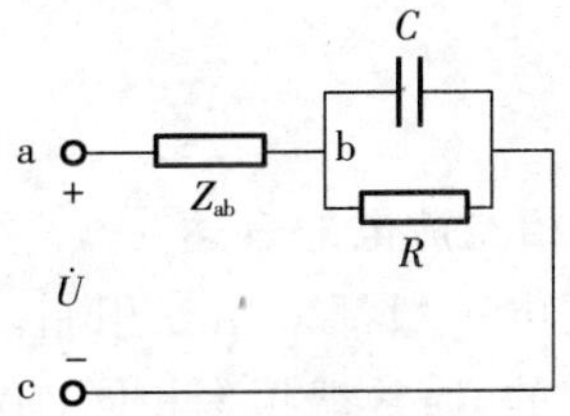

图 4-62　习题 4-24 图

4-25　某收音机输入电路的电感约为 0.3mH，可变电容器的调节范围为 25 ～ 360pF。试问能否满足收听中波段 535 ～ 1 605kHz 的要求。

4-26　有一 R,L,C 串联电路，它在电源频率 f 为 500Hz 时发生谐振。谐振时电流 I 为 0.2A，容抗 X_C 为 314Ω，并测得电容电压 U_C 为电源电压 U 的 20 倍。试求该电路的电阻 R 和电感 L。

4-27　有一 R,L,C 串联电路，接于频率可调的电源上，电源电压保持在 10V，当频率增加时，电流从 10mA(500Hz) 增加到最大值 60mA(1 000Hz)。试求：(1) 电阻 R，电感 L 和电容 C 的值；(2) 在谐振时，电容器两端的电压 U_C；(3) 谐振时磁场中和电场中的所储的最大能量。

4-28　在图 4-63 所示的电路中，$R_1 = 5\Omega$。调节电容 C 值使电路发生并联谐振，并此时测得：$I_1 = 10$A，$I_2 = 6$A，$U_Z = 113$V，电路总功率 $P = 1\,140$W。求阻抗 Z。

4-29　今有 40W 的日光灯一盏，使用时灯管与镇流器(可近似地把镇流器看作纯电感) 串联在电压为 220V，频率为 50Hz 的电源上。已知灯管工作时属于纯电阻负载，灯管两端的电压等于 110V，试求镇流器的感抗与电感。这时电路的功率因数等于多少？若将功率因数提高到 0.8，问应并联多大电容。

4-30　有一电容元件，$C = 0.01\mu$F，在其两端加一三角波形的周期电压如图 4-64(b) 所示，(1) 求电流 i；(2) 作出 i 的波形；(3) 计算 i 的平均值及有效值。

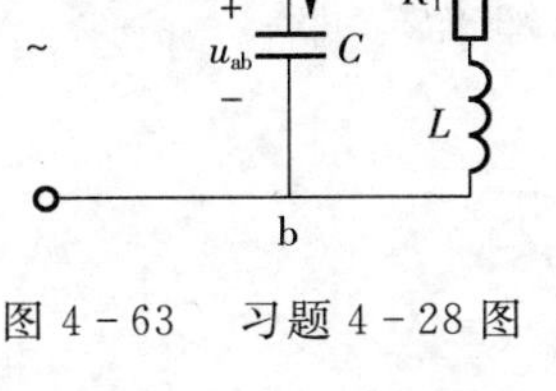

图 4-63　习题 4-28 图

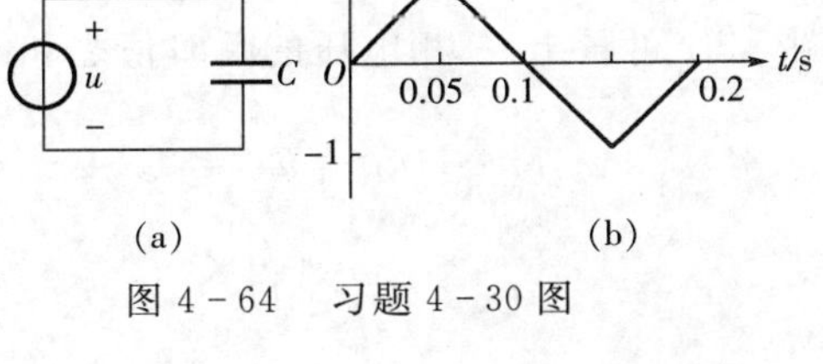

(a)　　　　　　　　　(b)

图 4-64　习题 4-30 图

第5章　三相电路

三相电路在生产和生活上应用最为广泛，目前人们难以离开三相交流电了。2008年中国局部地区先后发生了罕见的雪灾和地震灾害，灾区的输电系统损毁严重，使供电、供水、通讯和运输等几乎瘫痪，给救援工作带来极大的困难，造成了人民生命和财产的重大损失。所以学好三相电路的意义是不言而喻的。本章介绍了三相电源的产生、三相电源及三相负载的联接方式。

5.1　三相交流电

5.1.1　三相交流电的表达

发电和输配电一般都采用三相制。在用电方面最主要的负载是交流电动机，而交流电动机多数是三相的。通常把频率相同、幅值相等、相位互差120°的，并且按正弦规律变化的三个电动势、电压或电流，统称为对称三相交流电，简称三相交流电。这三相交流电通常用A相、B相和C相来区分。

若以A相电压作为参考相量（初相等于零），则对称三相电压的瞬时值，即三角函数表达式为

$$\begin{cases} u_A = U_m \sin\omega t \\ u_B = U_m \sin(\omega t - 120^\circ) \\ u_C = U_m \sin(\omega t - 240^\circ) = U_m \sin(\omega t + 120^\circ) \end{cases} \tag{5-1}$$

三相电压也可用相量表达为

$$\begin{cases} \dot{U}_A = U\angle 0^\circ = U \\ \dot{U}_B = U\angle -120^\circ = U\left(-\dfrac{1}{2} - \mathrm{j}\dfrac{\sqrt{3}}{2}\right) \\ \dot{U}_C = U\angle 120^\circ = U\left(-\dfrac{1}{2} + \mathrm{j}\dfrac{\sqrt{3}}{2}\right) \end{cases} \tag{5-2}$$

三相电压如用正弦波形图和相量图表示，则如图5-1(a)、(b)所示。

从图5-1可看出，三相电压的瞬时值之和或相量之和都等于零，即

$$u_A + u_B + u_C = 0 \tag{5-3}$$

$$\dot{U}_A + \dot{U}_B + \dot{U}_C = 0 \tag{5-4}$$

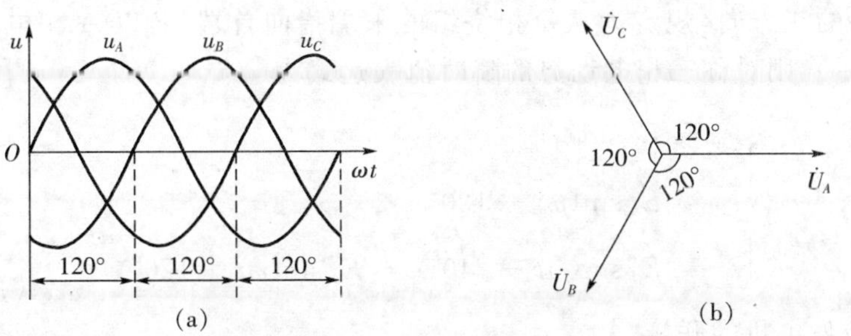

图 5-1　三相电压的正弦波形图及相量图

(a) 三相电压的正弦波形图　(b) 三相电压的相量图

5.1.2　三相交流电的产生与联接

1. 三相交流电的产生

三相对称交流电是由三相交流发电机产生。三相交流发电机的结构示意图如图 5-2(a) 所示，其基本结构主要由定子和转子两部分组成。

定子是三相交流发电机的固定不动的部分，也称为电枢，主要由定子铁心和定子绕组构成。定子铁心由彼此绝缘的硅钢片叠成一定长度的圆筒形，其内圆周表面冲有槽，在槽中安装了三相定子绕组 AX、BY、CZ，每相绕组的匝数、形状等都相同，每相绕组的首端分别标记 A、B、C，对应末端分别标记 X、Y、Z，绕组的首端间，或末端间都彼此相隔 120° 空间角。图 5-2(b) 是其中 A 相绕组的示意图及其中电动势的正方向。

转子是三相交流发电机的转动的部分，也称为磁极，主要由转子铁心和转子励磁绕组构成。励磁绕组采用直流电励磁，在转子未旋转的情况下，其磁场是静止的。选择合适的磁极极面的形状和励磁绕组的布置情况，可使空气隙中的磁感应强度沿电枢内圆周表面按正弦规律分布。

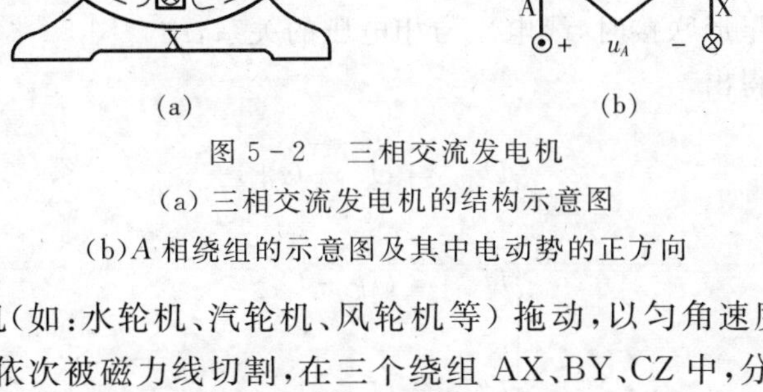

图 5-2　三相交流发电机

(a) 三相交流发电机的结构示意图

(b) A 相绕组的示意图及其中电动势的正方向

当转子由原动机(如:水轮机、汽轮机、风轮机等)拖动，以匀角速度 ω 按顺时针方向旋转时，每相定子绕组依次被磁力线切割，在三个绕组 AX、BY、CZ 中，分别产生频率相同、幅值相等、相位互差 120° 的三个正弦电动势，分别用 e_A、e_B、e_C 表示，称为对称三相电动势。

每相电动势的正方向，规定为从每相绕组的末端指向首端。若以 A 相电动势作为参考相量(初相等于零)，则对称三相电动势的瞬时值表达式为

$$\begin{cases} e_A = E_m \sin\omega t \\ e_B = E_m \sin(\omega t - 120°) \\ e_C = E_m \sin(\omega t - 240°) = E_m \sin(\omega t + 120°) \end{cases} \tag{5-5}$$

2. 三相交流发电机的联接

(1) 三相交流发电机的星形联接

将三相交流发电机三相绕组的三个末端 X、Y、Z 接成一点，称该联接点为中性点或零点，用字母 N 表示，从中性点引出的导线，称为中性线或零线，用 N 表示。从三相绕组的三个首端 A、B、C 分别引出的三根导线，称为相线或端线，俗称火线，分别称为 A、B、C 三相，在电力母线中通常分别用黄、绿、红颜色标出，中性线则用黑色线标出。三相交流发电机的星形联接，如图 5-3 所示。

三相交流电，出现正幅值或相应零值的顺序称为相序。在此，相序是 $A \rightarrow B \rightarrow C$。

三相交流电有线电压和相电压之分。三相交流发电机任意两绕组首端间的电压，即两端线间的电压，称为线电压，其有效值分别用 U_{AB}、U_{BC}、U_{CA} 表示，或一般都用 U_l 表示。每相绕组首、末端间的电压，即端线与中性线间的电压，称为相电压，其有效值分别用 U_A、U_B、U_C 表示，或一般都用 U_p 表示。线电压与相电压的正方向的选择，如图 5-4 所示。

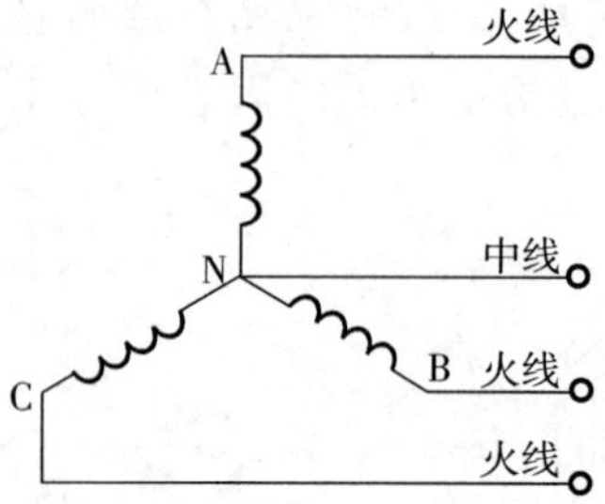

图 5-3 三相交流发动机的星形联接

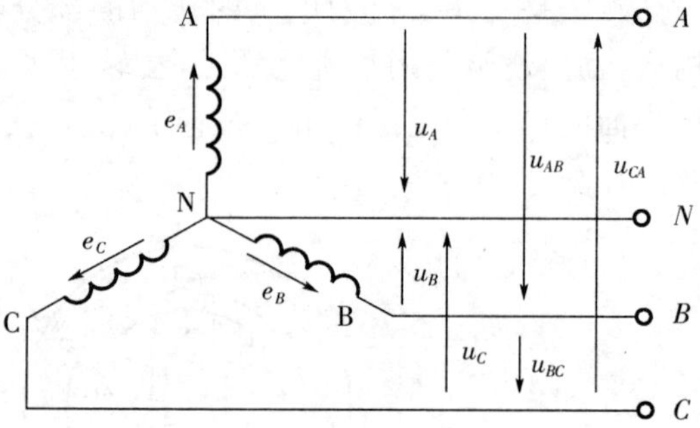

图 5-4 线电压与相电压的正方向

三相交流发电机星形联接时，线电压与相电压的关系，结合图 5-4 和选定的参考方向，根据基尔霍夫定律可得出

$$\begin{cases} \dot{U}_{AB} = \dot{U}_A - \dot{U}_B \\ \dot{U}_{BC} = \dot{U}_B - \dot{U}_C \\ \dot{U}_{CA} = \dot{U}_C - \dot{U}_A \end{cases} \tag{5-6}$$

由式(5-6)可作出相电压和线电压的相量图,如图5-5所示。由图5-5可得出,线电压与相电压有效值间的大小关系为

$$\frac{1}{2}U_l = U_p\cos30^\circ = \frac{\sqrt{3}}{2}U_p$$

即 $$U_l = \sqrt{3}U_p \tag{5-7}$$

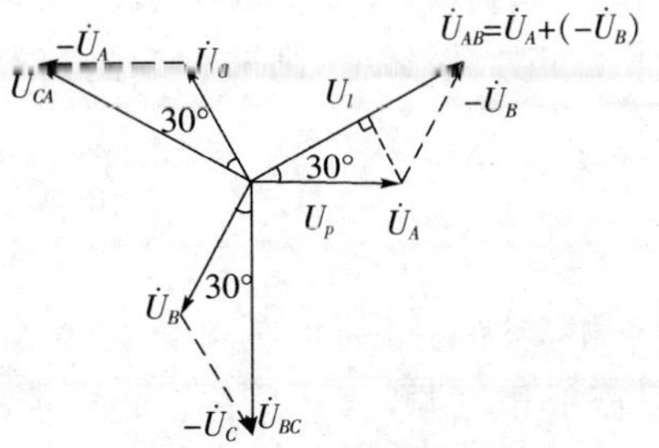

图5-5　三相交流发电机星形联接时相电压和线电压的相量图

线电压在相位上比相应的相电压超前30°,因此,线电压与相电压的相量关系为

$$\begin{cases}\dot{U}_{AB} = \sqrt{3}\dot{U}_A\angle 30^\circ \\ \dot{U}_{BC} = \sqrt{3}\dot{U}_B\angle 30^\circ \\ \dot{U}_{CA} = \sqrt{3}\dot{U}_C\angle 30^\circ\end{cases} \tag{5-8}$$

由于三相相电压是对称的,由式(5-8)可知,其三相线电压也是对称的。

三相交流发电机(或三相电力变压器)的三相绕组联接成星形时,可以提供两种不同的供配电电压,在我国低压供配电系统中,线电压大都为380V,供给三相异步电动机等额定电压为380V的负载使用,相电压大部分为220V,供给日光灯、节能灯等额定电压为220V的负载使用。

(2)三相交流发动机的三角形联接

将三相交流发电机三相绕组的首端与末端依次相联,构成闭合回路,然后从三个联接点引出三根火线。

三相交流发电机的三角形联接,如图5-6所示。

由图5-6可得出,三相交流发电机构成三角形联接时,线电压就是相应的相电压,线电压有效值与相电压有效值间的关系为

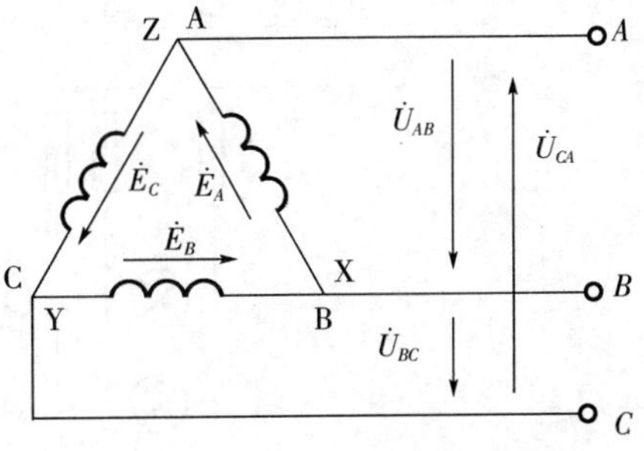

图5-6　三相交流发电机的三角形联接

$$U_l = U_p \tag{5-9}$$

线电压在相位上与相应的相电压同相,因此,线电压与相电压的相量关系为

$$\begin{cases}\dot{U}_{AB} = \dot{U}_A \\ \dot{U}_{BC} = \dot{U}_B \\ \dot{U}_{CA} = \dot{U}_C\end{cases} \tag{5-10}$$

在实际中，三相交流发电机的三相绕组很少联接成三角形，通常都接成星形，而三相电力变压器的三相绕组，则两种接法都有。有关三相电力变压器将在相关的后续课程中介绍。

5.2 负载星形联结的三相电路

三相交流电路的负载可分为单相负载和三相负载。日光灯和节能灯、电视机等家用电器，只需单相电源，通常是在三相交流电中任取一相线和零线作为单相供电电源，这些使用单相电源的负载，称为单相负载。另一些负载，如三相交流电动机、大功率电热器等，需接上三相电压才能正常工作，这类负载称为三相负载。

三相电路中负载的连接方法有星形联结和三角形联结两种，本节讨论负载的星形联结。

图5-7所示的是三相四线制电路，设其线电压为380V。负载如何连接，应视其额定电压而定。通常电灯(单相负载)的额定电压为220V，因此要接在相线与中性线之间。电灯负载是大量使用的，不能集中接在某一相中，从总的线路来说，应当将它们尽量均匀地分配在各相之中，如图5-7所示。电灯的这种联结法称为星形联结。至于其他单相电动机、电炉、继电器吸引线圈等单相负载，该接在相线之间还是相线与中性线之间，应视额定电压是380V还是220V而定。如果有的负载的额定电压不等于220V和380V，则需用变压器。例如机床照明灯的额定电压为36V，就要用一个380V/36V的降压变压器。

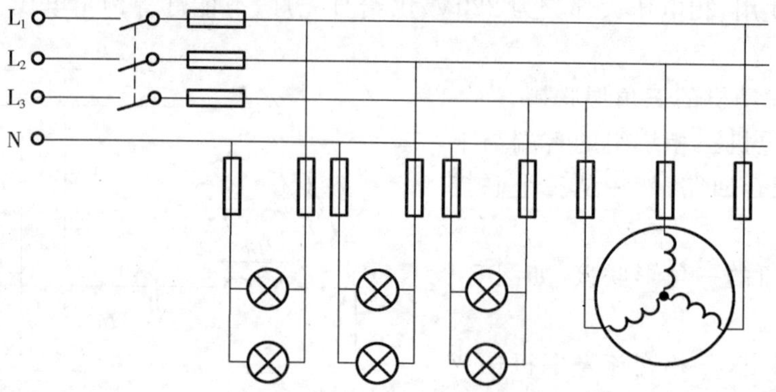

图5-7 电灯与电动机的星形联结

三相电动机的三个接线端总是与电源的三根相线相连。但电动机本身的三相绕组可以连成星形或三角形。它的连接方法在铭牌上标出，例如380V/Y联结或380V/△联结。

负载星形联结的三相四线制电路一般可用图5-8所示的电路表示。每相负载的阻抗模分别为$|Z_A|$，$|Z_B|$和$|Z_C|$。电压和电流的参考方向都已在图中标出。

三相电路中的电流也有相电流与线电流之分。每相负载中的电流称为相电流I_p，每根相线中的电流称为线电流I_l。在负载为星形联结时，显然，相电流等于线电流，即

$$I_p = I_l \tag{5-11}$$

对三相电路应该一相一相计算。

设电源相电压 $\dot{U}_A$ 为参考正弦量，则得

$$\dot{U}_A = U_A \angle 0°,\quad \dot{U}_B = U_B \angle -120°,\quad \dot{U}_C = U_C \angle 120°$$

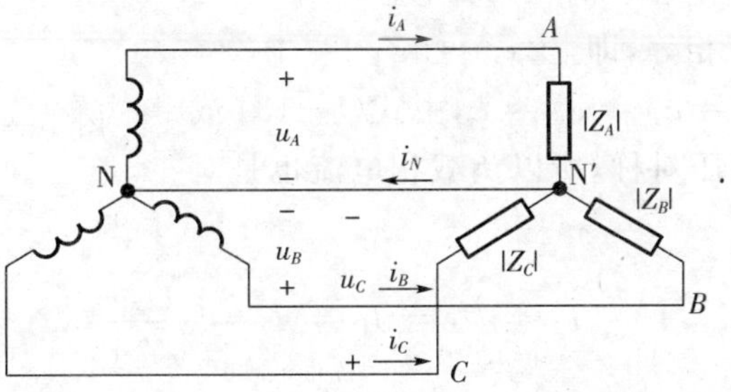

图 5-8　负载星形联结的三相四线制电路

图 5-8 的电路中，电源相电压即为每相负载电压。于是每相负载中的电流可分别求出，即

$$\begin{cases} \dot{I}_A = \dfrac{\dot{U}_A}{Z_A} = \dfrac{U_A \angle 0°}{|Z_A| \angle \varphi_A} = I_A \angle -\varphi_A \\ \dot{I}_B = \dfrac{\dot{U}_B}{Z_B} = \dfrac{U_B \angle -120°}{|Z_B| \angle \varphi_B} = I_B \angle -120° - \varphi_B \\ \dot{I}_C = \dfrac{\dot{U}_C}{Z_C} = \dfrac{U_C \angle 120°}{|Z_C| \angle \varphi_C} = I_C \angle 120° - \varphi_C \end{cases} \tag{5-12}$$

式中，每相负载中电流的有效值分别为

$$I_A = \frac{U_A}{|Z_A|},\quad I_B = \frac{U_B}{|Z_B|},\quad I_C = \frac{U_C}{|Z_C|} \tag{5-13}$$

各相负载的电压与电流之间的相位差分别为

$$\varphi_A = \arctan\frac{X_A}{R_A},\quad \varphi_B = \arctan\frac{X_B}{R_B},\quad \varphi_C = \arctan\frac{X_C}{R_C} \tag{5-14}$$

中性线中的电流可以按照图 5-8 中所选定的参考方向，应用基尔霍夫电流定律得出，即

$$\dot{I}_N = \dot{I}_A + \dot{I}_B + \dot{I}_C \tag{5-15}$$

电压和电流的相量图如图 5-9 所示。作相量图时，先画出以 $\dot{U}_A$ 为参考相量的电源相电

压 $\dot{U}_A,\dot{U}_B,\dot{U}_C$ 的相量图；而后逐相按照式(5－13) 和式(5－14) 画出各相电流 $\dot{I}_A,\dot{I}_B,\dot{I}_C$ 的相量图；再由式(5－15) 画出中性线电流 $\dot{I}_N$ 的相量图。

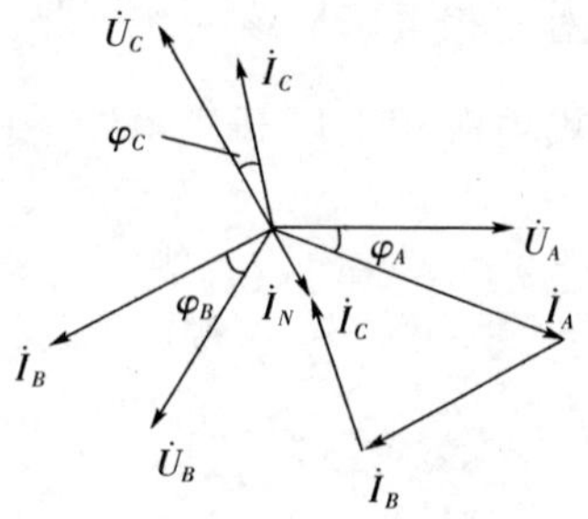

图 5－9　负载星形联结时电压和电流的相量图

现在来讨论图 5－8 所示电路中负载对称的情况。所谓负载对称，就是指各相阻抗相等，即 $Z_A = Z_B = Z_C = Z$ 或阻抗模和相位角相等，即 $|Z_A| = |Z_B| = |Z_C| = |Z| = R + jX$ 和 $\varphi_A = \varphi_B = \varphi_C = \varphi$，由式(5－13) 或(5－14) 可见，因为相电压对称，所以负载相电流也是对称的，即

$$I_A = I_B = I_C = I_p = \frac{U_p}{|Z|}$$

$$\varphi_A = \varphi_B = \varphi_C = \varphi = \arctan\frac{X}{R}$$

因此，这时中性线电流等于零，即

$$\dot{I}_N = \dot{I}_A + \dot{I}_B + \dot{I}_C = 0$$

相电压和相电流的相量图如图 5－10 所示。

中性线中既然没有电流通过，中性线就不需要了。因此图 5－8 所示的电路就变为图 5－11 所示的电路，这就是三相三线制电路。三相三线制电路在生产上的应用特别广泛，因为生产上通常所见的三相电动机的三相负载一般都是对称的。

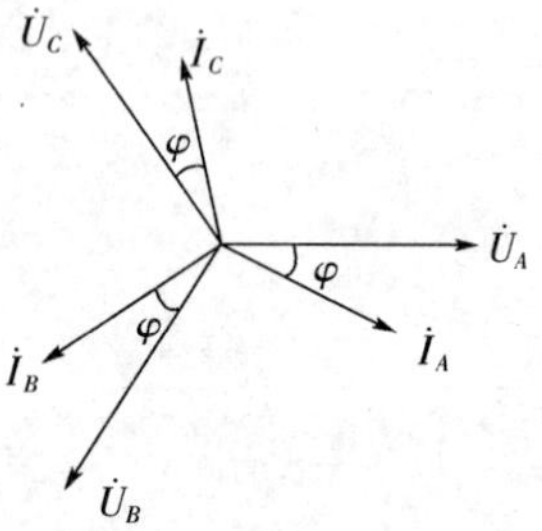

图 5－10　对称负载星形联结时相电压和相电流的相量图

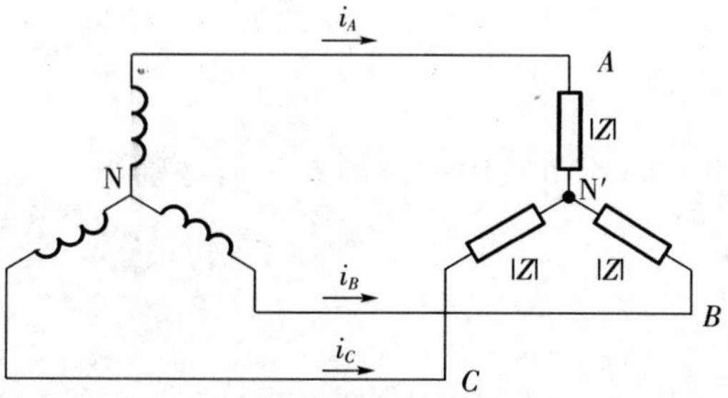

图 5－11　对称负载星形联结的三相三线制电路

【例 5－1】　星形联接的对称三相四线制电路，已知线电压 $U_l = 380\text{V}$，每相负载阻抗为 $Z = (10 + j10)\Omega$，试求各相电流和线电流。

【解】　三相四线制电路的相电压为

$$U_p = \frac{U_l}{\sqrt{3}} = \frac{380}{\sqrt{3}}\text{V} = 220\text{V}$$

由于是对称的星形负载联接，所示各相电流和线电流是相等的。

令 $\dot{U}_A = 220\angle 0^\circ\text{V}$，则 A 相负载的相（线）电流为

$$\dot{I}_A = \frac{\dot{U}_A}{Z_A} = \frac{220\angle 0^\circ}{10+\text{j}10}\text{A} \approx 15.6\angle -45^\circ\ \text{A}$$

根据对称关系得　$\dot{I}_B = \dot{I}_A \angle -120^\circ \approx 15.6\angle -165^\circ\ \text{A}$

$$\dot{I}_C = \dot{I}_A \angle +120^\circ \approx 15.6\angle 75^\circ\ \text{A}$$

关于负载不对称①的三相电路，下面举几个例子来分析一下。

【例 5-2】　在图 5-12 所示电路中，电源电压对称，每相电压 $U_p = 220\text{V}$；负载是额定电压为 220V 的电灯组，在额定电压下其电阻分别为 $R_A = 5\Omega$，$R_B = 10\Omega$，$R_C = 20\Omega$。试求负载相电压、负载电流及中性线电流。

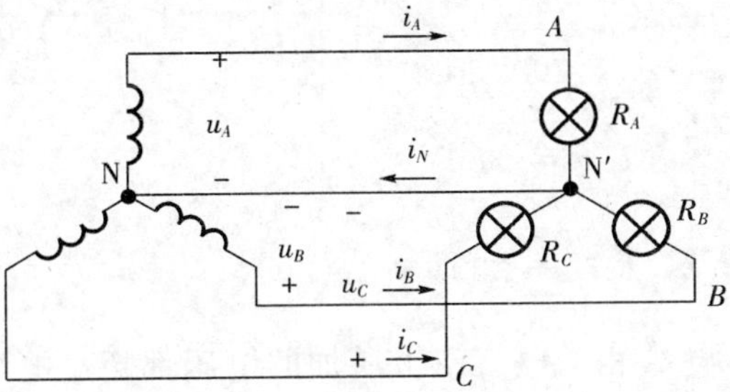

图 5-12　例 5-2 的电路

【解】　在负载不对称而有中性线（其上电压降可忽略不计）的情况下，负载相电压和电源相电压相等，也是对称的，其有效值为 220V。

本题如用复数计算，求中性线电流较为容易。先计算各相电流

$$\dot{I}_A = \frac{\dot{U}_A}{R_A} = \frac{220\angle 0^\circ}{5}\text{A} = 44\angle 0^\circ\ \text{A}$$

$$\dot{I}_B = \frac{\dot{U}_B}{R_B} = \frac{220\angle -120^\circ}{10}\text{A} = 22\angle -120^\circ\ \text{A}$$

$$\dot{I}_C = \frac{\dot{U}_C}{R_C} = \frac{220\angle 120^\circ}{20}\text{A} = 11\angle 120^\circ\ \text{A}$$

根据图中电流的参考方向，中性线电流

$$\dot{I}_N = \dot{I}_A + \dot{I}_B + \dot{I}_C = (44\angle 0^\circ + 22\angle -120^\circ + 11\angle 120^\circ)\text{A}$$

①　负载不对称一般是由于下列原因造成的：(1) 在电源端、负载端或连接导线的任何处某一相发生短路或断路；(2) 照明负载或其他单相负载难于安排对称。

$$\approx [44+(-11-j19.1)+(-5.5+j9.53)]A$$

$$=(27.5-j9.57)A$$

$$\approx 29.1\angle -19^\circ\ A$$

【例 5-3】 在上例中,(1) A 相短路时;(2) A 相短路而中性线又断开时(图 5-13),试求各相负载上的电压。

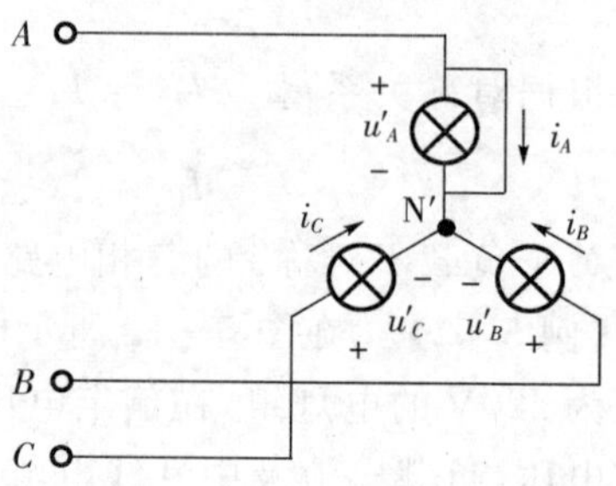

图 5-13 例 5-3 的电路

【解】 (1) 此时 A 相短路电流很大,将 A 相中的熔断器熔断,而 B 相和 C 相未受影响,其相电压仍为 220V。

(2) 此时负载中性点 N' 即为 A,因此各相负载电压为

$$\dot{U}'_A = 0, \quad U'_A = 0$$

$$\dot{U}'_B = \dot{U}_{BA}, \quad U'_B = 380V$$

$$\dot{U}'_C = \dot{U}_{CA}, \quad U'_C = 380V$$

在这种情况下,B 相与 C 相的电灯组上所加的电压都超过电灯的额定电压(220V),这是不允许的。

【例 5-4】 在例 5-2 中,(1) A 相断开时;(2) A 相断开而中性线也断开时(图 5-14),试求各相负载上的电压。

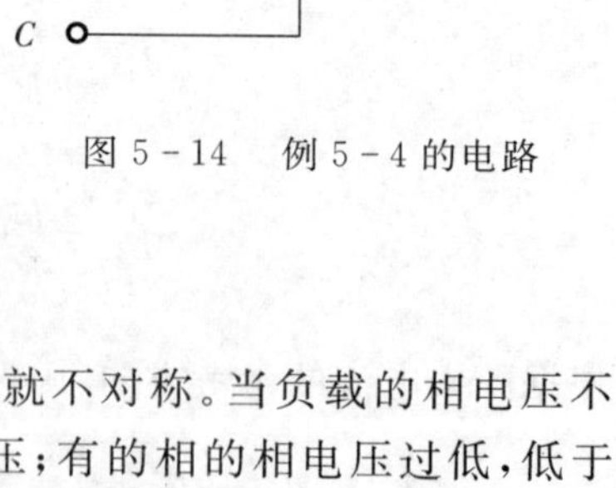

图 5-14 例 5-4 的电路

【解】 (1) A 相断开时,B 相和 C 相未受影响。

(2) 这时电路已成为单相电路,即 B 相的电灯组和 C 相的电灯组串联,接在线电压 $U_{BC} = 380V$ 的电源上,两相电流相同。至于两相电压如何分配,决定于两相的电灯组电阻。如果 B 相的电阻比 C 相的电阻小,则其相电压低于电灯的额定电压,而 C 相的电压可能高于电灯的额定电压。这是不允许的。

从上面所举的几个例题可以看出

(1) 负载不对称而又没有中性线时,负载的相电压就不对称。当负载的相电压不对称时,势必引起有的相的相电压过高,高于负载的额定电压;有的相的相电压过低,低于负载的额定电压。这都是不允许的。三相负载的相电压必须对称。

(2) 中性线的作用就在于使星形联结的不对称负载的相电压对称。为了保证负载的相电压对称,就不应让中性线断开。因此,中性线(指干线)内不接入熔断器或闸刀开关。

5.3　负载三角形联结的三相电路

负载的三角形联接如图 5-15 所示，三相负载 Z_{AB}、Z_{BC}、Z_{CA} 联接成三角形，每相负载分别接在电源的两根相线间，所以每相负载的相电压 U_p 等于电源的线电压 U_l，即

$$U_p = U_l \tag{5-16}$$

由于三相电源线电压总是对称的，因而无论三相负载是否对称，负载的相电压也总是对称的，即

$$U_{AB} = U_{BC} = U_{CA} = U_l = U_p \tag{5-17}$$

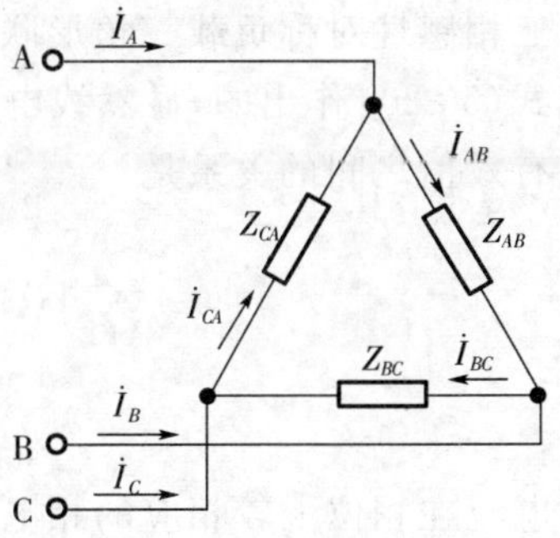

图 5-15　负载三角形联结的三相电路

当三相负载的额定电压等于三相电源线电压时，该负载应当采用三角形联接。

在三相负载作三角形联接时，其相电流和线电流是不一样的。

各相负载的相电流为

$$\begin{cases} \dot{I}_{AB} = \dfrac{\dot{U}_{AB}}{Z_{AB}} \\ \dot{I}_{BC} = \dfrac{\dot{U}_{BC}}{Z_{BC}} \\ \dot{I}_{CA} = \dfrac{\dot{U}_{CA}}{Z_{CA}} \end{cases} \tag{5-18}$$

各相负载的相电压与相电流的相位差为

$$\begin{cases} \varphi_{AB} = \arctan \dfrac{X_{AB}}{R_{AB}} \\ \varphi_{BC} = \arctan \dfrac{X_{BC}}{R_{BC}} \\ \varphi_{CA} = \arctan \dfrac{X_{CA}}{R_{CA}} \end{cases} \tag{5-19}$$

式(5-19)中，R_{AB}、R_{BC}、R_{CA} 及 X_{AB}、X_{BC}、X_{CA} 分别为各相负载的电阻及电抗。

根据图 5-15 和基尔霍夫电流定律得出，各相线路中的线电流为

$$\begin{cases} \dot{I}_A = \dot{I}_{AB} - \dot{I}_{CA} \\ \dot{I}_B = \dot{I}_{BC} - \dot{I}_{AB} \\ \dot{I}_C = \dot{I}_{CA} - \dot{I}_{BC} \end{cases} \tag{5-20}$$

若负载对称，也就是 $Z_{AB}=R_{AB}+jX_{AB}=Z_{BC}=R_{BC}+jX_{BC}=Z_{CA}=R_{CA}+jX_{CA}=Z=R+jX$，即 $R_{AB}=R_{BC}=R_{CA}=R$，$X_{AB}=X_{BC}=X_{CA}=X$，所以 $\varphi_{AB}=\varphi_{BC}=\varphi_{CA}=\varphi=\arctan\dfrac{X}{R}$。因线电压和相电压都是对称的，所以负载的相电流也是对称的。

作三相感性对称负载三角形联接时的电压、电流相量图如图 5-16 所示。线电流相量图是根据式(5-20)作出的，显然线电流也是对称的。由图 5-16 所示的相量图可得出线电流与相电流有效值之间的关系是

$$\frac{1}{2}I_l=I_p\cos30^\circ$$

即

$$I_l=\sqrt{3}I_p \tag{5-21}$$

线电流在相位上较相应的相电流滞后 30°，它们的相量关系是

$$\begin{cases}\dot{I}_A=\sqrt{3}\dot{I}_{AB}\ \angle-30^\circ\\ \dot{I}_B=\sqrt{3}\dot{I}_{BC}\ \angle-30^\circ\\ \dot{I}_C=\sqrt{3}\dot{I}_{CA}\ \angle-30^\circ\end{cases} \tag{5-22}$$

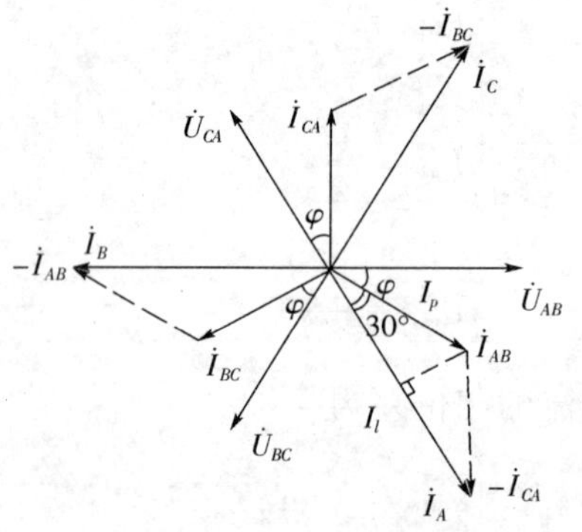

图 5-16 感性对称负载三角形联接时电压、电流的相量图

5.4 三相功率

三相电路的有功功率和无功功率，不论负载是星形联接还是三角形联接，分别等于各相有功功率和无功功率之和，若以 P_A、P_B、P_C 分别表示 A、B、C 各相的有功功率，Q_A、Q_B、Q_C 分别表示 A、B、C 各相的无功功率，即三相电路的有功功率为

$$P=P_A+P_B+P_C=U_{Ap}I_{Ap}\cos\varphi_A+U_{Bp}I_{Bp}\cos\varphi_B+U_{Cp}I_{Cp}\cos\varphi_C \tag{5-23}$$

三相电路的无功功率为

$$Q=Q_A+Q_B+Q_C=U_{Ap}I_{Ap}\sin\varphi_A+U_{Bp}I_{Bp}\sin\varphi_B+U_{Cp}I_{Cp}\sin\varphi_C \tag{5-24}$$

式中，U_{Ap}、U_{Bp}、U_{Cp} 及 I_{Ap}、I_{Bp}、I_{Bp} 为对应相的相电压及相电流；φ_A、φ_B、φ_C 分别为对应相的负载相电压和相电流的相位差。

三相电路的视在功率为

$$S = \sqrt{P^2 + Q^2} \tag{5-25}$$

当负载是对称负载时，$P_A = P_B = P_C = U_p I_p \cos\varphi_p$，$Q_A = Q_B = Q_C = U_p I_p \sin\varphi_p$，此时三相电路的功率为

$$\begin{cases} P = 3U_p I_p \cos\varphi_p \\ Q = 3U_p I_p \sin\varphi_p \\ S = 3U_p I_p \end{cases} \tag{5-26}$$

式中，U_p 和 I_p 为负载相电压和相电流，所以式(5-26)称为三相功率相参数式。

若三相负载为星形联接时

$$U_p = \frac{U_l}{\sqrt{3}} \qquad I_p = I_l$$

若三相负载为三角形联接时

$$U_p = U_l \qquad I_p = \frac{I_l}{\sqrt{3}}$$

无论三相负载为星形联接或为三角形联接，则三相电路的功率为

$$\begin{cases} P = \sqrt{3} U_l I_l \cos\varphi \\ Q = \sqrt{3} U_l I_l \sin\varphi \\ S = \sqrt{3} U_l I_l \end{cases} \tag{5-27}$$

式中，U_l 和 I_l 为线路的线电压和线电流，所以式(5-27)称为三相功率线参数式。

【例5-5】 有一对称三相负载 $Z = (6 + j8)\Omega$，三相电源线电压为380V。求负载阻抗联接成星形和三角形两种情况下的有功功率、无功功率和视在功率。($\tan 53^\circ = \frac{4}{3}$，$\sin 53^\circ = 0.8$，$\cos 53^\circ = 0.6$)

【解】 (1) 负载星形联接时，相电流等于相应的线电流

$$I_p = I_l = \frac{U_p}{|Z|} = \frac{\frac{380}{\sqrt{3}}}{|6 + j8|}\text{A} \approx 22\text{A}$$

由于 $Z = (6 + j8)\Omega$，得出阻抗角 $\varphi = \arctan\frac{8}{6} = \arctan\frac{4}{3} \approx 53^\circ$。则有

$$P=\sqrt{3}U_lI_l\cos\varphi=\sqrt{3}\times 380\times 22\times \cos 53^\circ \mathrm{W}\approx 8.69\mathrm{kW}$$

$$Q=\sqrt{3}U_lI_l\sin\varphi=\sqrt{3}\times 380\times 22\times \sin 53^\circ \mathrm{var}\approx 11.58\mathrm{kvar}$$

$$S=\sqrt{P^2+Q^2}\approx 14.48\mathrm{kVA}$$

(2) 负载三角形联接时，每相电流

$$I_P=\frac{U_l}{|Z|}=\frac{380}{|6+\mathrm{j}8|}\mathrm{A}=38\mathrm{A}$$

线电流为

$$I_l=\sqrt{3}I_p=\sqrt{3}\times 38\mathrm{A}\approx 66\mathrm{A}$$

$$P=\sqrt{3}U_lI_l\cos\varphi=\sqrt{3}\times 380\times 66\times \cos 53^\circ \mathrm{W}\approx 26.06\mathrm{kW}$$

$$Q=\sqrt{3}U_lI_l\sin\varphi=\sqrt{3}\times 380\times 66\times \sin 53^\circ \mathrm{var}\approx 34.75\mathrm{kvar}$$

$$S=\sqrt{P^2+Q^2}\approx 43.44\mathrm{kVA}$$

由以上例题分析可以看出，在相同的电源电压作用下，同一负载联接成三角形是联接成星形时功率的 3 倍。因此三角形联接消耗的有功功率就是星形的 3 倍。无功功率和视在功率也有同样的结论，这表明负载的功率，与其联接方式有关。

习　　题

5-1　什么叫对称三相电压，欲将发电机（或三相变压器）的三相绕组联成星形，如果误将绕组的 X、Y、C 联成一点（中点），是否可以获得对称三相相电压和线电压，为什么？

5-2　什么是三相负载、单相负载和单相负载的三相连接？三相交流电动机有三根电源线接到电源的 A,B,C 三端，称为三相负载，电灯有两根电源线，为什么不称为两相负载，而称单相负载？

5-3　有一次某楼电灯发生故障，第二层和第三层楼的所有电灯突然都暗淡下来，而第一层楼的电灯亮度未变，试问这是什么原因？这楼的电灯是如何联结的？同时又发现第三层楼的电灯比第二层楼的还要暗些，这又是什么原因？画出电路图。

5-4　当发电机的三相绕组联成星形时，设线电压 $u_{AB}=380\sqrt{2}\sin(\omega t-30^\circ)\mathrm{V}$，试写出相电压 u_A 的三角函数式。

5-5　某三层楼房安装照明电灯，接在三相四线制电源上，若每层楼取用一相电源，每层楼安装 220V、40W 电灯 110 盏，求各相电流、线电流及中性线电流。若 A 相改为 220V、110W 电灯 110 盏，其他两相不变，求此时各相电流、线电流及中性线电流（输电线的阻抗忽略不计）。

5-6　有一台三相异步电动机，其绕组三角形联接至线电压 $U_l=380\mathrm{V}$ 的三相交流电源上，从电源取用的有功功率 $P=2.8\mathrm{kW}$，功率因数 $\cos\varphi=0.84$，试求电动机的线电流和相电流。

5-7　阻抗为 $Z=(30+\mathrm{j}40)\Omega$ 的三相对称负载，试计算在下列两种情况下负载的相电流、线电流以及负载所消耗的功率：

(1) 负载联接成星形后接于线电压 $U_l=380\text{V}$ 的三相对称电源上；

(2) 负载联接成三角形后接于线电压 $U_l=220\text{V}$ 的三相对称电源上。

5-8　在图5-17中，对称负载联成三角形，已知电源电压 $U_l=220\text{V}$，电流表读数 $I_l=17.3\text{A}$，三相功率 $P=4.5\text{kW}$，试求：

(1) 每相负载的电阻和感抗；

(2) 当 AB 相断开时，图中各电流表的读数和总功率 P；

(3) 当 A 线断开时，图中各电流表的读数和总功率 P。

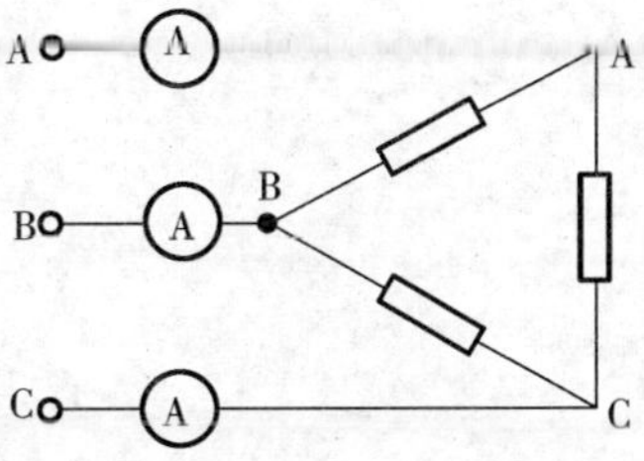

图5-17　题5-8图

5-9　在图5-18中，电源线电压 $U_l=380\text{V}$。(1) 如果图中各相负载的阻抗模都等于 10Ω，是否可以说负载是对称的？(2) 试求各相电流，并用电压与电流的相量图计算中性线电流。如果中性线电流的参考方向选定得同电路图上所示的方向相反，则结果有何不同？(3) 试求三相平均功率 P。

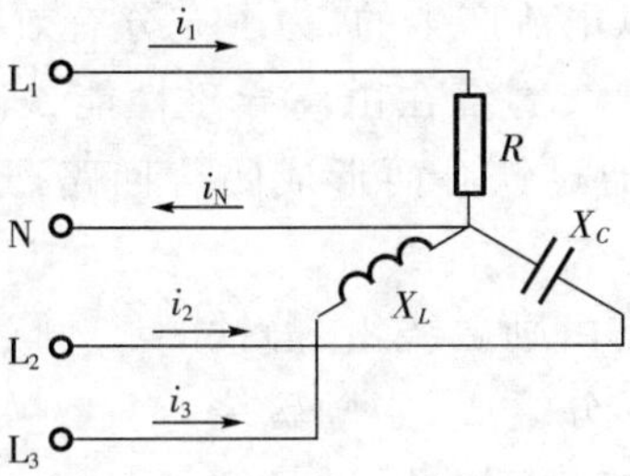

图5-18　题5-9图

第6章 变压器

6.1 磁路及其分析方法

6.1.1 磁路的基本概念

1. 磁路

在诸如变压器、电机、继电器、电磁铁及电工测量仪表等设备中都是借助磁场实现能量转换的，而磁场一般是线圈通以电流产生的。为了充分有效地利用磁场能量，同时以较小励磁电流产生较强的磁场，通常把线圈绕在由高导磁性能铁磁材料制成的铁心上面，当线圈通以电流时，磁场的磁通集中通过铁心而形成闭合回路，这种磁通集中通过的路径，叫做磁路。

如图 6-1 所示的电磁铁是由励磁绕组、静铁心和动铁心(衔铁)三个基本部分组成。当励磁绕组通以电流 I 时，磁场的磁通绝大部分通过静铁心、动铁心及其间的空气隙而形成的闭合磁路，这部分磁通 Φ 称为主磁通。但也有极小部分磁通(图 6-1 中的 Φ_σ)在铁心以外通过大气形成闭合回路，Φ_σ 被称为漏磁通。

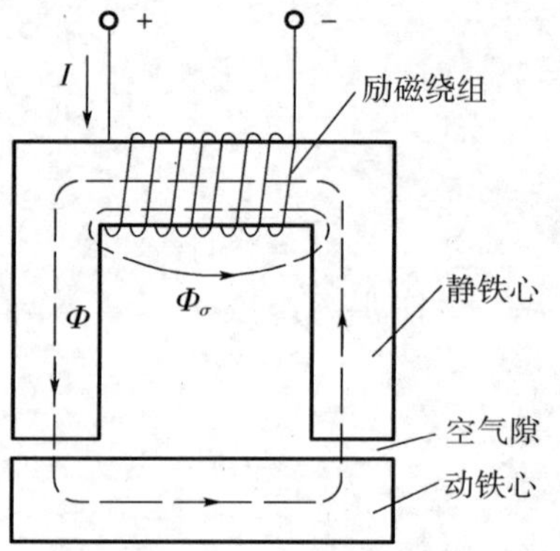

图 6-1 电磁铁的磁路

2. 磁路的基本物理量

(1) 磁感应强度(B)

磁感应强度 B 是表示空间磁场内某点的磁场强弱和方向的物理量。它与电流(该电流产生磁场)之间的方向关系可用右手螺旋定则来确定，其大小可用 $B=\dfrac{F}{lI}$ 来衡量[①]。磁感应强度 B 的单位是 T(特斯拉，简称“特”)，$1T=1Wb/m^2$(韦伯/米^2)。

如果磁场内各点的磁感应强度 B 大小相等，方向相同，则称这样的磁场为均匀磁场。

(2) 磁通(Φ)

磁通 Φ 表示穿过某一截面 S 的磁感应强度矢量的通量，在均匀磁场(如果不是均匀磁场，则取 B 的平均值)内，磁通 Φ 为磁感应强度 B 与垂直于磁场方向的面积 S 的乘积，即

① 磁场内某一点的磁感应强度可用该点磁场作用于1m长，通有1A电流的导体上的力F来衡量。该导体与磁场方向垂直。

$$\Phi = BS \quad 或 \quad B = \frac{\Phi}{S} \tag{6-1}$$

由上式可见，磁感应强度 B 在数值上可以看成为与磁场方向相垂直的单位面积所通过的磁通，故又将磁感应强度 B 称为磁通密度。

磁通 Φ 的单位是 V·s（伏·秒），通常称为 Wb（韦伯）。

(3) 磁场强度(H)

磁场强度 H 表示磁场中与介质无关的磁场大小和方向，是计算磁路时所引用的一个物理量，通过它来可以确定磁场与电流之间的关系，即

$$\oint H\mathrm{d}l = \sum I \tag{6-2}$$

上式是安培环路定律(或称为全电流定律)的数学表达式，它是计算磁路的基本公式。

它可定义为介质中某点的磁感应强度 B 与介质磁导率之比，即

$$H = \frac{B}{\mu} \tag{6-3}$$

磁场强度 H 单位是 A/m(安/米)。

(4) 磁导率(μ)

磁导率 μ，又称导磁系数，是一个用来表示物质导磁能力的物理量。由式(6-3)可知，磁导率 μ 与磁场强度 H 的乘积就等于磁感应强度 B。

磁导率 μ 在国际单位制中的单位为 H/m(亨/米)。真空的磁导率为 $\mu_0 = 4\pi \times 10^{-7}$ H/m，其他任意一种物质的绝对磁导率 μ 和真空的磁导率 μ_0 的比值，称为该物质的相对磁导率 μ_r，即

$$\mu_r = \frac{\mu}{\mu_0} \tag{6-4}$$

由上式可知，相对磁导率

$$\mu_r = \frac{\mu H}{\mu_0 H} = \frac{B}{B_0} \tag{6-5}$$

上式表明当磁场媒质是某种物质时，某点的磁感应强度 B 与在同样电流值下真空时该点的磁感应强度 B_0 之比所得的倍数就是相对磁导率 μ_r。

自然界的所有物质按磁导率的大小，或者说按磁化的特性，大体上可分成磁性材料和非磁性材料两大类。对于非磁性材料而言，$\mu \approx \mu_0$，$\mu_r \approx 1$，差不多不具有磁化的特性，而且每一种非磁性材料的磁导率都是常数。因而，当磁场媒质是非磁性材料时，$B = \mu_0 H$，B 与 H 成正比，即它们之间有线性关系。

6.1.2 磁路的基本定律

最简单的环形铁心线圈如图 6-2 所示，如果铁心横截面积处处相等，线圈是密绕的 N 匝，而且绕得很均匀。这样，电流沿铁心中心线产生的磁场各处大小相等，磁场强度 H 的方

向和铁心中心线的切线方向一致。根据式(6-2)全电流定律,可得出

$$NI = Hl \tag{6-6}$$

将 $H = \dfrac{B}{\mu}$ 和 $B = \dfrac{\Phi}{S}$ 代入式(6-6),可得

$$\Phi = \frac{NI}{\dfrac{l}{\mu S}} = \frac{F}{R_m} \tag{6-7}$$

式中,R_m 称为磁路的磁阻,是表示磁路对磁通具有阻碍作用的物理量;S 为磁路的截面积;F 称为磁通势。

式(6-7)与电路中的欧姆定律相似,因而称为磁路的欧姆定律。磁路中产生的磁通 Φ,其大小与励磁磁通势 F 成正比,与磁路的磁阻 R_m 成反比。两者的对照关系如表6-1所示。

磁路的欧姆定律是分析磁路的最基本定律之一,但它仅在形式上与电路的欧姆定律相似,在实质上有较大区别的。因为铁磁物质的磁导率 μ 是随电流而变化的物理量,它不是常数,因此磁阻也是变量,所以不能用式(6-7)对磁路进行定量计算,只用于磁路的定性分析。

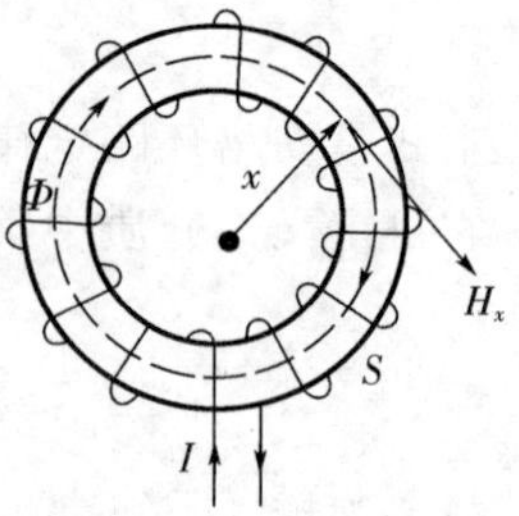

图 6-2 环形线圈

表 6-1 磁路与电路的对照关系

	磁 路	电 路
典型结构	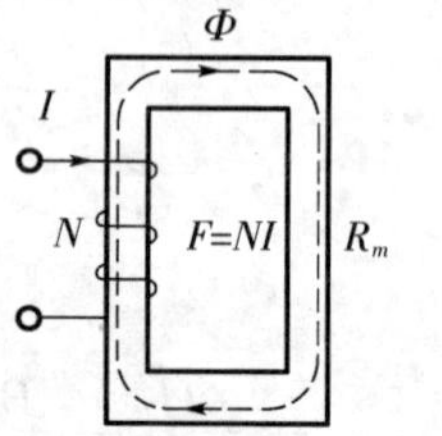	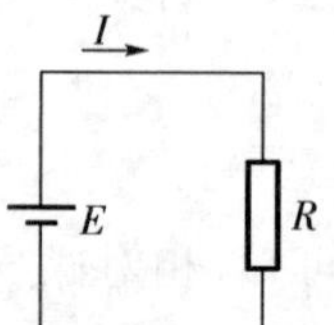
对应的物理量	磁通势 F 磁通 Φ 磁感应强度或磁通密度 B 磁阻 R_m	电动势 E 电流 I 电流密度 J 电阻 R
对应的关系式	磁阻 $R_m = \dfrac{l}{\mu S}$ 磁路的欧姆定律 $\Phi = \dfrac{F}{R_m}$ 磁路的基尔霍夫第二定律 $\sum Hl = \sum F$	电阻 $R = \rho \dfrac{l}{S} = \dfrac{l}{\gamma S}$ 电路的欧姆定律 $I = \dfrac{E}{R}$ 电路的基尔霍夫第二定律 $\sum RI = \sum E$

6.1.3 磁路的基本分析方法

磁路的计算要借助于磁场强度 H 这个物理量，若磁路是均匀的，可用式(6－6)，即

$$NI = Hl$$

如果磁路是由不同的材料或不同长度和截面积的几段组成的，即磁路由磁阻不同的几段串联而成，则

$$NI = H_1 l_1 + H_2 l_2 + \cdots = \sum (Hl) \tag{6-8}$$

这是磁路分析的基本公式。

图 6－3 所示继电器的磁路是由 3 段串联而成的。如已知磁通和各段的材料及尺寸，则可按下面表示的步骤去求磁通势。

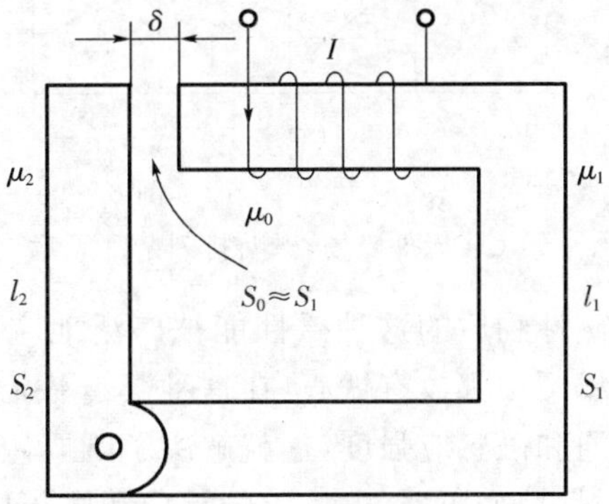

图 6－3 继电器的磁路

(1) 由于各段磁路的截面积不同，但其中又通过同一磁通，因此各段磁路的磁感应强度也就不同，可分别按下列各式计算。

$$B_1 = \Phi/S_1, B_2 = \Phi/S_2, \cdots$$

(2) 根据各段磁路材料的磁化曲线 $B = f(H)$，找出与上述 $B_1, B_2, \cdots$ 相对应的磁场强度 $H_1, H_2, \cdots$，各段磁路的 H 也是不同的。

计算空气隙或其他非磁性材料的磁场强度 H_0（单位为 A/m）时，可直接应用下式

$$H_0 = \frac{B_0}{\mu_0} = \frac{B_0}{4\pi \times 10^{-7}}$$

式中，B_0 的单位为 T(特)。

(3) 计算各段磁路的磁压降 Hl。

(4) 应用式(6－8) 求出磁通势 IN。

6.1.4 磁性材料的磁性能

1. 高导磁性

磁性材料的磁导率很高，$\mu_r \gg 1$，可达数百、数千乃至数万之值，这就使它们具有被强烈磁化(呈现磁性) 的特性。

磁性物质具有被磁化的特性，可以这样来理解：在物质的分子中因电子环绕原子核运动以及本身的自转运动而形成分子电流，分子电流也要产生磁场，因此每个分子相当于一个基本的小磁铁。同时，在磁性物质内部还分成许多小区域，由于磁性物质的分子间有一种特殊的作用力而使每一区域内的分子磁铁都排列整齐，从而显示磁性。这些小区域称为磁畴。在没有磁场作用时，各个磁畴排列混乱，磁场互相抵消，对外就显示不出磁性来，如图 6－4(a) 所示。在外磁场作用下，其中的磁畴就随外磁场方向转向，显示出磁性来。随着外磁

场的增强，磁畴就逐渐转到与外磁场相同的方向上，如图 6－4(b) 所示。这样就产生了一个与外磁场方向相同的很强的磁化磁场，从而使磁性物质的磁感应强度大大增加。这就是说磁性物质被强烈地磁化了。

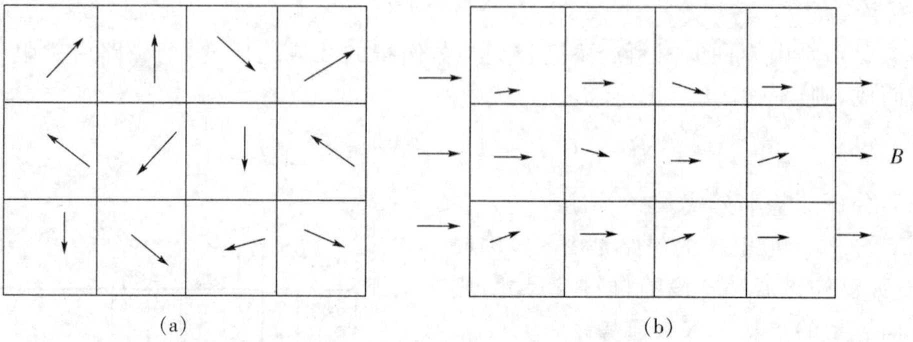

图 6－4　磁性物质的磁化示意图

(a) 无外磁场，磁畴排列杂乱无章　(b) 在外磁场作用下，磁畴排列逐渐呈有序化

磁性物质的这种磁性能被广泛地应用于电工设备中，例如电机、变压器及各种铁磁元件的线圈中都放有铁心，在这种具有铁心的线圈中通入不大的励磁电流，便可产生足够大的磁通和磁感应强度，这就解决了既要磁通大，又要励磁电流小的矛盾。如果采用优质的磁性材料时，变压器、电机等的重量和体积便可以大大减轻和减小。

2. 磁饱和性

磁性物质的磁化磁场不会随着外磁场的增强而无限制地增加。当外磁场(或励磁电流)增大到一定值时，全部磁畴的磁场方向都会转向与外磁场的方向一致。这时磁化磁场的磁感应强度 B_J 达到了饱和值，如图 6－5 所示。图中的 B_0 是在外磁场作用下磁场内不存在磁性物质时的磁感应强度。将 B_J 曲线和 B_0 直线相加，便得出 $B-H$ 磁化曲线。各种磁性材料的磁化曲线可通过实验测出，在磁路计算上极为重要。

当有磁性物质存在时，由于 B 与 H 不成正比，所以磁性物质的磁导率 μ 不是常数，随 H 而变，如图 6－6 所示。由于磁通 Φ 与 B 成正比，产生磁通的励磁电流 I 与 H 成正比，因此在存在磁性物质的情况下，Φ 与 I 也不成正比，Φ 与 I 的关系与 B 和 H 关系有些相似。

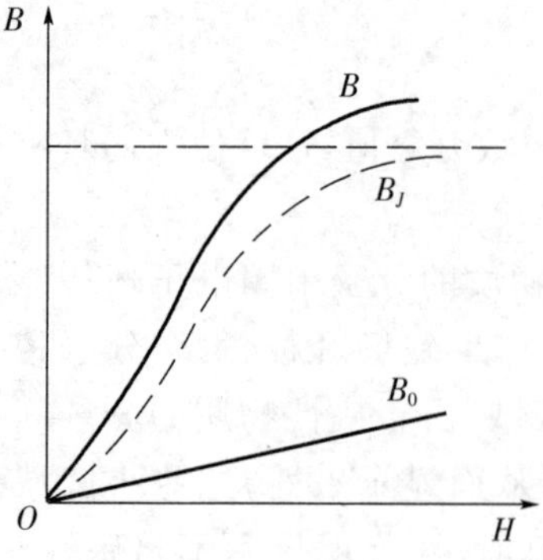

图 6－5　磁化曲线

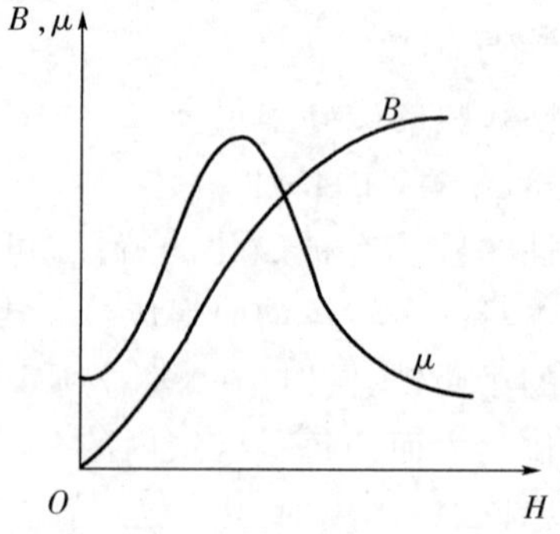

图 6－6　B 和 μ 与 H 的关系曲线

3. 磁滞性

磁性物质的磁化曲线就是磁感应强度 B 与磁场强度 H 之间的函数关系曲线。由于磁性物质的 B 和 H 之间不呈线性关系，可用图 6-7 所示的 $B-H$ 曲线表示。由图可见，当 H 已减到零值时，B 并未回到零值，出现剩磁 B_r。这种磁感应强度滞后于磁场强度变化的性质称为磁滞性。图 6-7 所示的曲线也就称为磁滞回线。

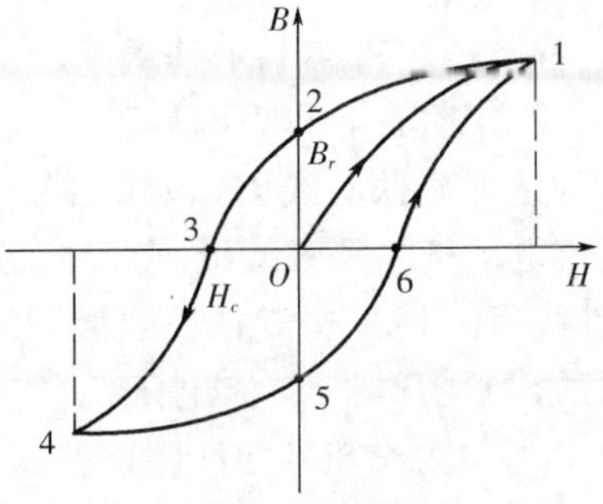

图 6-7 磁滞回线

磁性物质不同，其磁滞回线和磁化曲线也不同(由实验得出)，图 6-8 中示出了几种磁性物质的磁化曲线。

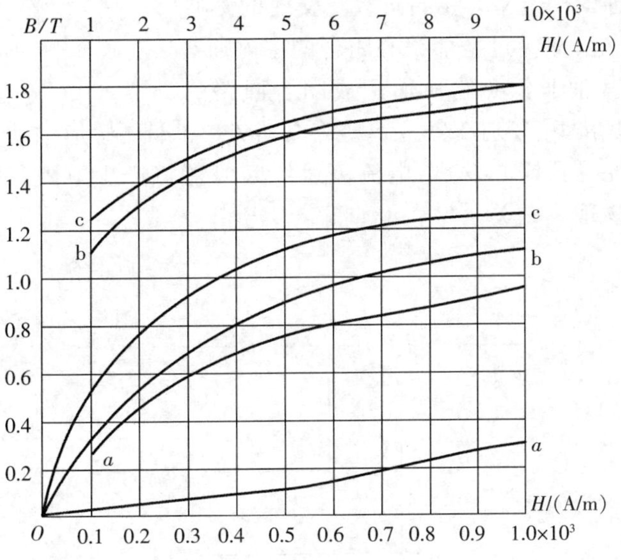

图 6-8 磁性物质的磁化曲线

(a) 铸铁 (b) 铸钢 (c) 硅钢片

4. 三类磁性物质

按磁性物质的磁性能，磁性材料可分成以下三种类型。

(1) 软磁材料　这类材料的剩磁 B_r 和矫顽力 H_c 均较小，磁滞回线较窄。它的磁导率较高，一般多用来制造电机、变压器等的铁心。常用的有铸铁、硅钢、坡莫合金及铁氧体等。铁氧体在电子技术中应用也很广泛，例如可做计算机的磁心、磁鼓以及录音机的磁带、磁头等。

(2) 永磁材料(硬磁材料)　这类材料的剩磁 B_r 和矫顽力 H_c 均较大，磁滞回线较宽。它们被磁化后，其剩磁不易消失，一般用来制造永久磁铁。这类材料常用的有碳钢、钴钢、铁镍铝钴合金等。近年来稀土永磁材料发展的很快，像稀土钴、稀土钕铁硼等，其矫顽磁力更大。

(3) 矩磁材料　这类材料具有较小的矫顽力 H_c 和较大的剩磁 B_r，磁滞回线接近矩形。它的稳定性也良好，在计算机和控制系统中广泛用作记忆元件、开关元件和逻辑元件。此类材料有镁锰铁氧体和某些铁镍合金等。

6.1.5　交流铁心线圈

绕在铁心上的线圈叫铁心线圈。铁心线圈分两种，一种是直流铁心线圈，该线圈是通直流电来励磁的，如直流电动机的励磁绕组、直流电磁铁及各种直流电器的线圈。另一种是交流铁心线圈，该线圈是通交流电来励磁的，如变压器、交流电机及各种交流电器的线圈。图 6－9 所示为交流铁心线圈电路。

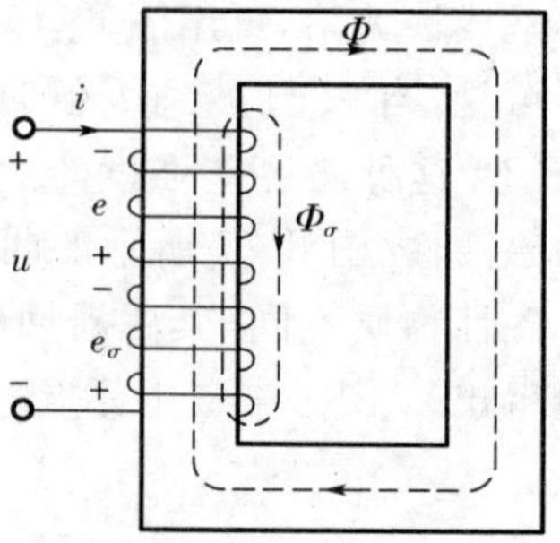

图 6－9　交流铁心线圈电路

1. 电磁关系

交流铁心线圈在交流电压 u 作用下，线圈中流过交变电流 i 并产生磁通势 iN（N 为线圈匝数）。交变的磁通势 iN 产生两部分磁通，即穿过全部铁心闭合的主磁通 Φ 和主要经过空气或其他非铁磁物质而形成闭合回路的漏磁通 Φ_σ，交变的 Φ 和 Φ_σ 分别产生主磁感应电动势 e 和漏磁感应电动势 e_σ，此外，Φ 的交变引起涡流和磁滞损耗导致铁心发热，电流流过线圈时还将产生电阻压降等。上述发生在交流铁心线圈内部的物理电磁关系可表示如下

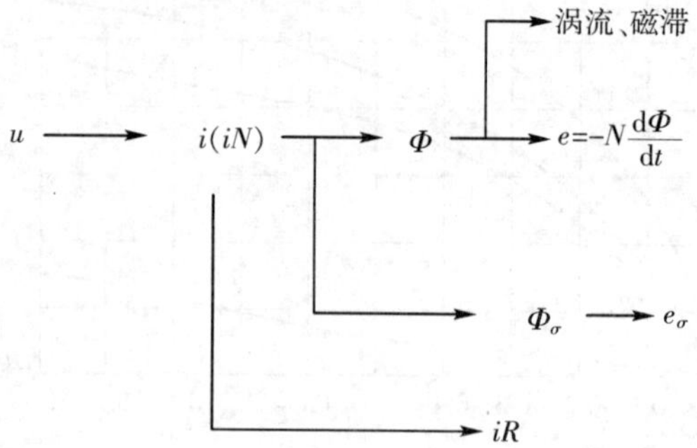

2. 电压平衡

在图 6－9 中，电流 i 产生的磁通方向根据电流的方向用右螺旋定则确定，规定 e 和 e_σ 的参考方向与磁通的参考方向之间符合右螺旋定则。根据基尔霍夫回路电压定律列出电压平衡方程如下

$$u = iR - e - e_\sigma = u_R - e - e_\sigma \qquad (6-9)$$

设主磁通 Φ 是时间的正弦函数①，即

$$\Phi = \Phi_m \sin\omega t$$

① 因为交流铁心线圈的电感系数 $L = \frac{N\Phi}{i} = \frac{\mu N^2 S}{l}$ 中磁导率 μ 不是常数，所以自感系数 L 也不是常数，故在式(6－10)中 $e = -N\frac{d\Phi}{dt} = -N\frac{d}{dt}\left(\frac{Li}{N}\right) \neq -L\frac{di}{dt}$，所以只能设主磁通是时间的正弦函数，即 $\Phi = \Phi_m \sin\omega t$，而不便设 $i = I_m \sin\omega t$ 了。

则

$$e=-N\frac{\mathrm{d}\Phi}{\mathrm{d}t}=-\omega N\Phi_m\cos\omega t=2\pi fN\Phi_m\sin(\omega t-90^\circ)=E_m\sin(\omega t-90^\circ) \quad (6-10)$$

式中，$E_m=2\pi fN\Phi_m$ 为主磁感应电动势 e 的幅值，其有效值

$$E=\frac{E_m}{\sqrt{2}}=4.44fN\Phi_m \quad (6-11)$$

由式(6-10)得出，当磁通是正弦量时，主磁感应电动势 e 也是同频率正弦量，且在相位上滞后于主磁通 90°，相对应的相量为

$$\dot{E}=-\mathrm{j}4.44fN\Phi_m \quad (6-12)$$

漏磁通 Φ_σ 的大小和性质主要由空气的磁阻来决定，因此 Φ_σ 与电流 i 之间呈线性关系。根据自感系数的定义 $L=\frac{N\Phi}{i}$，则

$$L_\sigma=\frac{N\Phi_\sigma}{i} \quad (6-13)$$

上式中的 L_σ 叫漏感系数或简称漏感，L_σ 是常数，它的性质和交流电路中的纯电感是一样的，设 $i=I_m\sin\omega t$，因此漏磁感应电动势

$$e_\sigma=-N\frac{\mathrm{d}\Phi_\sigma}{\mathrm{d}t}=-L_\sigma\frac{\mathrm{d}i}{\mathrm{d}t}=-L_\sigma\frac{\mathrm{d}(I_m\sin\omega t)}{\mathrm{d}t}=I_m\omega L_\sigma\sin(\omega t-90^\circ) \quad (6-14)$$

其有效值相量为

$$\dot{E}_\sigma=-\mathrm{j}\dot{I}\omega L_\sigma=-\mathrm{j}\dot{I}X_\sigma \quad (6-15)$$

在相位上较漏磁通 Φ_σ 或电流 i 滞后 90°(因为 $L_\sigma=\frac{N\Phi_\sigma}{i}$，所以 Φ_σ 和 i 是同相)。式中 X_σ 叫漏磁感抗。

由式(6-9)可见，要保证励磁电流通过线圈，电源电压 $\dot{U}$ 必须平衡式(6-9)中的三个分量，即

$$\dot{U}=\dot{U}_R-\dot{E}_\sigma-\dot{E}=\dot{I}R+\mathrm{j}\dot{I}X_\sigma-\dot{E}=\dot{I}Z_\sigma-\dot{E} \quad (6-16)$$

由于交流铁心线圈的漏磁阻抗 Z_σ 很小，式(6-16)中的 $\dot{I}Z_\sigma$ 项可以忽略，因此

$$\dot{U}\approx-\dot{E} \quad (6-17)$$

或

$$U\approx E=4.44fN\Phi_m$$

由此可得

$$\Phi_m\approx\frac{U}{4.44fN} \quad (6-18)$$

上式表明：对给定的交流铁心线圈而言，只要电源电压和频率不变，其主磁通幅值 Φ_m 基本上恒定不变。此结论普遍适用于变压器、电机等交流电器。

3. 功率损耗

在交流铁心线圈中，功率损耗有两部分：一部分是线圈电阻上有功率损耗称为铜损耗 $\triangle P_{Cu}$，简称铜损，其大小为 $\triangle P_{Cu}=I^2R$。

另外一部分是由于铁心在交变磁化的情况下也引起能量损耗，这部分损耗叫铁损耗，简称铁损，用 $\triangle P_{Fe}$ 表示，铁损是由铁磁物质的涡流和磁滞现象所产生的。

涡流损耗 $\triangle P_e$ 是当交变磁通穿过铁心时，铁心中也要产生感应电动势和旋涡式感应电流，这种感应电流为涡流，它在垂直于磁通方向的平面内环流着，如图 6-10(a) 所示。由于铁心本身具有电阻，所以涡流在铁心中就要产生能量损耗，称为涡流损耗。涡流损耗不仅消耗了电能，而且使铁心发热，铁心温度过高将影响电气设备正常工作。为了减少涡流损耗，在低频（几十到几百赫兹）铁心线圈中，可用涂以绝缘漆的硅钢片（厚度有 0.5mm 和 0.35mm 两种）叠成的铁心，如图 6-10(b) 所示，这样就可以限制涡流只能在较小的截面内流通，增加了形成涡流的难度，使涡流减小。

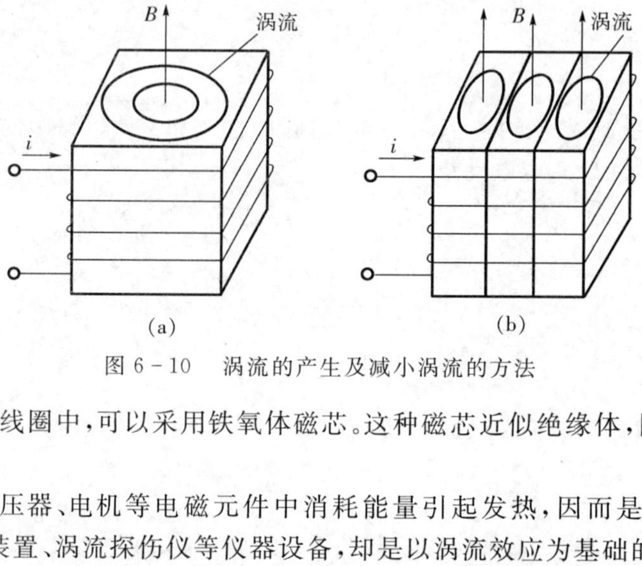

图 6-10　涡流的产生及减小涡流的方法

对于高频铁心线圈中，可以采用铁氧体磁芯。这种磁芯近似绝缘体，因此涡流可以大大减小。

由于涡流在变压器、电机等电磁元件中消耗能量引起发热，因而是有害的。但有些场合，例如感应加热装置、涡流探伤仪等仪器设备，却是以涡流效应为基础的。

磁滞损耗 $\triangle P_h$ 是当交变磁通通过铁心时，一方面，铁心被反复磁化，磁分子来回翻转要克服阻力，产生类似摩擦生热的能量损耗，这部分损耗是磁滞损耗的一部分。另一方面，磁滞回线体现了磁性材料的磁滞性，磁滞回线表明了 $B-H$ 关系的不可逆性，这个过程所消耗的能量就是磁滞损耗的另一部分。磁滞损耗也引起铁心发热，为了减小磁滞损耗，理论和实践都证明应选用磁滞回线面积小的磁性材料。因此，变压器、电机等电器的铁心都选用磁滞回线狭窄的软磁材料，如硅钢片、铁氧体、坡莫合金等。在制造永久磁铁时，为了获得较大的剩余磁感应强度，则应当选用硬磁性材料，如碳钢、钴钢及铁镍铝钴合金等。

综上所述，交流铁心线圈电路的功率损耗为

$$\triangle P=\triangle P_{Cu}+\triangle P_{Fe}=I^2R+\triangle P_e+\triangle P_h \tag{6-19}$$

当频率一定时，铁心线圈的铁损近似地与 B_m^2（B_m 为磁感应强度的幅值）或 Φ_m^2 成正比，若线圈匝数一定，铁损近似地与 U^2 成正比，这个关系普遍适用于变压器、电机等电器。铁损转变为热能，使铁心温度升高，温度过高时将损坏线圈的绝缘材料，导致电气设备工作不正常以致毁坏，因此在设计和使用变压器、电机等电器时，必须保证不让温升超过允许的数值。

6.2　变压器

变压器是根据电磁感应原理制成的一种电气设备，它具有变换电压、变换电流和变换阻抗的功能，因而在生产等各领域中获得广泛的应用。

变压器是电力系统中不可缺少的重要设备。在发电厂或变电站，当输送一定的电功率、且线路的功率因数 $\cos\varphi$ 一定时，从公式 $P=UI\cos\varphi$ 中可以看出电压 U 越高，线路电流 I 就越小，可见高压送电既减小了输电导线的截面积，也减少了线路的损耗。所以电力系统中均采用高电压输送电能，到达用户后再用变压器将电压降低供用户使用。

在电子线路中，变压器可用来传递信号和实现阻抗匹配。此外，还有用于调节电压的自耦变压器，电加工用的电焊机变压器和电炉变压器，测量电路用的电压互感器和电流互感器，收音机中的中周(中频变压器)等。

6.2.1　变压器的基本结构

虽然变压器种类繁多，形状各异，但其基本结构是相同的。变压器的主要组成部分是铁心和绕组。

铁心构成变压器的磁路。按照铁心结构的不同，变压器可分为心式和壳式两种。图 6-11(a) 和图 6-11(c) 为心式铁心的变压器，其绕组套在铁心柱上，容量较大的变压器多为这种结构。图 6-11(b) 为壳式铁心的变压器，铁心把绕组包围在中间，常用于小容量的变压器中。

绕组是变压器的电路部分。与电源相连的称为原绕组(一次绕组)，与负载相连的称为副绕组(二次绕组)。一次绕组与二次绕组及各绕组与铁心之间都是绝缘的。考虑到各绕组与铁心之间的绝缘问题，一般将低压绕组绕在里层，将高压绕组绕在外层，如图 6-11 所示。

大容量的变压器一般都配备散热装置，例如，三相变压器配备散热油箱、油管等。

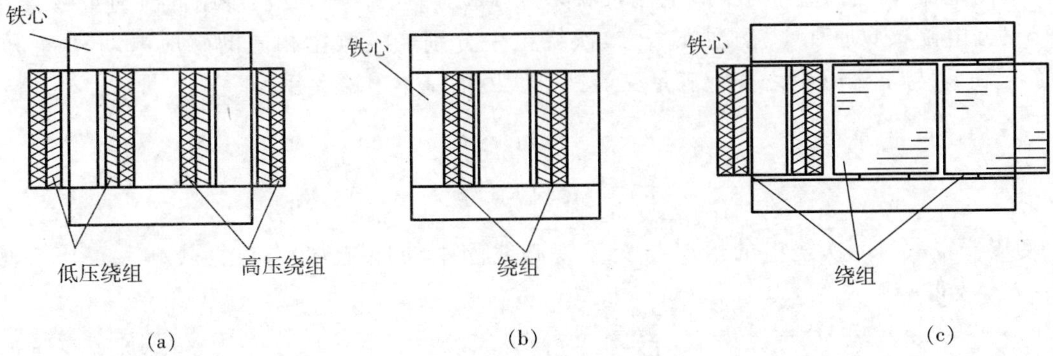

图 6-11　变压器的基本结构

(a) 心式单相变压器　(b) 壳式单相变压器　(c) 心式三相变压器

6.2.2 变压器的工作原理

下面以双绕组的单相变压器为例，介绍变压器的工作原理。

图 6-12 是单相变压器空载时的原理图，为了方便分析问题，将一次绕组和二次绕组分别画在两侧，一、二次绕组的匝数分别为 N_1 和 N_2，由于线圈电阻产生的压降及漏磁通产生的漏磁电动势都非常小，因此以下讨论时均被忽略。

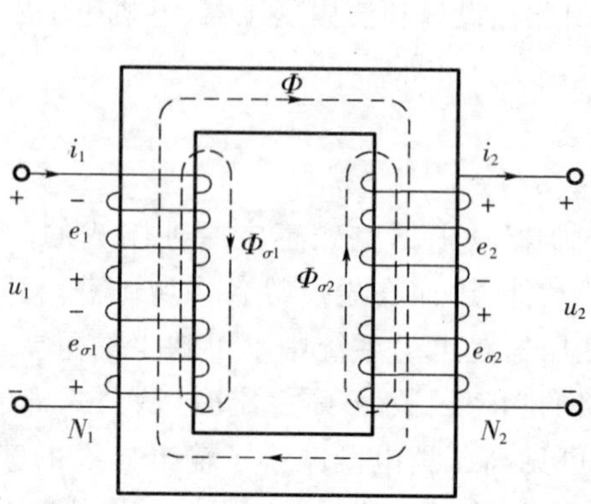

图 6-12 单相变压器空载运行原理

当一次绕组接上交流电压 u_1 时，一次绕组中便有电流 i_1 通过。一次绕组的磁通势 N_1i_1 产生的磁通绝大部分通过铁心而闭合，从而在二次绕组中感应出电动势，如果二次绕组接有负载，那么二次绕组中就有电流 i_2 通过，二次绕组的磁通势 N_2i_2 也产生磁通，其绝大部分也通过铁心而闭合。因此，铁心中的磁通是一个由一、二次绕组的磁通势共同产生的合成磁通，它称为主磁通，用 Φ 表示，主磁通穿过一次绕组和二次绕组而在其中感应出的电动势分别为 e_1 和 e_2，此外，一、二次绕组的磁通势还分别产生漏磁通 $\Phi_{\sigma1}$ 和 $\Phi_{\sigma2}$（仅与本绕组相链），从而在各自的绕组中分别产生漏磁电动势 $e_{\sigma1}$ 和 $e_{\sigma2}$。

图中各量的参考方向是这样选定的：一次侧是电源的负载，u_1 与 i_1 的参考方向选得一致，i_1、e_1、e_2 的参考方向与主磁通 Φ 的参考方向之间符合右手螺旋定则，因此 e_1 与 i_1 的参考方向是一致的；二次侧是负载的电源，规定 i_2 与 e_2 的参考方向一致。

1. 电压变换

(1) 变压器的空载运行

变压器的空载运行是指二次侧开路不接负载的情况，如图 6-12 所示。变压器空载运行时，一次侧电流 $i_1 = i_o$，i_o 称为空载电流，也称为空载励磁电流。一、二次绕组同时与主磁通 Φ 交链，根据电磁感应原理，主磁通在一、二次绕组中分别产生频率相同的感应电动势 e_1 和 e_2，而 e_1 和 e_2 与主磁通 Φ 之间都满足交流铁心线圈的基本电磁关系，即

$$E_1 = 4.44fN_1\Phi_m$$

$$E_2 = 4.44fN_2\Phi_m$$

变压器空载时一次绕组的情况与交流铁心线圈中的情况类似。根据式(6-17)可知 $U_1 = E_1$，故得

$$U_1 = 4.44fN_1\Phi_m \tag{6-20}$$

二次绕组的开路电压记为 U_{20}，所以 U_{20} 等于 E_2，即

$$U_2 = U_{20} = E_2 = 4.44fN_2\Phi_m$$

由此可以推出变压器的电压变换关系为

$$\frac{U_1}{U_2}=\frac{N_1}{N_2}=k \tag{6-21}$$

式中，k 称为变压器的电压比，亦即一、二次绕组的匝数比。可见，当电源电压 U_1 一定时，只要改变匝数比，就可得出不同的输出电压 U_2。

电压比在变压器的铭牌上注明，它表示一、二次绕组的额定电压之比。所谓二次绕组的额定电压是指一次绕组加上额定电压时二次绕组的空载电压。由于变压器有内阻抗压降，所以二次绕组的空载电压一般应较满载时的电压高 5% ～ 10%。

(2) 变压器的负载运行

当变压器接有负载时，在二次绕组中将产生电流 i_2，如图 6-13 所示。

若忽略二次绕组电阻和漏磁通的影响时，则 $u_2=e_2$，所以此时一次、二次侧电压仍有 $U_1/U_2=k$ 的关系。

虽然变压器的一次、二次侧电压取决于电压比，但使用变压器时却不能只根据电压比来选用变压器。例如，一次、二次侧电压为 220V/110V，匝数比为 2 000/1 000 的变压器，若用来变换 1 000V/500V 的电压就会烧坏变压器。这是因为，设计变压器时，一、二次侧的电磁关系分别满足 $U_1=4.44fN_1\Phi_m$ 和 $U_2=4.44fN_2\Phi_m$，对于一次侧来讲，当 f、N_1 不变时，电源电压 U_1 的升高会使 Φ_m 增加，因而造成一次绕组中电流过大而烧坏变压器。同理，U_2 的升高也会使二次绕组产生过电流。

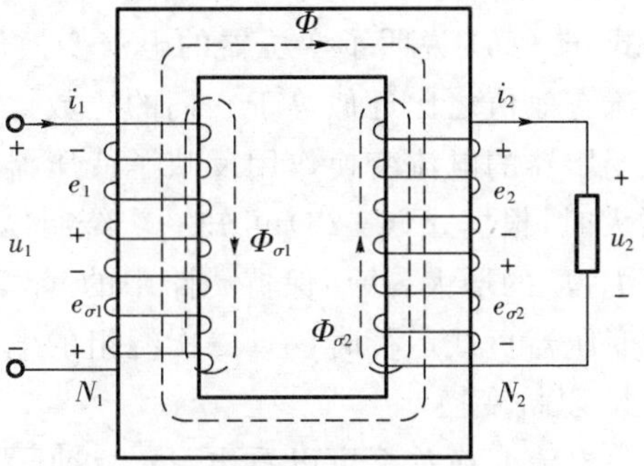

图 6-13　变压器的负载运行原理

2. 电流变换

当变压器的一次侧接电源、二次侧接负载 Z_L 时，一次侧电流为 i_1，铁心中的交变主磁通在二次绕组中感应出电动势 e_2，由 e_2 又产生 i_2 及磁通势 i_2N_2。

由式(6-20)可知，无论变压器空载还是有载，只要 U_1、N_1 及频率 f 一定时，Φ_m 就是一个确定不变的值，当变压器空载时主磁通由磁通势 i_0N_1 产生，此时的 i_0 称为空载电流，主要用于励磁。当变压器负载运行时，主磁通由合成磁通势($i_1N_1+i_2N_2$)产生，由于空载和有载时主磁通 Φ_m 值相同，因此变压器在空载及有载运行时的磁通势应相等，即

$$i_1N_1+i_2N_2=i_0N_1 \tag{6-22}$$

用相量可表示为

$$\dot{I}_1N_1+\dot{I}_2N_2=\dot{I}_0N_1 \tag{6-23}$$

由于变压器的空载电流 I_0 很小，在变压器接近额定负载时，一般 I_0 约为一次绕组额定电流 I_{1N} 的 2% ～ 10%，即 I_oN_1 远小于 I_1N_1 和 I_2N_2。所以相对 $\dot{I}_1N_1$ 和 I_2N_2，I_oN_1 可视为零。即

$$\dot{I}_1 N_1 + \dot{I}_2 N_2 \approx 0 \tag{6-24}$$

或

$$\dot{I}_1 N_1 \approx -\dot{I}_2 N_2 \tag{6-25}$$

式(6-25)中的负号说明 i_1 和 i_2 的相位相反，即 $i_2 N_2$ 对 $i_1 N_1$ 有去磁作用。

由式(6-25)可得出一次、二次绕组电流有效值之比为

$$\frac{I_1}{I_2} \approx \frac{N_2}{N_1} = \frac{1}{\dfrac{N_1}{N_2}} = \frac{1}{k} \tag{6-26}$$

式(6-26)说明了变压器的电流变换作用，当变压器负载运行时，其一次绕组和二次绕组电流有效值之比近似等于它们的匝数比的倒数。

变压器的电流变换作用反映了变压器通过磁路传递电能的过程，当变压器加负载致使 I_2 增大时，根据式(6-26)可知一次绕组电流 I_1 必随之增大，磁通势 $I_1 N_1$ 也必随之增大，以抵消 $I_2 N_2$ 的增大，从而保持磁路中的 Φ_m 不变，I_1 增大说明变压器从电源取得更多的能量。可见变压器负载运行时，一、二次绕组的电流 i_1、i_2 是通过主磁通紧密联系的。

3. 阻抗变换

由电流变换关系可以看出，虽然变压器一次、二次绕组之间没有直接的联系，但一次侧绕组的电流会随着二次侧的负载阻抗模 Z_L 的大小而变化。若 Z_L 减小，则 I_2 增大，$I_1 = I_2/k$ 也随着增大。因此，当二次侧接了负载阻抗 Z_L 就相当于一次侧电路存在一个等效的阻抗 Z'_L，它反映了二次侧阻抗 Z_L 对一次侧绕组电流 I_1 的影响。

在图 6-14(a) 中，点画线框里的总阻抗可用图 6-14(b) 中等效阻抗 Z'_L 来等效代替。所谓等效，就是保证图(a) 和(b) 中的电压、电流均相同。Z'_L 与 Z_L 的数值关系为

$$|Z'_L| = \frac{U_1}{I_1} = \frac{kU_2}{I_2/k} = k^2 |Z_L| \tag{6-27}$$

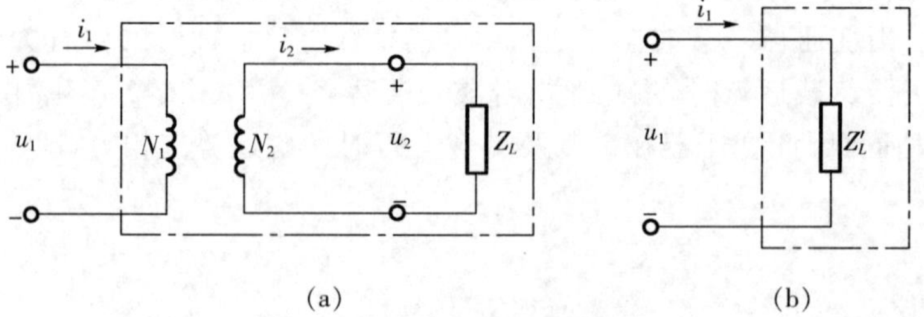

图 6-14　变压器的阻抗变换

由式(6-27)得出，接在变压器二次侧的阻抗模 $|Z_L|$ 折算到变压器一次侧的等效阻抗模 $|Z'_L| = k^2 |Z_L|$，这就是变压器的阻抗变换作用。

变压器的阻抗变换作用常用于电子电路中。例如，当负载与信号源内阻相等时，负载可

获得信号源输出的最大功率，此时称为阻抗匹配。若负载与信号源内阻不相等时，可利用变压器进行阻抗变换，以实现阻抗匹配。

6.2.3 变压器的外特性

由于变压器内部存在电阻和漏磁感抗，因此负载运行时，当负载电流流过二次侧时，变压器内部将产生阻抗压降，使二次侧端电压随负载电流的变化而变化，这种变化关系可用变压器的外特性来描述。

变压器的外特性是指一次侧的电源电压和二次侧负载的功率因数均为常数时，二次侧端电压随负载电流变化的规律，即可用外特性曲线 $U_2 = f(I_2)$ 来表示，如图 6-15 所示。对于电阻性和电感性负载而言，电压 U_2 随电流 I_2 的增加而下降；而对于电容性负载，电压 U_2 随电流 I_2 的增加而略呈上翘。

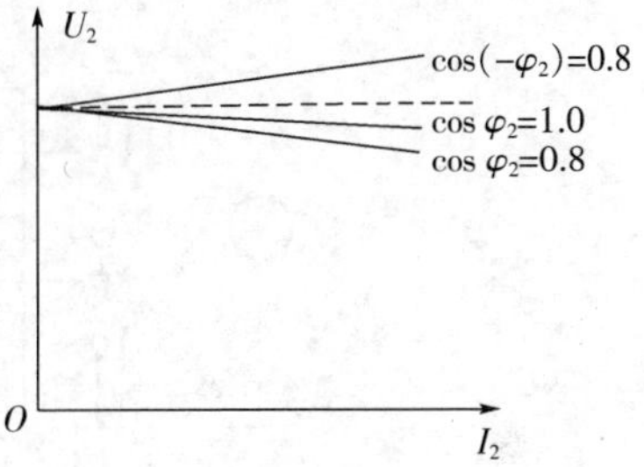

图 6-15　变压器的外特性

变压器带负载运行时，二次侧端电压的变化程度通常用电压变化率来表示。所谓电压变化率是指当一次侧接在额定频率和额定电压的电网上，负载功率因数一定时，从空载到负载运行时二次侧端电压的变化量 ΔU 与额定电压的百分比，用 $\Delta U\%$ 表示，即

$$\Delta U\% = \frac{\Delta U}{U_{2N}} \times 100\% = \frac{U_{20} - U_2}{U_{2N}} \times 100\%$$

在一般变压器中，由于其电阻和漏磁感抗均甚小，电压变化率是不大的，约为 5% 左右。

6.2.4 变压器的损耗和效率

正确地使用变压器，不仅能保证变压器正常工作，而且能使其使用寿命更长。因此必须了解变压器的损耗和效率，变压器的损耗和效率与交流铁心线圈一样，包括两部分：一部分是铜损 $\triangle P_{Cu}$（$\triangle P_{Cu} = I^2 R_{Cu}$），它是一次和二次侧两个线圈电阻 R_{Cu} 通过电流发热产生的损耗；另一部分是铁心的涡流损耗 $\triangle P_e$ 和磁滞损耗 $\triangle P_h$，两者合称为铁耗，用 $\triangle P_{Fe}$ 表示。

变压器的效率 η 为变压器的额定输出功率 P_{2N} 与对应的输入功率 P_1 的比值，通常用小数或百分数表示

$$\eta = \frac{P_{2N}}{P_1} \times 100\% \approx \frac{P_2}{P_1} \times 100\% = \frac{P_2}{P_2 + \Delta P_{Cu} + \Delta P_{Fe}} \times 100\% \qquad (6-28)$$

一般变压器的损耗较小，效率较高，大型电力变压器的效率可达 98% ～ 99%，小型变压器的效率约为 60% ～ 90%。

6.2.5 变压器绕组的极性

在使用变压器或者其他有磁耦合的互感线圈时，要注意绕组的正确联接。如图 6-16 所

示的电源变压器一次侧有两个绕组，接线端子分别为 1、2 和 3、4(二次绕组未画出)，如果每个绕组的额定电压都是 110V，当电源电压为 220V 时，两个绕组应当串联后才能接到电源上。正确地接线应如图 6-16(a) 所示，端子 2、3 联接，1、4 接电源，则瞬时电流从端子 1 流入，从端子 4 流出，这时两绕组中产生的磁通方向一致。

若端子的接线如图 6-16(b) 所示，将端子 1、3 联接，端子 2、4 接电源，显然两绕组产生的磁通方向是相反的，两者相互抵消，绕组中的感应电动势将很小，这时一次侧两个绕组电流将会很大，有可能被烧毁。

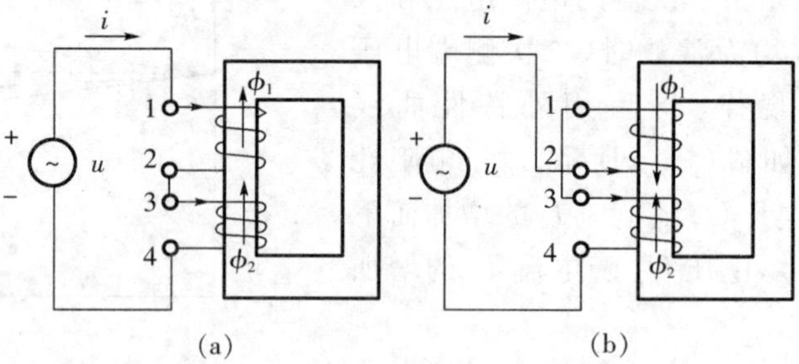

图 6-16 变压器绕组的联接

为了正确联接，我们在线圈上标以记号“·”或“＊”。标有“·”或“＊”记号的接线端子称为同极性端或称同名端，如图 6-17 中的 1、3、5 是同名端，而 2、4、6 就是另外同名端。当电流从线圈的同名端流入(或流出)时，各个绕组产生的磁通的方向相同；当磁通变化(增大或减小)时，在各个绕组同名端感应电动势的极性也相同。

线圈的同名端与线圈的绕向有关，绕向可见的线圈，可以根据线圈的绕向运用右手螺旋定则来确定几个线圈的同名端。在图 6-17(a) 中，令电流从线圈的端子同时流入或流出，若产生的磁通相同，则这些端子为同名端；反之，则为异名端。

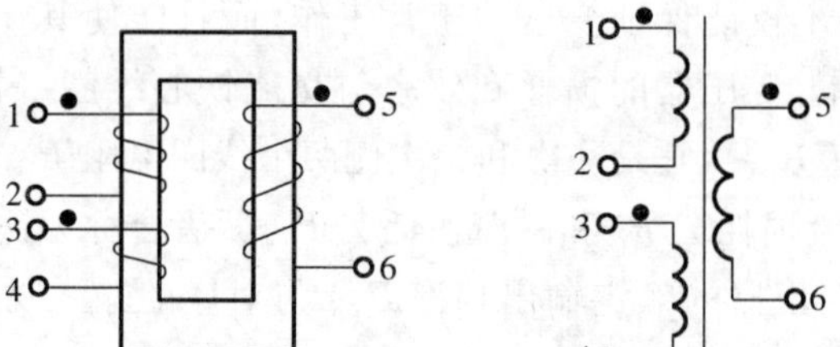

图 6-17 绕组的同名端

但是，已经制造的变压器或电器，从外观上已无法辨认各线圈的具体绕向，同名端也就无法看出，这就要用实验方法来测定同名端了。有关实验方法将在相关课程中介绍。

6.2.6 特殊变压器

随着工业的不断发展，除了前面介绍的普通双绕组变压器外，而且出现了适用于各种用途的特殊变压器。

1. 自耦变压器

自耦变压器是实验室和车间常用的一种交流调压设备，分为可调抽头和固定抽头两种形式。自耦变压器的特点是一次、二次绕组共用一个绕组，两者同在一个磁路上，如图6-18所示。此时一次绕组中的一部分充当二次绕组（自耦降压变压器）或二次绕组中的一部分充当一次绕组（自耦升压变压器），手动改变二次绕组的匝数，就可以获得不同的输出电压。因此，一次、二次绕组之间既有磁的关联，又有电的直接联系。

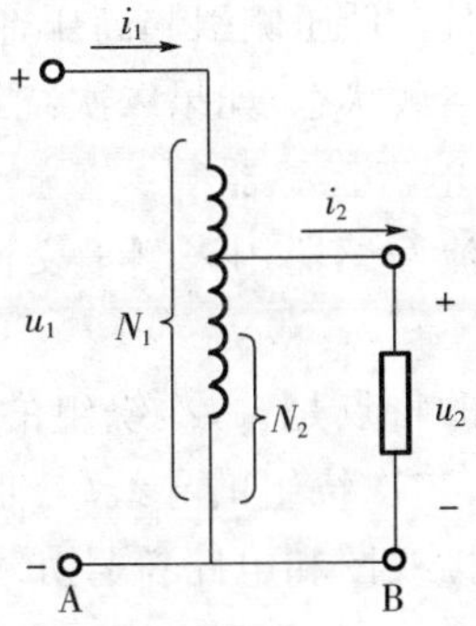

图 6-18　自耦变压器的原理电路

与双绕组的变压器相比较，自耦变压器虽然节约了一个独立的二次绕组，但是由于一次、二次绕组间有直接的电联系，在不当的接线或公共绕组部分断开的情况下二次侧会出现高电压，这将危及操作人员的安全。在图 6-18 中，若公共绕组部分断开，则负载上的电压是 u_1 而不是 u_2；又如，当变压器的输入接线端子 A 接电源的相线时，那么输出接线端子 B 也是相线电位，不注意这一点极易发生触电事故。

由上述分析可得，自耦变压器属于不安全变压器，因此机床照明灯等与操作人员直接接触的电器设备不允许使用自耦变压器变换电压。

2. 电压互感器

在高压交流电路中，须用电压互感器将高压通常转换成 100V 以内的低压，以供测量、继电保护及电路指示用。

电压互感器的基本结构和工作原理与普通单相变压器相似，它的一次绕组匝数较多与被测电路并联，二次绕组匝数较少与测量仪表或继电保护及电路指示电路联接。电压互感器的接线图和电路符号如图 6-19 所示。

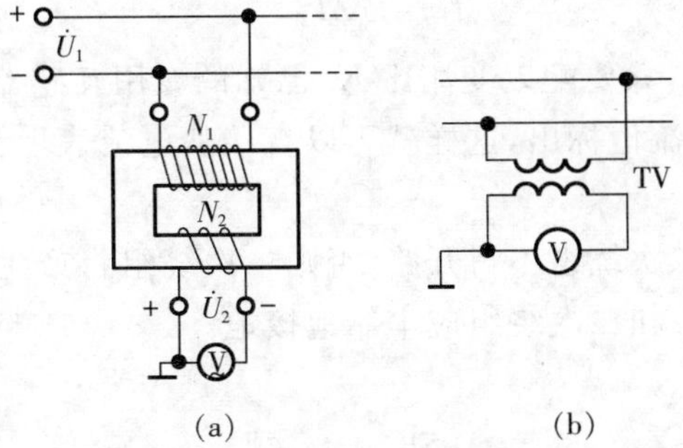

图 6-19　电压互感器的接线图和电路符号

(a) 接线图　(b) 电路符号

电压互感器只要选择合适的电压比，就能从二次绕组的电压表上间接地读出高压侧的电压值，如果配以专用的电压互感器，将联接在二次绕组的电压表的刻度按照高压侧的电压值标出，这样就可以直接从电压表上读出高压侧的电压值。

在实际使用中应注意：电压互感器的铁心和二次绕组必须可靠地接地，以防高压侧绕组绝缘损坏时在低压侧引起高压造成危险；同时二次绕组决不能短路，因为运行中的电压互感器是工作在空载状态，如果二次绕组短路，由于电流变得很大，将造成绕组过热而烧毁。

3. 电流互感器

电流互感器用来测量交流大电流或进行交流高压下电流的测量，它的结构与普通变压器相似。

它的特点是：一次绕组的导线较粗、匝数少(甚至只有一匝)，使用时一次绕组与被测电路串联；二次绕组的导线较细、匝数多，使用中规定与专用的 5A 或 1A 电流表相接。电流互感器的接线图和电路符号如图 6-20 所示。

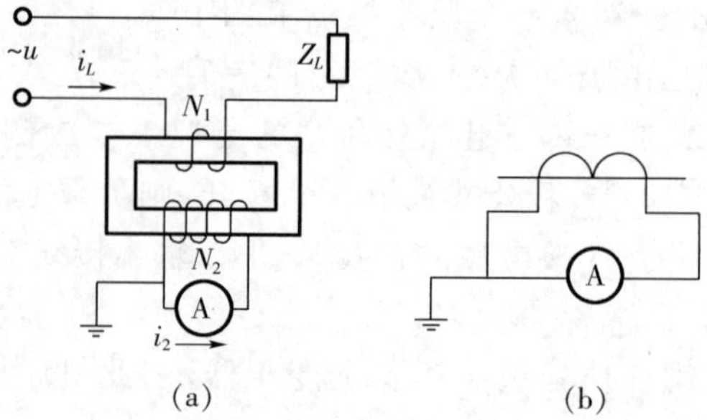

图 6-20　电流互感器的接线图和电路符号

(a) 接线图　(b) 电路符号

电流互感器是根据变压器的变流原理制成的，即

$$\frac{I_1}{I_2} \approx \frac{N_2}{N_1} = \frac{1}{K}$$

如令 $K_i = 1/K$，则

$$I_1 = K_i I_2 \tag{6-29}$$

上式中 K_i 为变流比。因而，只要配以变流比 K_i 已知的专用互感器，将联接在二次绕组的电流表刻度按照一次侧的电流值标出，这样就可以直接从电流表上读出一次侧所在线路中的电流数值。

实际使用中应注意：二次绕组不得开路，否则二次绕组将产生过高的危险电压。为了安全起见，电流互感器的铁心和二次绕组应牢靠地接地。

习　题

6-1　将一个空心线圈先后接到直流电源和交流电源上，然后在这个线圈中插入铁心，再接到上述的直流电源和交流电源上。如果交流电源电压的有效值和直流电源电压相等，在上述四种情况下，试比较通过线圈的电流和功率的大小，并说明其理由。

6-2　当一交流铁心线圈接在 $f=50\text{Hz}$ 的正弦电源上时，铁心中磁通的最大值 $\Phi_m = 2.25\times10^{-3}\,\text{Wb}$。在此铁心上再绕一个 200 匝的线圈。当此线圈开路时，求其两端电压。

6-3　将一铁心线圈接到$U=220V$，$f=50Hz$的交流电源上，其电流$I_1=5A$，$\cos\varphi=0.7$。若将此线圈中的铁心抽出，再接到上述电源上，则线圈中电流$I_2=10A$，$\cos\varphi=0.05$。试求此线圈在具有铁心时的铜损和铁损。

6-4　为了求出铁心线圈的铁损，先将它接在直流电源上，从而测得线圈的电阻为1.75Ω；然后接在交流电源上，测得电压$U=120V$，功率$P=70W$，电流$I=2A$，试求该线圈的铁损和功率因数。

6-5　什么是变压器？它是根据什么原理制成的？它具有什么主要功能？

6-6　从日本引进的一台变压器，其额定电压和我国电压等级吻合，但这台变压器在日本是运行在频率60Hz的电网上。问：

(1) 这台变压器接入我国的电力网中能否正常运行？可能出现什么问题？

(2) 若运行不正常，则应如何改装它？

6-7　为什么变压器铁心中的主磁通，基本上不随负载电流的变化而变化？

6-8　如图6-21所示是一电源变压器，一次绕组有550匝，接220V电压。二次绕组有两个：一个电压36V，负载36W；另一个电压24V，负载24W。两个都是纯电阻负载。试求：一次电流I_1和两个二次绕组的匝数。

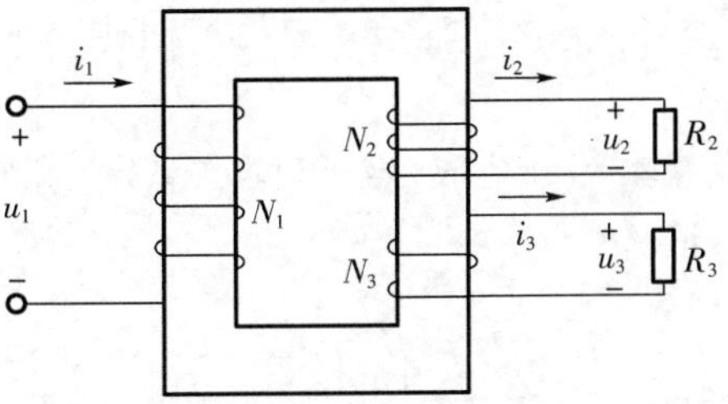

图6-21　题6-8图

6-9　某台变压器的额定容量为10kVA，额定电压为3 300/220V，试求：

(1) 一、二次绕组的额定电流；

(2) 满载时可接220V、40W的白炽灯多少盏？

(3) 满载时可接220V、40W、$\cos\varphi=0.45$的日光灯多少盏？

(4) 若已接100盏220V、40W的白炽灯，在不过载的情况下，还能接220V、40W、$\cos\varphi=0.45$的日光灯多少盏？

6-10　如图6-22所示电路是一个有3个二次绕组的电源变压器，根据图中各二次绕组所标出的输出电压，通过不同的联接方式，可以得出多少种输出电压？

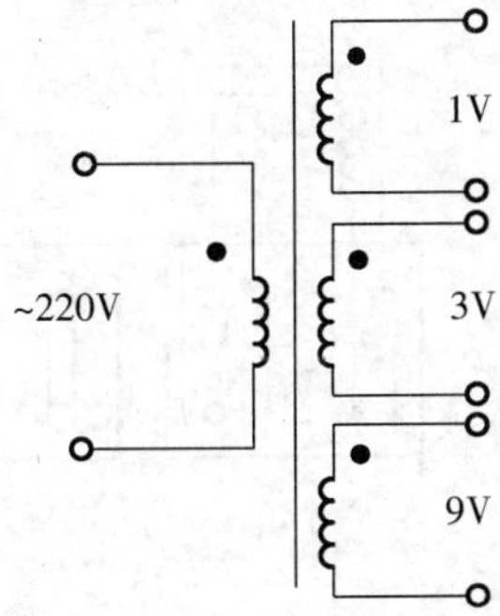

图6-22　题6-10图

第 7 章　异步交流电动机

利用电磁场进行机械能与电能互换的装置称为电机。把机械能转换成电能的电机，称为发电机。反之，把电能转换成机械能的电机称为电动机。电动机按照它所耗用的电能种类不同，可分为交流电动机和直流电动机。交流电动机还可分为异步电动机和同步电动机。

在工业生产上主要用的是交流电动机，特别是三相异步电动机，它被广泛地用来驱动各种金属切削机床、起重机、锻压机、传送带、铸造机械、功率不大的通风机及水泵等。有的生产机械只装配着一台电动机，如单轴钻床；有的需要好几台电动机，如某些机床的主轴、刀架、横梁以及润滑油泵和冷却油泵等都是由单独的电动机来驱动的。常见的 M7120 平面磨床就由三台电动机来驱动的。本章先讨论三相异步电动机，然后简要介绍单相异步电动机。

7.1　三相异步电动机的构造

三相异步电动机由两个基本部分组成：定子（固定部分）和转子（旋转部分）。图 7－1 所示的是三相异步电动机的构造。

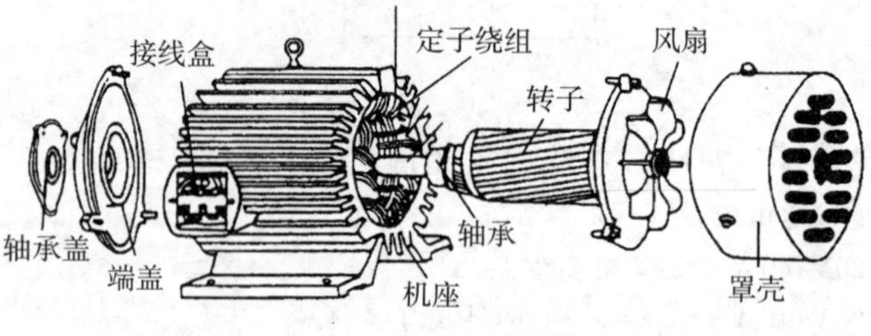

图 7－1　三相异步电动机的构造

三相异步电动机的定子由机座和装在机座内的圆筒形铁心以及其中的三相定子绕组组成。机座是用铸铁或铸钢制成的，铁心是由互相绝缘的硅钢片叠压成的。铁心的内圆周表面冲有槽（图 7－2），用以放置对称三相绕组 U_1U_2、V_1V_2、W_1W_2，有的接成星形，有的接成三角形。

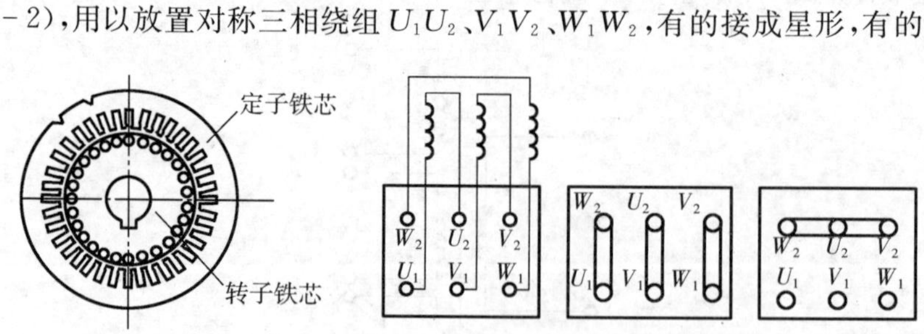

(a)六个出线端　(b)三角形联结　(c)星形联结

图 7－2　定子与转子的铁心片以及绕组的三角形和星形联结

三相异步电动机的转子根据构造上的不同分为两种型式：笼型和绕线型。转子铁心是圆柱状，也用硅钢片叠压成，表面冲有槽(图 7－2)。铁心装在转轴上，轴上加机械负载。

笼型的转子绕组做成鼠笼状，就是在转子铁心的槽中放铜条，其两端用端环联接(图 7－3)。或者在槽中浇铸铝液，铸成一鼠笼(图 7－4)，这样便可以用比较便宜的铝来代替铜，同时制造也快。因此，目前中小型笼型电动机的转子很多是铸铝的。笼型异步电动机的“鼠笼”是它的构造特点，易于识别。

(a)　(b)

图 7－3　笼型转子

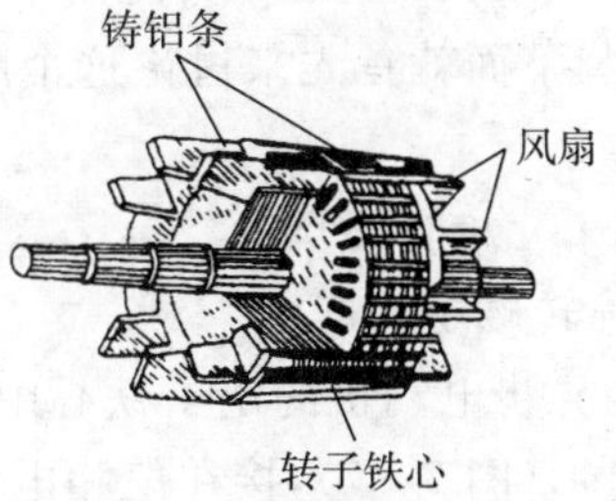

图 7－4　铸铝的笼型转子

绕线型异步电动机的构造如图 7－5 所示，它的转子绕组同定子绕组一样，也是三相的，作星形联结。它每相的始端联接在三个铜制的滑环上，滑环固定在转轴上。环与环，环与转轴都互相绝缘。在环上用弹簧压着碳质电刷。绕线型异步电动机的启动电阻和调速电阻是借助于电刷同滑环和转子绕组连接的。通常就是根据绕线型异步电动机具有三个滑环的构造特点来辨认它的。

图 7－5　绕线型异步电动机的构造

笼型与绕线型只是在转子的构造上不同，它们的工作原理是一样的。

笼型电动机由于构造简单，价格低廉，工作可靠，使用方便，成为生产上应用得最广泛的一种电动机。

7.2　三相异步电动机的转动原理

三相异步电动机接上电源，就会转动。这是什么道理呢？为了说明这个转动原理，先来做个演示。

图 7－6 所示的是一个装有手柄的蹄形磁铁，磁极间放有一个可以自由转动的、由铜条

组成的转子。铜条两端分别用铜环连接起来，形似鼠笼，作为笼型转子。磁极和转子之间没有机械联系。当摇动磁极时，发现转子跟着磁极一起转动。摇得快，转子转得也快；摇得慢，转子转得也慢；反摇，转子马上反转。从这一演示得出两点启示：第一，有一个旋转的磁场；第二，转子跟着磁场转动。异步电动机转子转动的道理是与上述演示相似的。那么，在三相异步电动机中，磁场从何而来，又怎么还会旋转呢？下面就首先来讨论这个问题。

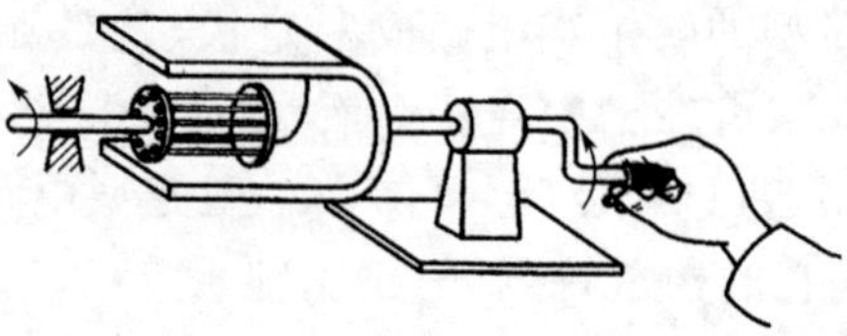

图 7-6　异步电动机转子转动的演示

7.2.1　旋转磁场

1. 旋转磁场的产生

三相异步电动机的定子铁心中放有三相对称绕组 U_1U_2，V_1V_2 和 W_1W_2。设将三相绕组联接成星形(图 7-7)，接在三相电源上，绕组中便通入三相对称电流

$$i_1 = I_m \sin\omega t$$

$$i_2 = I_m \sin(\omega t - 120°)$$

$$i_3 = I_m \sin(\omega t + 120°)$$

其波形如图 7-7 所示。取绕组始端到末端的方向作为电流的参考方向。在电流的正半周时，其值为正，其实际方向与参考方向一致；在负半周时，其值为负，其实际方向与参考方向相反。

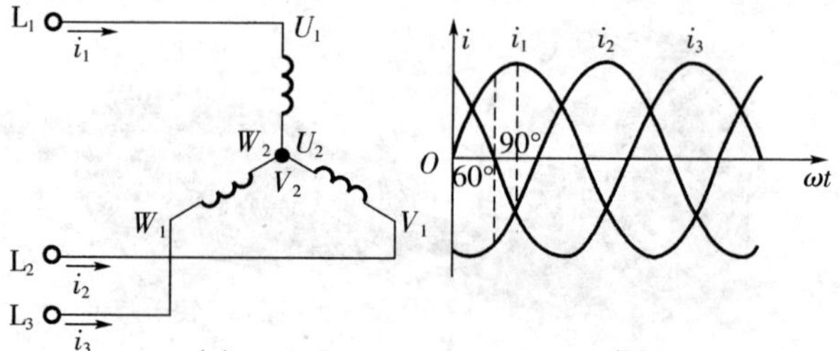

图 7-7　三相对称电流

在 $\omega t = 0$ 的瞬时，定子绕组中的电流方向如图 7-8(a) 所示。这时 $i_1 = 0$；i_2 是负的，其方向与参考方向相反，即自 V_2 到 V_1；i_3 是正的，其方向与参考方向相同，即自 W_1 到 W_2。将每相电流所产生的磁场相加，便得出三相电流的合成磁场。在图 7-8(a)，合成磁场轴线的方向是自上而下的。

图 7-8(b) 所示的是 $\omega t = 60°$ 时定子绕组中电流的方向和三相电流的合成磁场的方向。这时的合成磁场已在空间转过了 60°。

同理可得，在 $\omega t = 90°$ 时的三相电流的合成磁场比 $\omega t = 60°$ 时的合成磁场在空间又转过了 30°，如图 7-8(c) 所示。

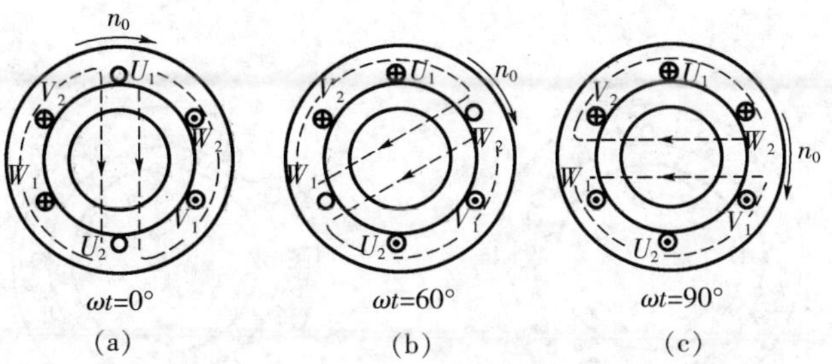

图 7-8　三相电流产生的旋转磁场($p=1$)

由上可知，当定子绕组中通入三相电流后，它们共同产生的合成磁场是随电流的交变而在空间不断地旋转着，这就是旋转磁场。这旋转磁场同磁极在空间旋转(图 7-6) 所起的作用是一样的。

2. 旋转磁场的转向

只要将同三相电源联接的三根导线中的任意两根的一端对调位置，例如将电动机三相定子绕组的 V_1 端改与电源 L_3 相连，W_1 与 L_2 相连，则旋转磁场就反转了(图 7-9)。分析方法与前相同。

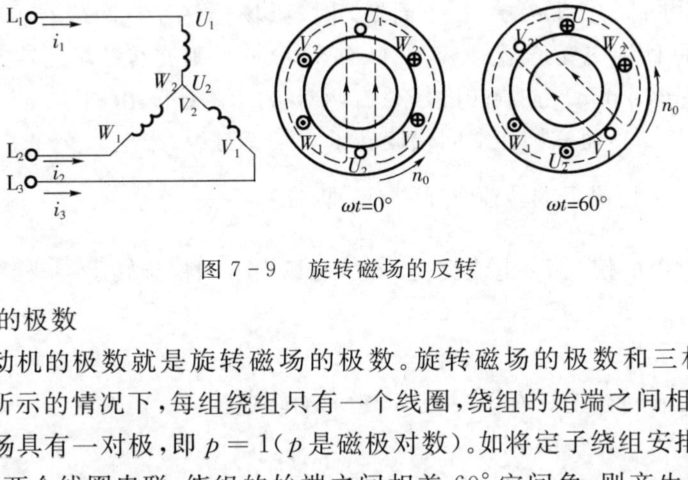

图 7-9　旋转磁场的反转

3. 旋转磁场的极数

三相异步电动机的极数就是旋转磁场的极数。旋转磁场的极数和三相绕组的安排有关。在如图 7-8 所示的情况下，每组绕组只有一个线圈，绕组的始端之间相差 120° 空间角，则产生的旋转磁场具有一对极，即 $p=1$(p 是磁极对数)。如将定子绕组安排得如图 7-10 那样，即每组绕组由两个线圈串联，绕组的始端之间相差 60° 空间角，则产生的旋转磁场具有两对极，即 $p=2$，如图 7-11 所示。

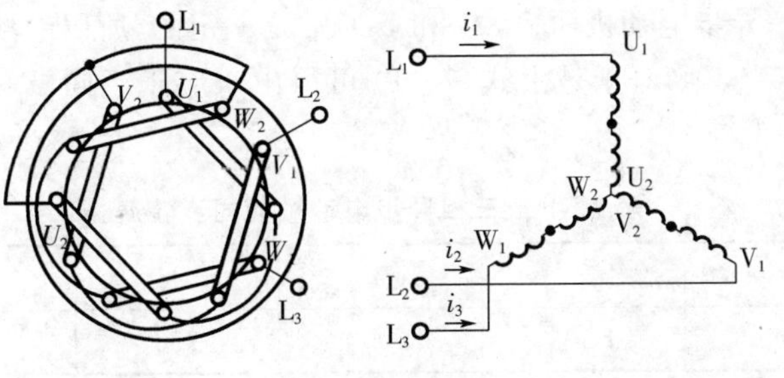

图 7-10　产生四极旋转磁场的定子绕组

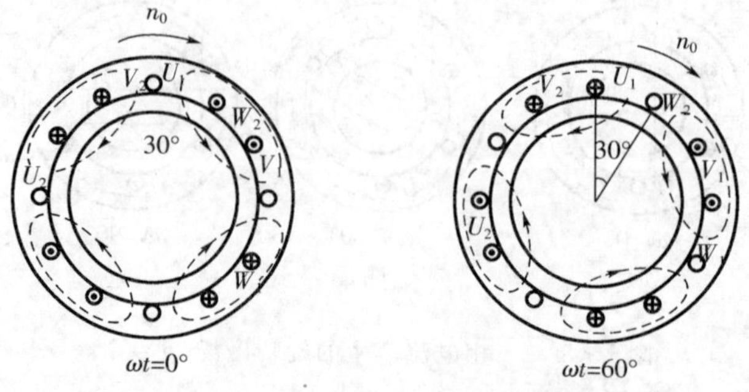

图 7-11　三相电流产生的旋转磁场($p=2$)

同理，如果要产生三对极，即 $p=3$ 的旋转磁场，则每相绕组必须有均匀安排在空间的串联的三个线圈，绕组的始端之间相差 $40°\left(\frac{120°}{p}\right)$空间角。

4. 旋转磁场的转速

至于三相异步电动机的转速，它与旋转磁场的转速有关，而旋转磁场的转速决定于磁场的极数。在一对极的情况下，由图 7-8 可见，当电流从 $\omega t=0$ 到 $\omega t=60°$ 时，磁场在空间也旋转了 60°。当电流交变了一次（一个周期）时，磁场恰好在空间旋转了一转。设电流的频率为 f_1，即电流每秒钟交变 f_1 次或每分钟交变 $60f_1$ 次，则旋转磁场的转速为 $n_0=60f_1$。转速的单位为转每分(r/min)。在旋转磁场只有两对极的情况下，由图 7-11 可见，当电流也从 $\omega t=0$ 到 $\omega t=60°$ 时，而磁场在空间仅旋转了 30°。就是说，当电流交变了一次时，磁场仅旋转了半转，比 $p=1$ 情况下的转速慢了一半，即 $n_0=\frac{60f_1}{2}$。

同理，在三对极的情况下，电流交变一次，磁场在空间仅旋转了 $\frac{1}{3}$ 转，只是 $p=1$ 情况下的转速的三分之一，即 $n_0=\frac{60f_1}{3}$。

由此推知，当旋转磁场具有 p 对极时，磁场的转速为

$$n_0=\frac{60f_1}{p} \tag{7-1}$$

因此，旋转磁场的转速 n_0 决定于电流频率 f_1 和磁场的极对数 p，而后者又决定于三相绕组的安排情况。对某一异步电动机而言，f_1 和 p 通常是一定的，所以磁场转速 n_0 是个常数。

在我国，工频 $f_1=50\text{Hz}$，于是由式(7-1)可得出对应于不同极对数 p 的旋转磁场转速 n_0(转每分)，见表 7-1。

表 7-1　三相异步电动机的同步转速

p	1	2	3	4	5	6
n_0(r/min)	3 000	1 500	1 000	750	600	500

7.2.2　电动机的转动原理

图 7-12 是三相异步电动机转子转动的原理图，图中 N、S 表示两极旋转磁场，转子中只示出两根导条（铜或铝）。当旋转磁场向顺时针方向旋转时，其磁通切割转子导条，导条中就感应出电动势。电动势的方向由右手定则确定。在这里应用右手定则时，可假设磁极不动，而转子导条向逆时针方向旋转切割磁通，这与实际上磁极顺时针方向旋转时磁通切割转子导条是相类似的。

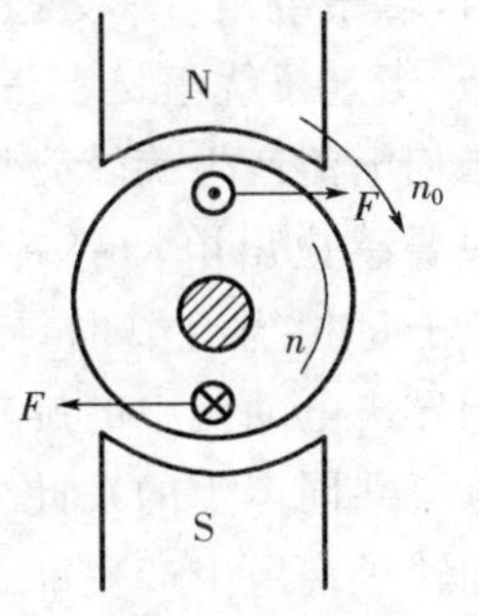

图 7-12　转子转动的原理图

在电动势的作用下，闭合的导条中就有电流。电流与旋转磁场相互作用，而使转子导条受到电磁力 F。电磁力的方向可应用左手定则来确定。由电磁力产生电磁转矩，转子就转动起来。由图 7-12 可见，转子转动的方向和磁极旋转的方向相同。这就是图 7-6 的演示中转子跟着磁场转动；当旋转磁场反转时，电动机也跟着反转。

7.2.3　转差率

由图 7-12 可见，电动机转子转动的方向与磁场旋转的方向相同，但转子的转速 n 不可能达到与旋转磁场的转速 n_0 相等，即 $n < n_0$。因为，如果两者相等，则转子与旋转磁场之间就没有相对运动，因而磁通就不切割转子导条，转子电动势、转子电流以及转矩也就都不存在。这样，转子就不可能继续以 n_0 的转速转动。因此，转子转速与磁场转速之间必须要有差别。这就是异步电动机名称中异步的由来。而旋转磁场的转速 n_0 常称为同步转速。

我们用转差率 s 来表示转子转速 n 与磁场转速 n_0 相差的程度，即

$$s = \frac{n_0 - n}{n_0} \tag{7-2}$$

转差率是异步电动机的一个重要的物理量。转子转速愈接近磁场转速，则转差率愈小。由于三相异步电动机的额定转速与同步转速相近，所以它的转差率很小。通常异步电动机在额定负载时的转差率约为 1% ～ 9%。

当 $n = 0$ 时（启动初始瞬间），$s = 1$，这时转差率最大。

式(7-2) 也可写为

$$n = (1 - s)n_0 \tag{7-3}$$

【例 7-1】　有一台三相异步电动机，其额定转速 $n = 975\text{r/min}$。试求电动机的极数和额定负载时的转差率。电源频率 $f_1 = 50\text{Hz}$。

【解】　由于电动机的额定转速接近而略小于同步转速，而同步转速对应于不同的极对数有一系列固定的数值。显然，与 975r/min 最相近的同步转速 $n_0 = 1\,000\text{r/min}$，与此相应的磁极对数 $p = 3$。因此，额定负载时的转差率为

$$s = \frac{n_0 - n}{n_0} \times 100\% = 2.5\%$$

7.3 三相异步电动机的电路分析

图 7－13 是三相异步电动机的每相电路图。和变压器相比，定子绕组相当于变压器的一次绕组，转子绕组（一般是短接的）相当于二次绕组。三相异步电动机中的电磁关系同变压器类似。当定子绕组接上三相电源电压（相电压为 u_1）时，则有三相电流（相电流为 i_1）通过。定子三相电流产生旋转磁场，其磁通通过定子和转子铁心而闭合。这磁场不仅在转子每相绕组中要感应出电动势 e_2（由此产生电流 i_2），而且在定子每相绕组中也要感应出电动势 e_1（实际上三相异步电动机中的旋转磁场是由定子电流和转子电流共同产生的）。此外，还有漏磁通，在定子绕组和转子绕组中产生漏磁电动势 $e_{\sigma1}$ 和 $e_{\sigma2}$。

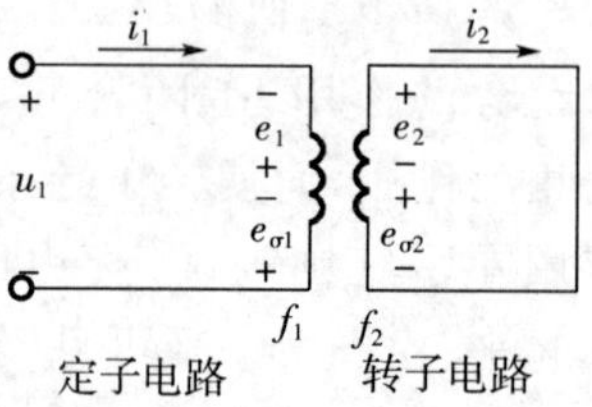

图 7－13 三相异步电动机的每相电路图

定子和转子每相绕组的匝数分别为 N_1 和 N_2。

7.3.1 定子电路

定子每相电路的电压方程和变压器一次绕组电路的一样，即

$$u_1 = R_1 i_1 + (-e_{\sigma1}) + (-e_1) = R_1 i_1 + L_{\sigma1}\frac{\mathrm{d}i_1}{\mathrm{d}t} + (-e_1) \tag{7-4}$$

如用相量表示，则为

$$\dot{U}_1 = R_1\dot{I}_1 + (-\dot{E}_{\sigma1}) + (-\dot{E}_1) = R_1\dot{I}_1 + \mathrm{j}X_1\dot{I}_1 + (-\dot{E}_1) \tag{7-5}$$

式中，R_1 和 X_1 分别为定子每相绕组的电阻和感抗（漏磁感抗）。

和变压器一样，也可得出

$$\dot{U}_1 \approx -\dot{E}_1$$

和

$$E_1 = 4.44 f_1 N_1 \Phi_1 \approx U_1 \tag{7-6}$$

式中，Φ 是通过每相绕组的磁通最大值，在数值上它等于旋转磁场的每级磁通；f_1 是 e_1 的频率。因为旋转磁场和定子间的相对转速为 n_0，所以

$$f_1 = \frac{p\,n_0}{60} \tag{7-7}$$

即等于电源或定子电流的频率。

7.3.2 转子电路

转子每相电路的电压方程为

$$e_2 = R_2 i_2 + (-e_{\sigma 2}) = R_2 i_2 + l_{\sigma 2}\frac{\mathrm{d}i}{\mathrm{d}t} \tag{7-8}$$

如用相量表示,则为

$$\dot{E}_2 = R_2 \dot{I}_2 + (-\dot{E}_{\sigma 2}) = R_2 \dot{I}_2 + \mathrm{j}X_2 \dot{I}_2 \tag{7-9}$$

式中,R_2 和 X_2 分别为转子每相绕组的电阻和感抗(漏磁感抗)。

上式中转子电路的各个物理量对电动机的性能都有影响,现分述如下。

1. 转子频率 f_2　因为旋转磁场和转子间的相对转速为$(n_0 - n)$,所以转子频率

$$f_2 = \frac{p(n_0 - n)}{60}$$

上式也可写成

$$f_2 = \frac{n_0 - n}{n_0} \times \frac{p n_0}{60} = s f_1 \tag{7-10}$$

可见转子频率 f_2 与转差率 s 有关,也就是与转速 n 有关。

在 $n = 0$,即 $s = 1$ 时(电动机启动初始瞬间),转子与旋转磁场间的相对转速最大,转子导条被旋转磁通切割得最快。所以这时 f_2 最高,即 $f_2 = f_1$。异步电动机在额定负载时,$s = 1\% \sim 9\%$,则 $f_2 = 0.5 \sim 4.5\mathrm{Hz}(f_1 = 50\mathrm{Hz})$。

2. 转子电动势 E_2　转子电动势 e_2 的有效值为

$$E_2 = 4.44 f_2 N_2 \phi = 4.44 s f_1 N_2 \phi \tag{7-11}$$

在 $n = 0$,即 $s = 1$ 时,转子电动势为

$$E_{20} = 4.44 f_1 N_2 \phi \tag{7-12}$$

这时 $f_2 = f_1$,转子电动势最大。

由上两式可得出

$$E_2 = s E_{20} \tag{7-13}$$

可见转子电动势 E_2 与转差率 s 有关。

3. 转子感抗 X_2　与转子频率 f_2 有关,即

$$X_2 = 2\pi f_2 L_{\sigma 2} = 2\pi s f_1 L_{\sigma 2} \tag{7-14}$$

在 $n = 0$,即 $s = 1$ 时,转子感抗为

$$X_{20} = 2\pi f_1 L_{\sigma 2} \tag{7-15}$$

这时 $f_2 = f_1$,转子感抗最大。

由上两式可得出

$$X_2 = s X_{20} \tag{7-16}$$

可见转子感抗 X_2 与转子率 s 有关。

4. 转子电流 I_2　转子每相电路的电流可由式(7-9)得出,即

$$I_2 = \frac{E_2}{\sqrt{R_2^2 + X_2^2}} = \frac{sE_{20}}{\sqrt{R_2^2 + (sX_{20})^2}} \tag{7-17}$$

可见转子电流 I_2 也与转差率 s 有关。当 s 增大,即转速 n 降低,转子与旋转磁场间的相对旋速($n_0 - n$)增加,转子导体切割磁通的速度提高,于是 E_2 增加,I_2 也增加。I_2 随 s 变化的关系可用图 7-14 的曲线表示。当 $s = 0$,即 $n_0 - n = 0$,$I_2 = 0$;当 s 很小时,$R_2 \geqslant sX_{20}$,$I_2 \approx \frac{sE_{20}}{R_2}$,$I_2$ 即与 s 近似地成正比;当 s 接近 1 时,$sX_{20} \gg R_2$,$I_2 \approx \frac{E_{20}}{X_{20}}$。

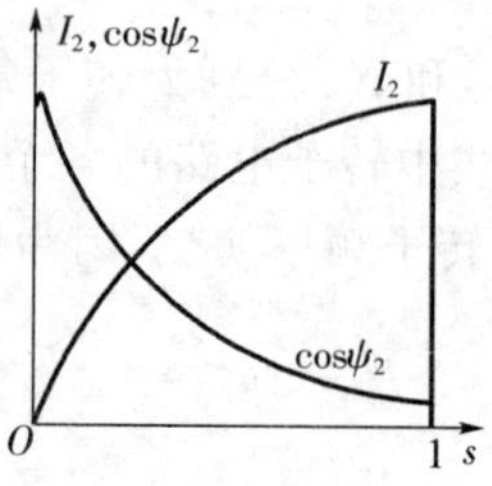

图 7-14　I_2 和 $\cos\varphi_2$ 与转差率 S 的关系

5. 转子电路的功率因数 $\cos\varphi_2$

由于转子有漏磁通,相应的感抗为 X_2,因此 $\dot{I}_2$ 比 $\dot{E}_2$ 滞后 φ_2 角。因而转子电路的功率因数为

$$\cos\varphi_2 = \frac{R_2}{\sqrt{R_2^2 + X_2^2}} = \frac{R_2}{\sqrt{R_2^2 + (sX_{20})^2}} \tag{7-18}$$

它也与转差率 s 有关。当 s 增大时,X_2 也增大,于是 φ_2 增大,即 $\cos\varphi_2$ 减小。$\cos\varphi_2$ 随 s 的变化关系也体现在图 7-14 中。当 s 很小时,$R_2 \geqslant sX_{20}$,$\cos\varphi_2 \approx 1$;当 s 接近 1 时,$\cos\varphi_2 = \frac{R_2}{sX_{20}}$,即两者之间近似地有双曲线的关系。

由上述可知,转子电路的各个物理量,如电动势、电流、频率、感抗及功率因数等与转差率有关,亦即与转速有关。这是学习三相异步电动机时应注意的一个特点。

7.4　三相异步电动机的转矩与机械特性

电磁转矩 T(以下简称转矩)是三相异步电动机的最重要的物理量之一,机械特性是它的主要特性。对电动机进行分析往往离不开它们。

7.4.1　转矩公式

异步电动机的转矩是由旋转磁场的每极磁通 ϕ 与转子电流 I_2 相互作用而产生的。但因转子电路是电感性的,转子电流 $\dot{I}_2$ 比转子电动势 $\dot{E}_2$ 滞后 ψ_2 角。

因

$$T = \frac{P_\phi}{\Omega_0} = \frac{P_\phi}{\frac{2\pi n_0}{60}}$$

电磁转矩与电磁功率 P_ϕ 成正比，和讨论有功功率一样，也要引入 $\cos\psi_2$，于是得出

$$T = K_T \phi I_2 \cos\psi_2 \tag{7-19}$$

式中，K_T 是一常数，它与电动机的结构有关。

由式(7－19) 可见，转矩除与 ϕ 成正比外，还与 $I_2\cos\psi_2$ 成正比。

再根据式(7－6)，式(7－17) 及式(7－18) 可知

$$\phi = \frac{E_1}{4.44 f_1 N_1} \approx \frac{U_1}{4.44 f_1 N_1} \propto U_1$$

$$I_2 = \frac{sE_{20}}{\sqrt{R_2^2 + (sX_{20})^2}} = \frac{s(4.44 f_1 N_2 \phi)}{\sqrt{R_2^2 + (sX_{20})^2}}$$

$$\cos\psi_2 = \frac{R_2}{\sqrt{R_2^2 + (sX_{20})^2}}$$

由于 I_2 和 $\cos\psi_2$ 与转差率 s 有关，所以转矩 T 也与 s 有关。

如果将上列三式代入式(7－19)，则得出转矩的另一个表示式

$$T = K\frac{sR_2U_1^2}{R_2^2 + (sX_{20})^2} \tag{7-20}$$

式中，K 是一常数。

由上式可见，转矩 T 还与定子每相电压 U_1 的平方成比例，所以当电源电压有所变动时，对转矩的影响很大。此外，转矩 T 还受转子电阻 R_2 的影响。

7.4.2　机械特性曲线

在一定的电源电压 U_1 和转子电阻 R_2 之下，转矩与转差率的关系曲线 $T = f(s)$ 或转速与转矩的关系曲线 $n = f(T)$，称为电动机的机械特性曲线。它可根据式(7－19) 并参照图 7－14 得出，如图 7－15 所示。图 7－16 的 $n = f(T)$ 曲线可从图 7－15 得出。只需将 $T = f(s)$ 曲线顺时针方向转过 90°，再将表示 T 的横轴移下即可。

研究机械特性的目的是为了分析电动机的运行性能。在机械特性曲线上我们要讨论三个转矩。

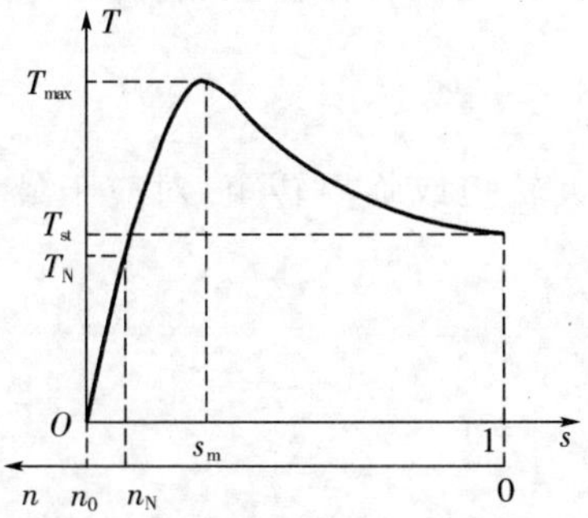

图 7－15　三相异步电动机的 $T = f(s)$ 曲线

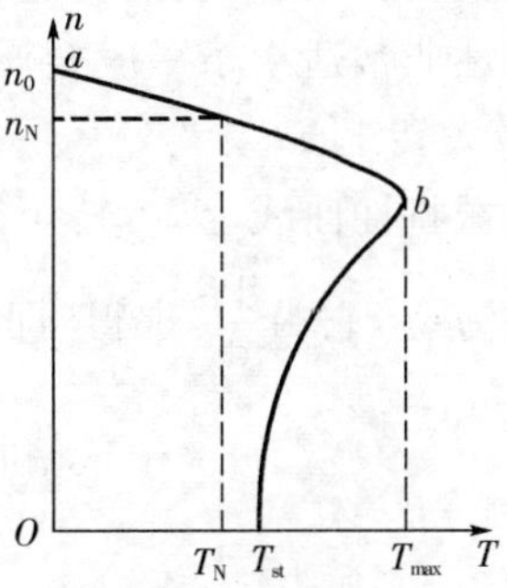

图 7－16　三相异步电动机的 $n = f(T)$ 曲线

1. 额定转矩 T_N

在等速转动时，电动机的转矩 T 必须与阻转矩 T_C 相平衡，即

$$T = T_C$$

阻转矩主要是机械负载转矩 T_2。此外，还包括空载损耗转矩（主要是机械损耗转矩）T_0。由于 T_0 很小，常可忽略，所以

$$T = T_2 + T_0 \approx T_2 \tag{7-21}$$

并由此得

$$T \approx T_2 = \frac{P_2}{\frac{2\pi n}{60}}$$

式中，P_2 是电动机轴上输出的机械功率。上式中转矩的单位是牛·米（N·m）；功率的单位是瓦（W）；转速的单位是转每分（r/min）。功率如用千瓦为单位，则得出

$$T = 9\,550\,\frac{P_2}{n} \tag{7-22}$$

额定转矩是电动机在额定负载时的转矩，它可从电动机铭牌上的额定功率（输出机械功率）和额定转速应用式（7-22）求得。

例如某普通车床的主轴电动机（Y132M－4 型）的额定功率为 7.5kW，额定转速为 1 440r/min，则额定转矩为

$$T = 9\,550\,\frac{P_{2N}}{n_N} = 9\,550 \times \frac{7.5}{1\,440}\text{N}\cdot\text{m} = 49.7\text{N}\cdot\text{m}$$

通常三相异步电动机都工作在图 7-16 所示特性曲线的 ab 段。当负载转矩增大（譬如车床切削时的吃刀量加大，起重机的起重量加大）时，在最初瞬间电动机的转矩 $T < T_C$，所以它的转速 n 开始下降。随着转速的下降，由图 7-16 可见，电动机的转矩增加了，因为这时 I_2 增加的影响超过 $\cos\psi_2$ 减小的影响（参见图 7-14 和式 7-19）。当转矩增加到 $T = T_C$ 时，电动机在新的稳定状态下运行，这时转速较前变低。但是，ab 段比较平坦，当负载在空载与额定值之间变化时，电动机的转速变化不大。这种特性称为硬的机械特性。三相异步电动机的这种硬特性非常适用于一般金属切削机床。

2. 最大转矩 T_{max}

从机械特性曲线上看，转矩有一个最大值，称为最大转矩或临界转矩。对应于最大转矩的转差率为 s_m，它由 $\frac{dT}{ds}$ 求得，即

$$\frac{dT}{ds} = \frac{d}{ds}\left[K\,\frac{sR_2U_1^2}{R_2^2 + (sX_{20})^2}\right] = 0$$

得

$$s = s_m = \pm \frac{R_2}{X_{20}} \quad (\text{取正值})$$

得

$$s_m = \frac{R_2}{X_{20}} \tag{7-23}$$

再将 s_m 代入式(7-20)，则得

$$T_{\max} = K \frac{U_1^2}{2X_{20}} \tag{7-24}$$

由上列两式可见，$T_{\max}$ 与 U_1^2 成正比，而与转子电阻 R_2 无关；s_m 与 R_2 有关，R_2 愈大，s_m 也愈大。

上述关系表示在图 7-17 和图 7-18 中。

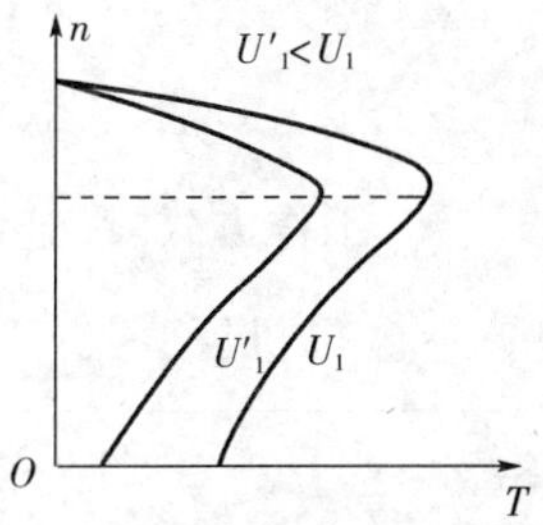

图 7-17　对应于不同电源电压 U_1 的 $n = f(T)$ 曲线(R_2 = 常数)

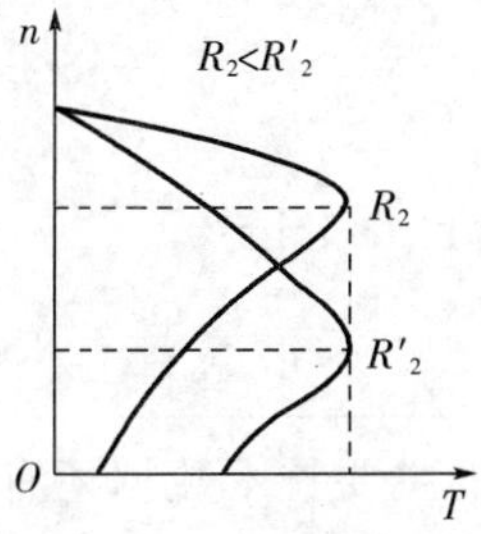

图 7-18　对应于不同转子电阻 R_2 的 $n = f(T)$ 曲线(U_1 = 常数)

当负载转矩超过最大转矩时，电动机就带不动负载了，发生所谓闷车现象。闷车后，电动机的电流马上升高六七倍，电动机严重过热，以致烧坏。

另外一个方面，也说明电动机的最大过载可以接近最大转矩。如果过载时间较短，电动机不至于立即过热，是允许的。因此，最大转矩也表示电动机短时容许过载能力。电动机的额定转矩 T_N 比 $T_{\max}$ 要小，两者之比称为过载系数 λ，即

$$\lambda = \frac{T_{\max}}{T_N} \tag{7-25}$$

一般三相异步电动机的过载系数为 1.8 ～ 2.2。在选用电动机时，必须考虑可能出现的最大负载转矩，而后根据所选电动机的过载系数算出电动机的最大转矩，它必须大于最大负载转矩。否则，就要重选电动机。

3. 启动转矩 T_{st}

电动机刚启动($n = 0, s = 1$)时的转矩称为启动转矩。将 $s = 1$ 代入式(7-20)即得出

$$T_{st} = K \frac{R_2 U_1^2}{R_2^2 + X_{20}^2} \tag{7-26}$$

由上式可见，T_{st} 与 U_1^2 及 R_2 有关。当电源电压 U_1 降低时，启动转矩会减小(图 7-17)。

当转子电阻适当增大时，启动转矩会增大（图 7－18）。由式（7－24）、式（7－25）及式（7－26）可推出：当 $R_2=X_{20}$ 时，$T_{st}=T_{\max}$，$s_m=1$。但继续增大 R_2 时，T_{st} 就要随着减少，这时 $s_m>1$。

7.5　三相异步电动机的使用

7.5.1　三相异步电动机的铭牌数据

要正确使用电动机，必须要看懂铭牌。今以 Y132M－4 型电动机为例，来说明铭牌上各个数据的意义。

三相异步电动机					
型号	Y132M－4	功　　率	7.5kW	频　　率	50Hz
电压	380V	电　　流	15.4A	接　　法	Δ
转速	1 440r/min	绝缘等级	B	工作方式	连续
年　月　编号				××电机厂	

此外，它的主要技术数据还有：功率因数 0.85，效率 87％。

1. 型号

为了适应不同用途和不同工作环境的需要，电动机制成不同的系列，每种系列用各种型号表示。型号说明，例如

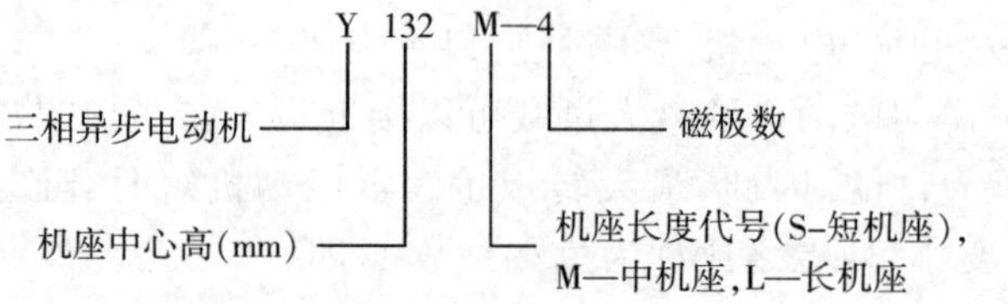

异步电动机的产品名称代号及其汉字意义摘录于表 7－2 中。

表 7－2　异步电动机产品名称代号

产品名称	新代号	汉字意义	老代号
异步电动机	Y	异	J,JO
绕线型异步电动机	YR	异绕	JR,JRO
防爆型异步电动机	YB	异爆	JB,JBS
高启动转矩异步电动机	YQ	异起	JO,JQO

2. 接法

这是指定子三相绕组的接法。一般笼型电动机的接线盒中有六根引出线，标有 U_1，V_1，W_1，U_2，V_2，W_2，其中：

U_1，U_2 是第一相绕组的两端（旧标号是 D_1，D_4）；

V_1，V_2 是第二相绕组的两端（旧标号是 D_2，D_5）；

W_1，W_2 是第三相绕组的两端（旧标号是 D_3，D_6）。

如果 U_1，V_1，W_1 分别为三相绕组的始端（头），则 U_2，V_2，W_2 是相应的末端（尾）。这六个引出线端在接电源之前，相互间必须正确连接。连接方法有星形联结和三角形联结两种（图 7－19）。通常三相异步电动机自 3kW 以下者，联结成星形；自 4kW 以上者，联结成三角形。

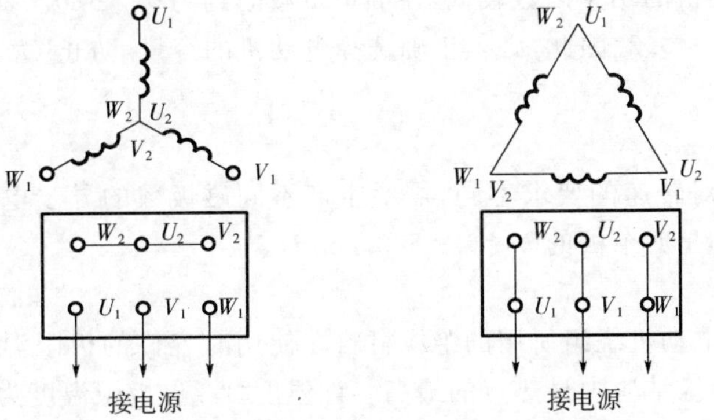

图 7－19　定子绕组的星形联结和三角形联结

3. 电压

铭牌上所标的电压值是指电动机在额定运行时定子绕组上应加的线电压值。一般规定电动机的电压不应高于或低于额定值的 5%。当电压高于额定值时，磁通将增大（因 $U_1 \approx 4.44 f_1 N_1 \phi$）。若所加电压较额定电压高出较多，这将使励磁电流大大增加，电流大于额定电流，使绕组过热。同时，由于磁通的增大，铁损（与磁通平方成正比）也就增大，使定子铁心过热。但常见的是电压低于额定值。这时引起转速下降，电流增加。如果在满载或接近满载的情况下，电流的增加将超过额定值，使绕组过热，还必须注意，在低于额定电压下运行时，和电压平方成正比的最大转矩 T_{max} 会显著地降低，这对电动机的运行也是不利的。三相异步电动机的额定电压有 380V、3 000V 及 6 000V 等多种。

4. 电流

铭牌上所标的电流值是指电动机在额定运行时定子绕组的线电流值。当电动机空载时，转子转速接近于旋转磁场的转速，两者之间相对转速很小，所以转子电流近似为零，这时定子电流几乎全为建立旋转磁场的励磁电流。

5. 功率与效率

铭牌上所标的功率值是指电动机在额定运行时轴上输出的机械功率值。输出功率与输入功率不等，其差值等于电动机本身的损耗功率，包括铜损、铁损及机械损耗等。所谓效率 η，就是输出功率与输入功率的比值。

如以 Y132M－4 型电动机为例：

输入功率 $P_1 = \sqrt{3}U_l I_l \cos\varphi = \sqrt{3} \times 380 \times 15.4 \times 0.85\text{W} = 8.6\text{kW}$

输出功率 $P_2 = 7.5\text{kW}$

效　　率 $\eta = \dfrac{P_2}{P_1} = \dfrac{7.5}{8.6} \times 100\% = 87\%$

一般笼型电动机在额定运行时的效率约为 72％～93％。

6. 功率因数

因为电动机是电感性负载，定子相电流比相电压滞后一个 φ 角，$\cos\varphi$ 就是电动机的功率因数。三相异步电动机的功率因数较低，在额定负载时约为 0.7～0.9，而在轻载和空载时更低，空载时只有 0.2～0.3。因此，必须正确选择电动机的容量，防止“大马拉小车”，并力求缩短空载的时间。

7. 转速

由于生产机械对转速的要求不同，需要生产不同磁极数的异步电动机，因此有不同的转速等级。最常用的是四个极的（$n_0 = 1\,500\text{r/min}$）。

8. 绝缘等级

绝缘等级是按电动机绕组所用的绝缘材料在使用时容许的极限温度来分级的。所谓极限温度，是指电机绝缘结构中最热点的最高容许温度。B 级，极限温度为 130℃。

9. 工作方式

电动机的工作方式分为八类，用字母 $S_1 \sim S_8$ 分别表示。例如：连续工作方式（S_1）；短时工作方式（S_2），分 10，30，60，90min 四种；断续周期性工作方式（S_3），其周期由一个额定负载时间和一个停止时间组成，额定负载时间与整个周期之比称为负载持续率。标准持续率有 15％，25％，40％，60％ 几种，每个周期为 10min。

7.5.2　三相异步电动机的启动

交流异步电动机常用的启动方法有直接启动和降压启动两种。

1. 直接启动

直接启动就是利用闸刀开关或接触器将电动机直接接到具有额定电压的电源上。这种启动方法虽然简单，但如上所述，由于启动电流较大，将使线路电压下降，影响负载正常工作。

一台电动机能否直接启动，有一定规定。有的地区规定：用电单位如有独立的变压器，则在电动机启动频繁时，电动机容量小于变压器容量的 20％ 时允许直接启动；如果电动机不经常启动，它的容量小于变压器容量的 30％ 时允许直接启动。如果没有独立的变压器（与照明公用），电动机直接启动时所产生的电压降不应超过 5％。

2. 降压启动

如果电动机直接启动时所引起的线路电压降较大，必须采用降压启动。就是在启动时降低加在电动机定子绕组上的电压，以减小启动电流。笼型电动机的降压启动常用下面几种方法：

(1) 星形－三角形(Y－Δ)换接启动

如果电动机在工作时其定子绕组是连接成三角形的，那么在启动时可把它接成星形，等到转速接近额定值时再换接成三角形联结。这样，在启动时就把定子每相绕组上的电压降到正常工作电压的$\frac{1}{\sqrt{3}}$。降压启动时，线电流降为直接启动的$\frac{1}{3}$。

(2) 自耦降压启动

自耦降压启动是利用三相自耦变压器将电动机在启动过程中的端电压降低，自耦变压器备有抽头，以便得到不同的电压(例如为电源电压的73%，64%，55%)，根据对启动转矩的要求而选用。

自耦降压启动适用于容量较大的或正常运行时为星形联结不能采用星三角启动器的笼型异步电动机。

7.5.3 三相异步电动机的调速

调速就是在同一负载下能得到不同的转速，以满足生产过程的要求。例如各种切削机床的主轴运动随着工件与刀具的材料、工件直径、加工工艺的要求及走刀量的大小等的不同，要求有不同的转速，以获得最高的生产率和保证加工质量。如果采用电气调速，就可以大大简化机械变速机构。

在讨论异步电动机的调速时，首先从研究公式出发。下式表明，改变电动机的转速有

$$n=(1-s)n_0=(1-s)\frac{60f_1}{p}$$

三种可能，即改变电源频率f_1、极对数p及转差率s。前两者是笼型电动机的调速方法，后者是绕线型电动机的调速方法。现分别讨论如下。

1. 变频调速

近年来变频调速技术发展很快，目前主要采用如图7－20所示的变频调速装置，它主要由整流器、中间直流环节、逆变器和控制回路组成。整流器先将频率f为50Hz的三相交流电变换为直流电，再由逆变器变换为频率f_1可调、电压有效值U_1也可调的三相交流电，供给三相笼型电动机。由此可得到电动机的无级变速，并具有硬的机械特性。

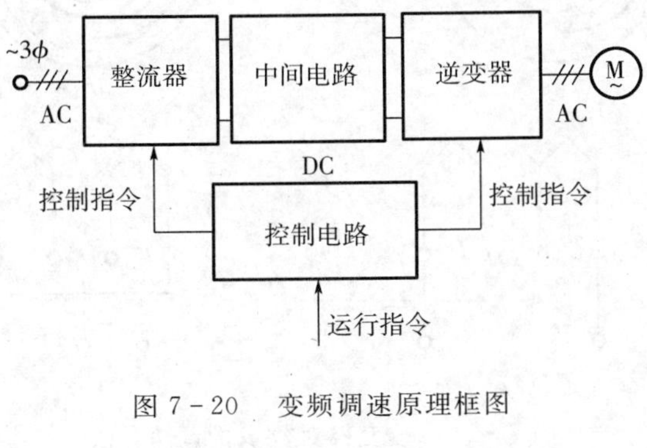

图7－20 变频调速原理框图

通常有下列两种变频调速方式：

(1) 在 $f_1 < f_{1N}$，即低于额定转速调速时，应保持$\dfrac{U_1}{f_1}$的比值近乎不变，也就是两者要成比例地同时调节。由 $U_1 \approx 4.44 f_1 N_1 \phi$ 和 $T = K_T \phi I_2 \cos\psi_2$ 两式可知，这时磁通 ϕ 和转矩 T 也都近似不变。这是恒转矩调速。

如果把转速调低时，$U_1 = U_{1N}$ 保持不变，在减小 f_1 时磁通 ϕ 则将增加。这就会使磁路饱和(电动机磁通一般设计在接近铁心磁饱和点)，从而增加励磁电流和铁损，导致电机过热，这是不允许的。

(2) 在 $f_1 > f_{1N}$，即高于额定转速调速时，应保持 $U_1 \approx U_{1N}$。这时磁通 ϕ 和转矩 T 都将减小。转速增大，转矩减小，将使功率近乎不变。这是恒功率调速。如果把转速调高时，$\dfrac{U_1}{f_1}$ 的比值不变，在增加 f_1 的同时 U_1 也要增加。U_1 超过额定电压也是不允许的。频率调节范围一般为 0.5 ～ 320Hz。

目前在国内由于逆变器中的开关元件(可关断晶闸管、大功率晶体管和功率场效应管等)的制造水平不断提高，笼型电动机的变频调速技术的应用也就日益广泛。目前国内变频调速器生产厂家较多。

2. 变极调速

由式 $n_0 = \dfrac{60 f_1}{p}$ 可知，如果极对数 p 减小一半，则旋转磁场的转速 n_0 便提高一倍，转子转速 n 差不多也提高一倍。因此改变 p 可以得到不同的转速。如何改变极对数呢?这同定子绕组的接法有关。

图 7－21 所示的是定子绕组的两种接法。把 U 相绕组分成两半：线圈 $U_{11}U_{21}$ 和 $U_{12}U_{22}$。图 7－21(a) 中是两个线圈串联，得出 $p = 2$。图 7－21(b) 中是两个线圈反并联(头尾相联)，得出 $p = 1$。在换极时，一个线圈中的电流方向不变，而另一个线圈中的电流必须改变方向。

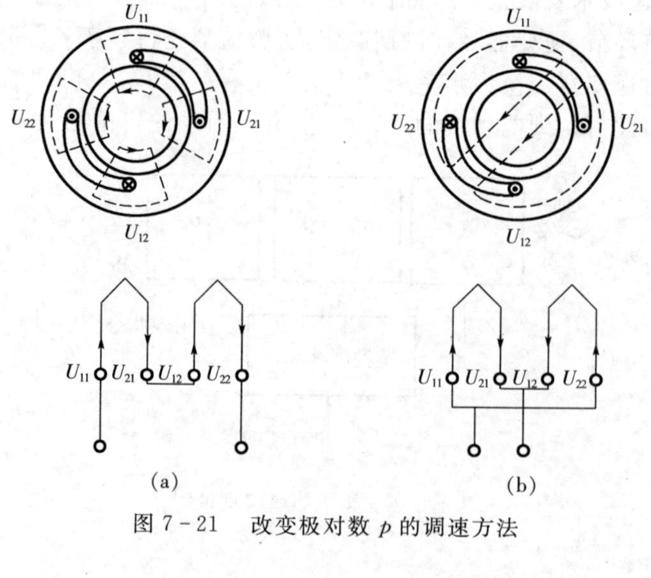

图 7－21　改变极对数 p 的调速方法

双速电动机在机床上用得较多，像某些膛床、磨床、铣床上都有。这种电动机的调速是有级的。

3. 变转差率调速

只要在绕线型电动机的转子电路中接入一个调速电阻，如图 7-22 所示，改变电阻的大小，就可得到平滑调速。譬如增大调速电阻时，转差率 s 上升，而转速 n 下降。这种调速方法的优点是设备简单，投资少，但能量损耗较大。

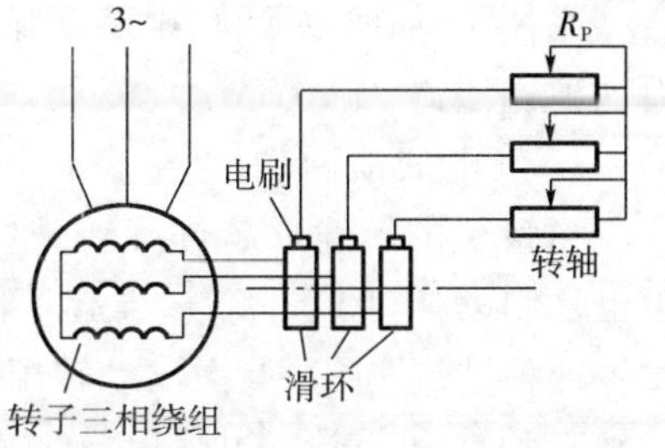

图 7-22　绕线型电动机示意图

这种调速方法广泛应用于起重设备中。

7.5.4　三相异步电动机的制动

因为电动机的转动部分有惯性，所以把电源切断后，电动机还会继续转动一定时间而后停止。为了缩短辅助工时，提高生产机械的生产率，往往要求电动机能够迅速停车和反转。这就需要对电动机制动。对电动机制动，也就是要求它的转矩与转子的转动方向相反。这时的转矩称为制动转矩。异步电动机的制动常用下列几种方法。

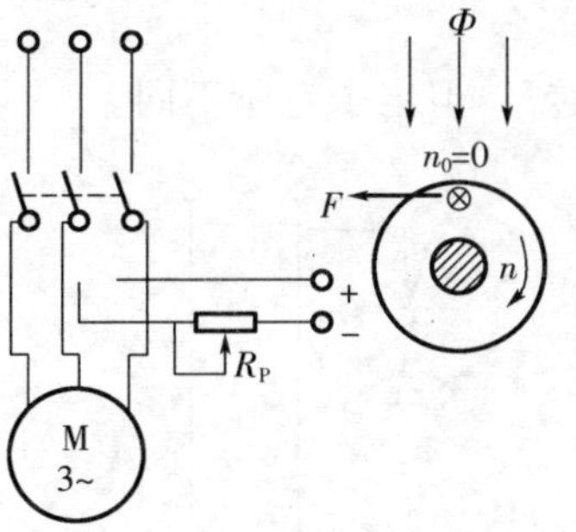

图 7-23　能耗制动

1. 能耗制动

这种制动方法就是在切断三相电源的同时，接通直流电源(图 7-23)，使直流电流通入定子绕组。直流电流的磁场是固定不动的，而转子由于惯性继续在原方向转动。根据右手定则和左手定则不难确定这时的转子电流与固定磁场相互作用产生的转矩的方向。它与电动机转动的方向相反，因而起制动的作用。制动转矩的大小与直流电流的大小有关。直流电流的大小一般为电动机额定电流的 0.5 ～ 1 倍。

因为这种方法是用消耗转子的动能(转换为电能)来进行制动的，所以称为能耗制动。这种制动能量消耗小，制动平稳，但需要直流电源。在有些机床中采用这种制动方法。

2. 反接制动

在电动机停车时，可将接到电源的三根导线中的任意两根的一端对调位置，使旋转磁场反向旋转，而转子由于惯性仍在原方向转动。这时的转矩方向与电动机的转动方向相反(图 7-24)，因而起制动的作用。当转速接近零时，利用某种控制电器将电源自动切断，否则电动机将会反转。

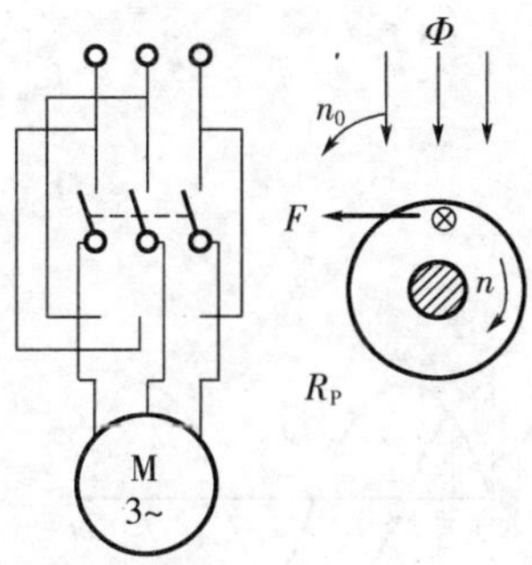

图 7-24　反接制动

由于在反接制动时旋转磁场与转子的相对转速(n_0+n)很大，因而电流较大。为了限制电流，对功率较大的电动机进行制动时必须在定子电路(笼型)或转子电路(绕线型)中接入电阻。

这种制动比较简单，效果较好，但能量消耗较大。对有些中型车床和铣床主轴的制动采用这种方法。

3. 发电回馈制动

当转子的转速 n 超过旋转磁场的转速 n_0 时，这时的转矩也是制动的(图 7-25)。当起重机快速下放重物时，就会发生这种情况。这时重物拖动转子，使其转速 $n > n_0$，重物受到制动等速下降。实际上这时电动机已转入发电机运行，将重物的位能转换为电能而反馈到电网里去，所以称为发电机回馈制动。另外，当将多速电动机从高速调到低速的过程中，也自然发生这种制动。因为刚将极对数 p 加倍时，磁场转速立即减半，但由于惯性，转子转速只能逐渐下降，因此就出现 $n > n_0$ 的情况。

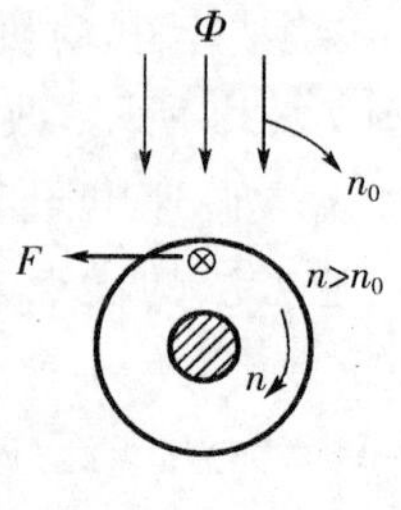

图 7-25 发电反馈制动

7.6 单相异步电动机

单相异步电动机常用于功率不大的电动工具(如电钻、搅拌器等)和众多的家用电器(如洗衣机、电冰箱、电风扇、抽排油烟机等)中。

下面介绍两种常用的单相异步电动机，它们都采用笼型转子，但定子有所不同。

7.6.1 电容分相式异步电动机

图 7-26 所示的是电容分相式异步电动机。在它的定子中放置一个启动绕组 B，它与工作绕组 A 在空间相隔 90°。绕组 B 与电容器串联，使两个绕组中的电流在相位上近于相差 90°，这就是分相。这样，在空间相差 90° 的两个绕组，分别通有在相位上相差 90°(或接近 90°) 的两相电流，也能产生旋转磁场。

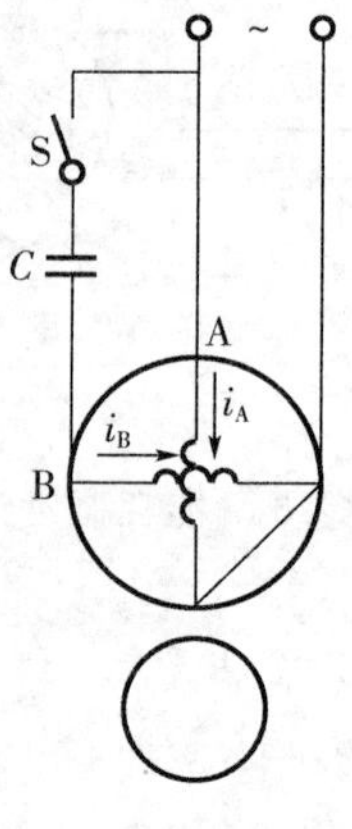

图 7-26 电容分相式异步电动机

设两相电流为

$$i_A = I_{Am}\sin\omega t$$

$$i_B = I_{Bm}\sin(\omega t + 90°)$$

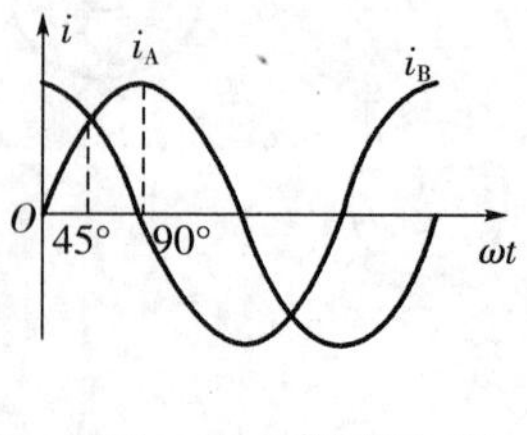

图 7-27 两相电流

它们的正弦曲线如图 7-27 所示。我们只要回忆一下三相电流是如何产生旋转磁场的，从图 7-28 中就可理解到两相电流所产生的合成磁场也是在空间旋转的。在这旋转磁场的作用下，电动机的转子就转动起来。在接近额定转速时，有的借助离心力的作用把开关 S 断开(在启动时是靠弹簧使其闭合的)，以切断启动绕组。有的采用启动继电器把它的吸引线圈串联在工作绕组的电路中。在启动时由于电流较大，继电器动作，其动合触点闭合，将启动绕组与电源接通，随着转速的升高，工作绕组中电流减小，当减小到一定值时，继电器复位，切断启动绕组。也有在电动机运行时不断开启动绕组（或仅切除部分电容）以提高功率因数和增大转矩。

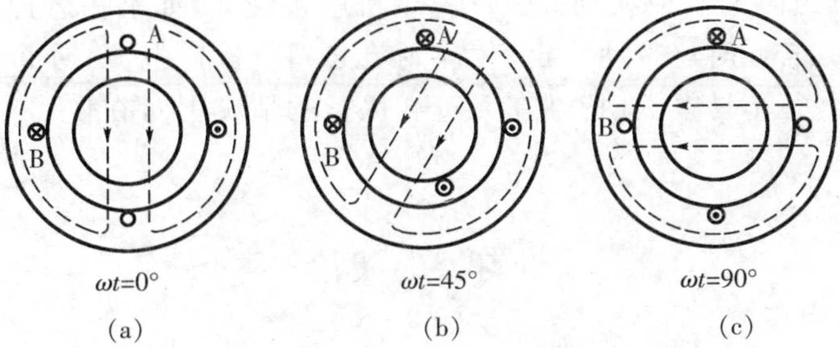

图 7－28　两相旋转磁场

除用电容来分相外，也可用电感和电阻来分相。工作绕组的电阻小，匝数多（电感大）；启动绕组的电阻大，匝数少，以达到分相的目的。改变电容器 C 的串联位置，可使单相异步电动机反转。在图 7－29 中，将开关 S 合在位置 1，电容器 C 与 B 绕组串联，电流 i_B 较 i_A 超前近 90°；当将 S 切换到位置 2，电容器 C 与 A 绕组串联，i_A 较 i_B 超前近 90°。这样就改变了旋转磁场的转向，从而实现电动机的反转。洗衣机中的电动机就是由定时器的转换开关来实现这种自动切换的。

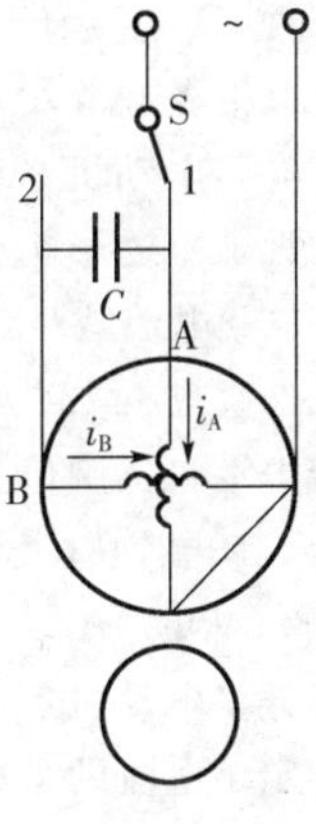

图 7－29　实现正反转的电路

7.6.2　罩极式异步电动机

罩极式异步电动机的结构如图 7－30 所示。单相绕组绕在磁极上，在磁极的约 $\frac{1}{3}$ 部分套一短路铜环。在图 7－31 中，ϕ_1 是励磁电流 i 产生的磁通，ϕ_2 是 i 产生的另一部分磁通（穿过短路铜环）和短路铜环中的感应电流所产生的磁通的合成磁通。由于短路环中的感应电流阻碍穿过短路环磁通的变化，使 ϕ_1 和 ϕ_2 之间产生相位差，ϕ_2 滞后于 ϕ_1。当 ϕ_1 达到最大值时，ϕ_2 尚小；而当 ϕ_1 减小时，ϕ_2 才增大到最大值。这相当于在电动机内形成一个向被罩部分移动的磁场，它便使笼型转子产生转矩而启动。

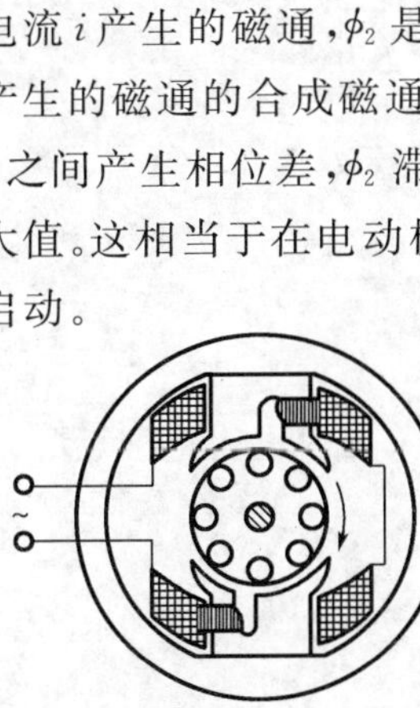

图 7－30　罩极式单相异步电动机的结构图

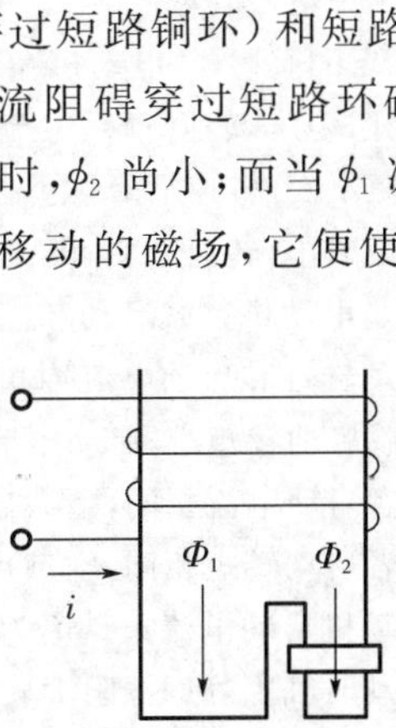

图 7－31　罩极式电动机的移动磁场

罩极式单相异步电动机结构简单，工作可靠，但启动转矩较小。常用于对启动转矩要求不高的设备中，如风扇、吹风机等。

最后顺便讨论关于三相异步电动机的单相运行问题。三相电动机接到电源的三根导线中由于某种原因断开了一线，就成为单相电动机运行。如果在启动时就断了一线，则不能启动，只听到嗡嗡声。这时电流很大，时间长了，电机就被烧坏。如果在运行中断了一线，则电动机仍将继续转动。若此时还带动额定负载，则势必超过额定电流。时间一长，也会使电动机烧坏。这种情况往往不易察觉（特别在无过载保护的情况下），在使用三相异步电动机时必须注意。

习　　题

一、选择与填空

1. 下列说法中错误的是（　　）。
   (A) 三相对称绕组通入三相对称电流可产生旋转磁场
   (B) 两相对称绕组通入两相对称电流可产生旋转磁场
   (C) 单相绕组通入单相电流可产生旋转磁场
2. 三相异步电动机修理后定子每相绕组匝数增加了 20%，后果是（　　）。
   (A) 性能不受影响
   (B) 空载电流减小，改善电机性能
   (C) 磁通减小 20%，转矩下降，性能变差
3. 异步电动机铭牌值为：$U_N = 380\text{V}/220\text{V}$，接法 Y/Δ，$I_N = 6.3\text{A}/10.9\text{A}$。当额定运行时每相绕组电压 U_P 和电流 I_P 为（　　）。
   (A)380V，6.3A　　(B)220V，6.3A　　(C)220V，10.9A　　(D)380V，10.9A
4. 三相异步电动机运行时输出功率大小取决于（　　）。
   (A) 定子电流的大小　　(B) 电源电压高低
   (C) 轴上阻力转矩大小　　(D) 额定功率大小
5. 电动机的额定功率 P_N 是指（　　）。
   (A) 电源输入的电功率　　(B) 电动机内部消耗的所有功率
   (C) 转子中电磁功率　　(D) 转子轴上输出的机械功率
6. 电网电压下降 10%，电动机在恒转矩负载下工作，稳定后的状态为（　　）。
   (A) 转矩减小，转速下降，电流增大
   (B) 转矩不变，转速下降，电流增大
   (C) 转矩减小，转速不变，电流减小
7. 三相异步电动机空载启动和满载启动比较（　　）。
   (A) 启动转矩和启动电流均相同
   (B) 空载启动转矩小，启动电流也小
   (C) 两者启动电流相同，空载启动转矩小
   (D) 两者启动转矩相同，空载启动电流小
8. 异步电动机启动电流大是因为（　　）。
   (A) 启动时轴上静摩擦阻力转矩大
   (B) 因为 $\dot{U}_1 = \dot{I}_1 r_1 + \mathrm{j}\dot{I}_1 X_1 - \dot{E}_1$，启动时 ϕ 还未产生，$E_1 = 0$

(C) $n=0,s=1\gg s_N,E_2$ 和 I_2 很大

9. 三相异步电动机定子绕组 U_1-U_2,V_1-V_2,W_1-W_2 在空间可以顺时针排列互差 120°,若通以电流 $i_A=I_m\sin(\omega t)$A,$i_B=I_m\sin(\omega t+120°)$A,$i_C=I_m\sin(\omega t+240°)$A,则旋转磁场以______方向旋转。若转子以顺时针方向转动,则电动机工作在______状态。

10. 三相异步电动机额定转速 $n_N=1\,440$r/min,磁极对数 $P=$ ______,旋转磁场转速 $n_1=$ ______,转差率 $s_N=$ ______,额定状态转子电流频率 $f_2=$ ______。

二、计算题

7-1　有一四极三相异步电动机,额定转速 $n_N=1\,440$r/min,转子每相电阻 $R_2=0.02\Omega$,感抗 $X_{20}=0.08\Omega$,转子电动势 $E_{20}=20$V,电源频率 $f=50$Hz。试求该电动机启动时及在额定转速运行时的转子电流 I_2。

7-2　有一台四极、50Hz、1 425r/min 的三相异步电动机,转子电阻 $R_2=0.02\Omega$,感抗 $X_{20}=0.08\Omega$,$E_1/E_{20}=10$,当 $E_1=220$V 时,试求:(1) 电动机启动初始瞬间,转子每相电路的电动势 E_{20},电流 I_{20} 和功率因数 $\cos\varphi_{20}$;(2) 额定转速时的 E_2 和 $I_2\cos\varphi_2$。比较在上述两种情况下转子电路的各个物理量(电动势、频率、感抗、电流及功率因数) 的大小。

7-3　已知 Y100L－4 型异步电动机的某些额定技术数据如下:

2.2kW	380V	Y 联接
1 420r/min	$\cos\varphi=0.82$	$\eta=81\%$

试计算:(1) 相电流和线电流的额定值及额定负载时的转矩;(2) 额定转差率及额定负载时的转子电流频率。设电源频率为 50Hz。

7-4　有台三相异步电动机,其额定转速为 1 470r/min,电源频率为 50Hz。在(a) 启动瞬间;(b) 转子转速为同步转速的 2/3 时;(c) 转差率为 0.02 时三种情况下,试求:(1) 定子旋转磁场对定子的转速;(2) 定子旋转磁场对转子的转速;(3) 转子旋转磁场对转子的转速;(4) 转子旋转磁场对定子的转速;(5) 转子旋转磁场对定子旋转磁场的转速。

7-5　有 Y112M－2 型和 Y160MI－8 型异步电动机各一台,额定功率都是 4kW,但前者额定转速为 2 890r/min,后者为 720r/min。试比较它们的额定转矩,并由此说明电动机的极数、转速及转矩三者之间的大小关系。

7-6　已知 Y132S－4 型三相异步电动机的额定技术数据如下:

功率	转速	电压	效率	功率因数	I_{ST}/I_N	T_{ST}/T_N	$T_{\max}/T_N$
5.5kW	1 440r/min	380V	85.5%	0.84	7	2.2	2.2

电源频率为 50Hz。试求额定状态下的转差率 s_N,电流 I_N 和转矩 T_N,以及启动电流 I_{ST},启动转矩 T_{ST},最大转矩 $T_{\max}$。

7-7　Y18OL－6 型电动机的额定功率为 15kW,额定转速为 970r/min,频率为 50Hz,最大转矩为 295.36N·m。试求电动机的过载系数 λ。

7-8　某四极三相异步电动机的额定功率为 30kW,额定电压为 380V,三角形联接,频率为 50Hz。在额定负载下运行时,其转差率为 0.02,效率为 90%,线电流为 57.5A,试求:(1) 转子旋转磁场对转子的转速;(2) 额定转矩;(3) 电动机的功率因数。

7-9　有一短时运行的三相异步电动机,折算到轴上的转矩为 130N·m,转速为 730r/min,试求电动机的功率。取过载系数 $\lambda=2$。

7-10　有一台三相异步电动机在轻载下运行，已知输入功率 $P_1=20\mathrm{kW}$，$\cos\varphi=0.6$。今接入三角形联接的补偿电容(图 7-32)，使其功率因数达到 0.8。又已知电源线电压为 380V，频率为 50Hz。试求：(1) 补偿电容器的无功功率；(2) 每相电容 C。

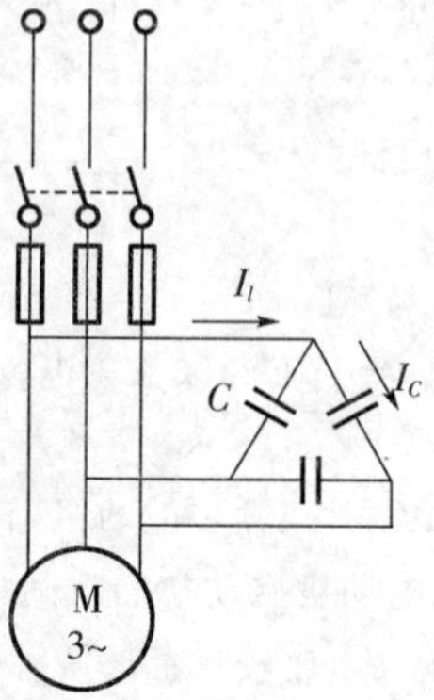

图 7-32　题 7-10 图

第 8 章　继电接触器控制系统

8.1　常用控制电器

8.1.1　组合开关(转换开关)

组合开关因其可实现多组触头组合,故有组合开关之称,实际上是转换开关的一种形式。它在机械电气设备中用于电源引入开关,也可用来直接控制小容量三相异步电动机非频繁的启动、停止或正反转,还可用来控制局部照明电路。

组合开关由动触头、静触头、方形转轴、手柄、定位机构和外壳组成。HZ10 系列的外观和结构如图 8－1 所示,组合开关有多对静触头和动触头,它的静触头分别固定在数层绝缘座内,当转动手柄时,每层的动触头随方形转轴一起转动,并使静触头插入或脱离相应的动触头,实现接通或断开电路。

图 8－1　组合丌关的外观和结构图

1－静触片　2－动触片　3－绝缘垫板　4－凸轮

5－弹簧　6－转轴　7－手柄　8－绝缘杆　9－接线柱

组合开关的电气符号如图 8－2 所示,文字符号为 QS。

目前,国内常用的组合开关有 HZ10、HZ15 等系列。引进产品中有德国 SIEMENS 公司的 3LB、3ST 系列等。

HZ10 系列组合开关的主要技术数据如表 8－1 所示。

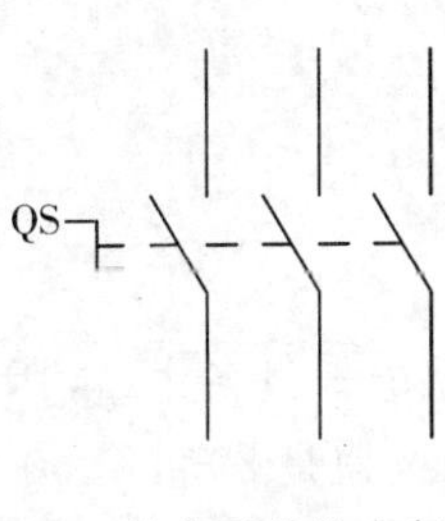

图 8－2　组合开关的电气符号

表 8-1 HZ10 系列组合开关的主要技术数据

型号	额定电压(V)	额定电流(A)	极数	极限操作电流①(A) 接通	极限操作电流①(A) 分断	可控制电动机最大容量和额定电流① 容量(kW)	可控制电动机最大容量和额定电流① 额定电流(A)	额定电压及额定电流下的通断次数 AC(cosφ) ≥0.8	AC(cosφ) ≥0.3	直流时间常数(s) ≤0.0025	直流时间常数(s) ≤0.01
HZ10－10	AC380，DC220	6	单极	94	62	3	7	20 000	10 000	20 000	10 000
		10	2,3								
HZ10－25		25		155	108	5.5	12				
HZ10－60		60									
HZ10－100		100						10 000	5 000	10 000	5 000

① 均指三极组合开关。

8.1.2 按钮

按钮在电器控制电路中用于手动发出控制信号，用来接通或断开小电流控制电路，实现对电气设备的运行控制。

按钮由按钮帽、桥式触头、静触头、复位弹簧和外壳组成，其结构示意图如图 8-3 所示。自然状态下，桥式触头接通常闭触头，断开常开触头。当手指按下按钮帽时，常闭触头先断开，后再接通常开触头。

按钮的电气符号如图 8-4 所示，文字符号为 SB。

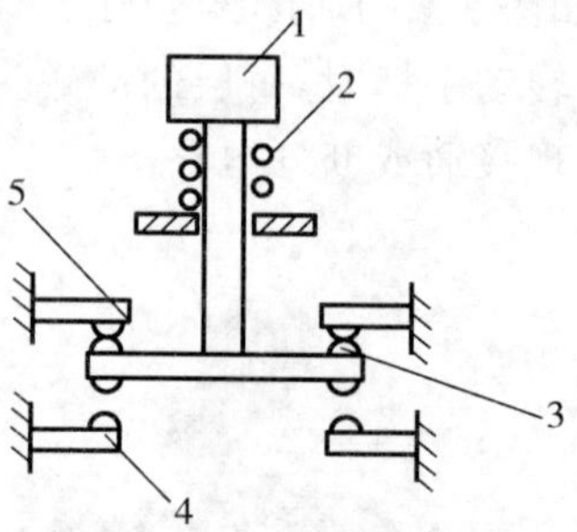

图 8-3 按钮的结构示意图
1－按钮帽 2－复位弹簧 3－桥式触头
4－常开静触头 5－常闭静触头

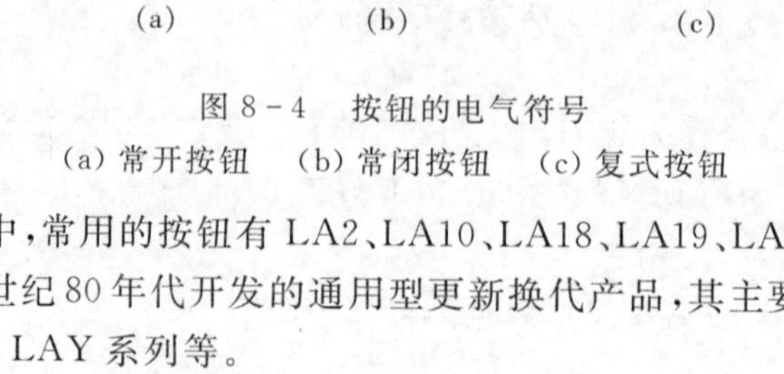

图 8-4 按钮的电气符号
(a) 常开按钮 (b) 常闭按钮 (c) 复式按钮

在机械电气设备中，常用的按钮有 LA2、LA10、LA18、LA19、LA20、LA25 等系列，其中 LA25 系列按钮是 20 世纪 80 年代开发的通用型更新换代产品，其主要技术数据如表 8-2 所示。引进的按钮产品有 LAY 系列等。

表 8－2　LA25 系列按钮的主要技术数据

型　号	触头组合	按钮帽颜色①	型　号	触头组合	按钮帽颜色
LA25—10	一常开	白 绿 黄 蓝 橙 黑 红	LA25—33	三常开　三常闭	白 绿 黄 蓝 橙 黑 红
LA25—01	一常闭		LA25—40	四常开	
LA25—11	一常开　一常闭		LA25—04	四常闭	
LA25—20	二常开		LA25—41	四常井　一常闭	
LA25—02	二常闭		LA25—14	一常开　四常闭	
LA25—21	二常开　一常闭		LA25—42	四常开　二常闭	
LA25—12	一常开　二常闭		LA25—24	二常开　四常闭	
LA25—22	二常开　二常闭		LA25—50	五常开	
LA25—30	三常开		LA25—05	五常闭	
LA25—03	三常闭		LA25—51	五常开　一常闭	
LA25—31	三常开　一常闭		LA25—15	一常开　五常闭	
LA25—13	一常开　三常闭		LA25—60	六常开	
LA25—32	三常开　二常闭		LA25—06	六常闭	
LA25—23	二常开　三常闭				

① 按钮帽颜色使用必须符合国标 GB4025 规定。如："急停"和"停止"按钮必须是红色，"启动"按钮是绿色等。

8.1.3　交流接触器

交流接触器是一种用来自动接通和断开主电路、大容量控制电路的控制电器，其主要控制对象是电动机，也可用于其他电力负载，如电热器、电焊机、电炉、变压器及电容器等。交流接触器不仅可用来接通或断开带负荷电路，每小时可合断几百上千次；而且能实现远距离控制，还具有失压和欠压保护功能，因而被广泛使用。

交流接触器有电磁机构、触头系统、灭弧系统和其他部分等组成。其中电磁机构由电磁线圈、铁心和衔铁等组成，其功能是操作触点的闭合和断开；触头系统包括主触点和辅助触点，主触点可以通断较大的电流，用于主电路；辅助触点通断较小的电流（一般不超过 10A），用于控制电路。容量在 10A 以上的接触器都有灭弧装置，常采用纵缝灭式或栅片结构。其他部分包括弹簧、传动机构、接线柱及外壳等。交流接触器的结构示意图如图 8－5 所示。

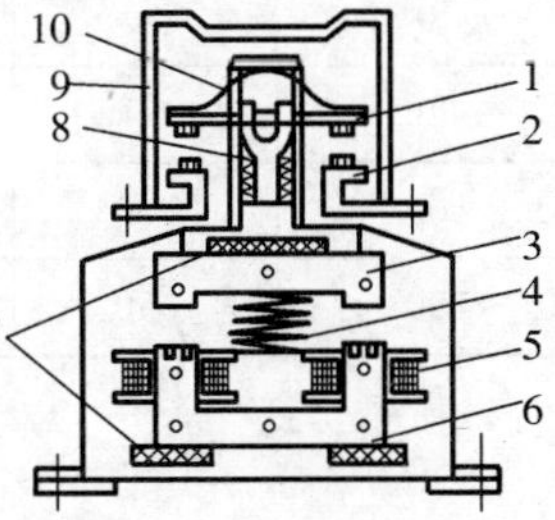

图 8－5　交流接触器的结构示意图
1－桥式动触头　2－静触头　3－动铁心
4－缓冲弹簧　5－电磁线圈　6－静铁心
7－垫毡　8－触点弹簧　9－灭弧罩
10－触点压力簧片

交流接触器的工作原理：当线圈通电后，线圈电流产生磁场，使静铁心产生电磁吸力将衔铁吸合，衔铁带动动触桥向下运动，使动断触点断开，动合触点闭合。当线圈断电时，电磁吸力消失，衔铁在弹簧的作用下释放，各触点又恢复到原来位置。

交流接触器的电气符号如图 8－6 所示，文字符号为 KM。

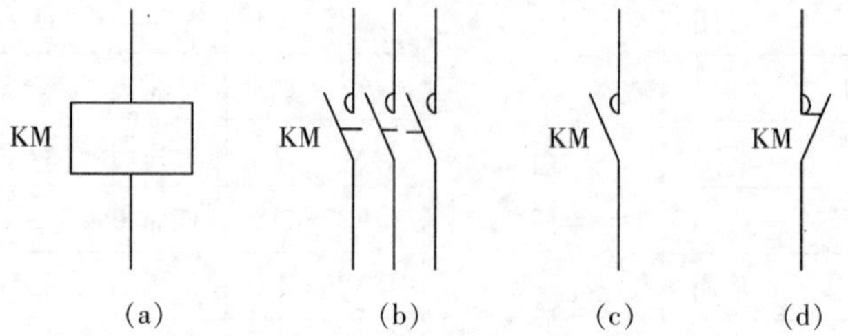

图 8－6　交流接触器的电气符号

(a) 线圈　(b) 主触点　(c) 辅助常开触点　(d) 辅助常闭触点

国内常用的交流接触器有 CJ10、CJ12、CJ20、CJ24、CJX1、CJX2 等系列，其中 CJ20 和 CJ24 系列交流接触器是 20 世纪 80 年代开发的新产品，分别替代了 CJ10 和 CJ12 系列。引进生产的交流接触器有：德国 SIEMENS 公司的 3TB 和 3TF 系列、德国 BBC 公司的 B 系列、法国 TE 公司的 LC1 和 LC2 系列等。

CJ10 系列交流接触器的主要技术数据如表 8－3 所示。

表 8－3　CJ10 系列交流接触器的主要技术数据

型　号	额定电流(A)		额定操作频率(次 /h)	可控电动机最大容量(kW)		
	主触点	辅助触点		220V	380V	500V
CJ10－5	5	5	600	1.2	2.2	2.2
CJ10－10	10	5	600	2.2	4	4
CJ10－20	20	5	600	5.5	10	10
CJ10－40	40	5	600	11	20	20
CJ10－60	60	5	600	17	30	30
CJ10－100	100	5	600	3	50	50
CJ10－150	150	5	600	43	75	75

8.1.4　中间继电器

在继电接触式控制系统中，为了解决交流接触器触头不够用的矛盾，专门生产了一种有多对触头的继电器，用它来作中间控制环节，以便转换、传递信号或同时控制多个电路，故称之为中间继电器。也可直接用它来控制小容量电动机或其他电气执行元件。

中间继电器的结构与交流接触器的结构相似，只是电磁系统小些，触头数目多些。

中间继电器的选择主要依据控制电路的电压等级，同时还要考虑触点的数量、种类与容量满足控制线路的要求。

中间继电器的电气符号如图8－7所示，文字符号为KA。

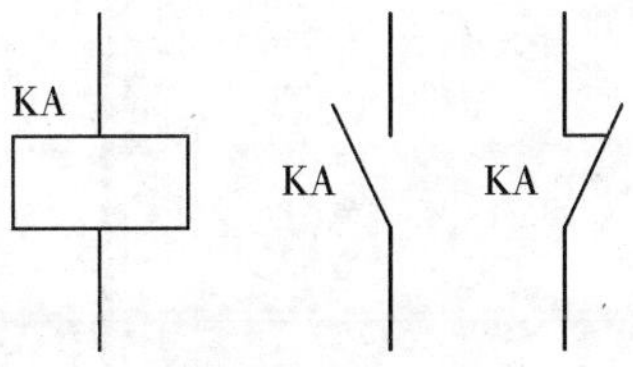

(a)　(b)　(c)

图8－7　中间继电器的电气符号

(a) 线圈　(b) 常开触点　(c) 常闭触点

国内常用的中间继电器有JZ7、JZ8(交、直流)及JZ14、JZ15、JZ17(交、直流)等系列。引进产品有：德国SIEMENS公司的3TH、3RH系列和BBC公司的K系列；法国TE公司的RSB、RXL和RXM系列等。

JZ7、JZ8系列的中间继电器主要技术数据如表8－4所示。

表8－4　JZ7、JZ8系列的中间继电器主要技术数据

型　号	线圈参数			触点参数			动作时间(s)	操作频率(次/h)
	额定电压(V)		消耗功率	触点数	最大断开容量			
	AC	DC			感性负载	阻性负载		
JZ7－44	12、24、36、48、110、127、220、380、420、440、500		12VA	4开4闭	cosφ = 0.4 L/R = 5ms AC 380V,5A AC 500V,3.5A DC 220V,0.5A	AC 380V,5A AC 500V,3.5A DC 220V,1A		1 200
J27－62				6开2闭				
JZ7－80				8开(常开)				
JZ8－□□/J□ JZ8－□□/JS□ JZ8－□□/JD□ JZ8－□□/Z□ JZ8－□□/ZS□ JZ8－□□/ZD□	110、127、220、380		交流 10VA 直流 7.5W	6开2闭 4开4闭 2开6闭			0.05	2 000

注：□□ 可替代数字26、44和62。

8.1.5　热继电器

热继电器是对电动机进行过载保护的一种自动电器。它能在电动机过载时自动切断电源，使电动机停车。

1. 热继电器的基本结构及工作原理

热继电器是利用电流的热效应而动作的电器，热继电器主要由热元件、双金属片和触头三部分组成，它的结构原理图如图8－8所示。

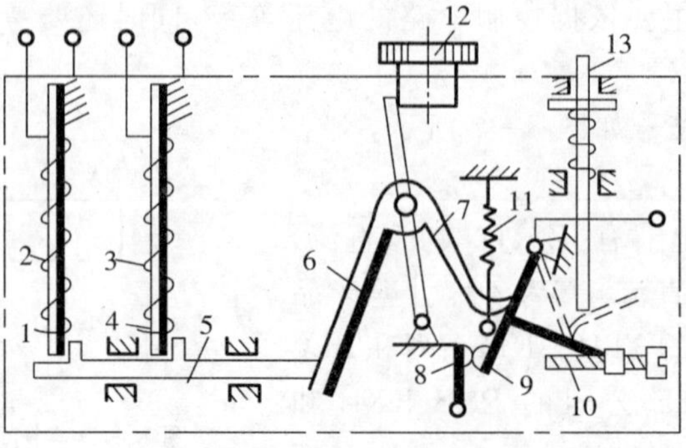

图 8-8 热继电器的结构原理图

1、4—双金属片 2、3—发热元件 5—导板

6—温度补偿片 7—推杆 8—静触头 9—动触头

10—螺钉 11—弹簧 12—凸轮 13—复位按钮

热元件由一段电阻阻值不大的电阻丝做成，串接于电动机的主电路中。双金属片是热继电器的温度检测元件，它由两种不同膨胀系数的金属片用机械碾压成一体。图中，当主电路中电动机发生过载时，电流超过容许值而使双金属片受热，它便向右弯曲，推动导板使常闭触点断开。常闭触点是接在电动机控制电路中的，切断控制电路而使接触器的线圈断电，继而断开主电路的电动机电源，起到保护电动机的作用。

由于热惯性，热继电器不能作短路保护。因为发生短路事故时，我们要求电路立即断开，而热继电器是不能立即断开的。但是这个热惯性也是合乎我们要求的，在电动机启动或短时过载时，热继电器不会动作，从而可避免电动机的不必要停车。

热继电器动作后，经过一段时间的冷却即能自动或手动按下复位按钮复位。热继电器动作电流的调节可以借助旋转凸轮于不同位置来实现。

在三相异步电动机电路中，一般采用两相结构的热继电器，即在两相主电路中串接热元件。如果三相交流电源严重不平衡、电动机绕组内部短路或绝缘不良等故障，出现电动机某一相的线电流比其他两相要高，而这一相没有串接热元件的话，热继电器也不能起到过载保护作用，因而需要采用三相结构的热继电器。

2. 断相保护的热继电器

对于定子绕组为 △ 联结的三相异步电动机，其必须采用带断相保护的热继电器。因为将热继电器的热元件串接在 △ 联结的电动机的电源进线中，并且按电动机的额定电流来选择热继电器，当电源发生缺相时，故障线电流达到额定电流时，在电动机绕组内部，电流较大的那一相绕组的故障相电流将超过额定相电流。但由于热元件串接在电源进线中，所以热继电器不会动作，但对电动机来说就会产生过热现象，长期运行时将使电动机损坏。

为了对 △ 联结的电动机进行断相保护，必须将三个热元件分别串接在电动机的每相绕组中。这时热继电器的整定电流值按每相绕组的额定电流来选择。但是这种接线复杂、麻烦，且导线也较粗。针对我国生产的三相笼型电动机、功率在 4kW 或以上者大都采用 △ 联结，为解决这类电动机的断相保护，专门设计了带有断相保护装置的三相结构热继电器。

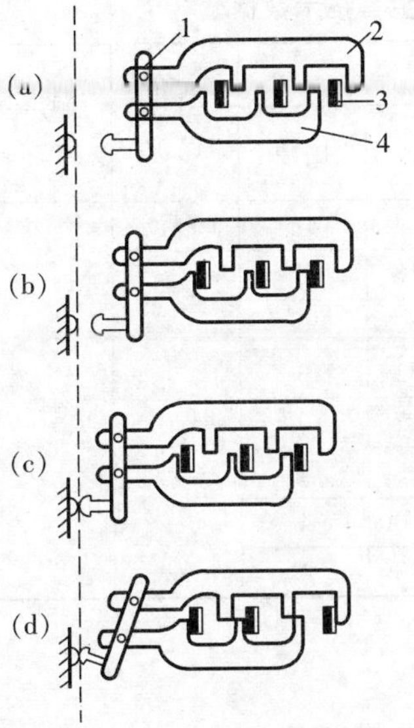

图 8-9　断相保护的热继电器结构示意图
(a) 断电　(b) 正常运行　(c) 过载　(d) 单相断电
1—杠杆　2—上导板　3—双金属片　4—下导板

JR16 系列为断相保护热继电器。断相保护结构如图 8-9 所示。

图中元件 3 为双金属片，虚线表示动作位置，图 8-9(a) 为断电时的位置。当电流为额定电流时，三个热元件正常发热，其端部均向左弯曲并推动上、下导板同时左移，但到不了动作线，继电器常开触头不会动作，如图 8-9(b) 所示。当电流过载到达整定的电流时，双金属片弯曲较大，把导板和杠杆推到动作位置，继电器触头动作，如图 8-9(c) 所示。当一相(设 V 相) 断路时，V 相热元件温度由原来正常发热状态下降，双金属片由弯曲状态伸直，推动上导板右移；同时由于 U、W 相电流较大，故推动下导板向左移，使杠杆扭转，继电器动作，起到断相保护功能，如图 8-9(d) 所示。

热继电器的选择主要是根据电动机的额定电流来确定其型号及规格。热继电器热元件的额定电流 I_{RT} 应接近或略大于电动机的额定电流 I_N，即

$$I_{RT} = (0.95 \sim 1.05) I_N \tag{8-1}$$

如遇到下列情况，选择热继电器的整定电流要比电动机额定电流高一些，以便进行保护。

(1) 电动机负载惯性转矩非常大，启动时间长；

(2) 电动机所带动的设备，不允许任意停电；

(3) 电动机拖动的为冲击性负载，如冲床、剪床等设备。

热继电器的电气符号如图 8-10 所示，文字符号为 FR。国内常用的热继电器有 JR0、JR15、JR16 及 JR20 等系列，其中 JR20 热继电器为 20 世纪 80 年代更新换代产品，250A 以上的都配有专门的速饱和电流互感器，其一次绕组串接于电动机主电路中，二次绕组与热元件串联；引进的热继电器产品有德国 BBC 公司的 T 系列、德国 SIEMENS 公司的 3UA5 和 3UA6 系列、法国 TE 公司的 LR1－D 系列等。

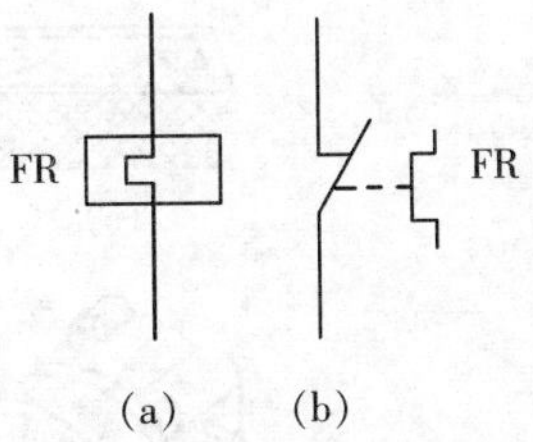

图 8-10　热继电器的电气符号
(a) 发热元件　(b) 常闭触点

JR20 系列的热继电器主要技术数据如表 8-5 所示。

表 8-5 JR20 系列的热继电器主要技术数据

型　号	额定电压（V）	额定电流（A）	相数	热元件			断相保护	温度补偿	触头数量
				最小规格（A）	最大规格（A）	挡数			
JR20	660V	6.3	3	0.1 ～ 0.15	5 ～ 7.4	14	无	有	1常开 1常闭
		16		3.5 ～ 5.3	14 ～ 18	6	有		
		32		8 ～ 12	28 ～ 36	6			
		63		16 ～ 24	55 ～ 71	6			
		160		33 ～ 47	144 ～ 176	9			
		250		83 ～ 125	167 ～ 250	4			
		400		130 ～ 195	267 ～ 400	4			
		630		200 ～ 300	420 ～ 630	4			

8.1.6 熔断器

熔断器是一种最简便的而且有效的保护电器，在电路中主要起过载延时和短路保护作用。

熔断器主要由熔体和安装熔体的绝缘管（绝缘座）组成。熔体的结构形式是熔片或熔丝，熔体用电阻率较高的易熔合金制成，例如铅锡合金等；或用截面积很小的良导体制成，例如铜、银等。在使用中，熔体串接于被保护的电路中，线路在正常工作情况下，熔断器中的熔体不熔断。当电路发生短路故障时，熔体被瞬时熔断而切断电路，起到保护作用。

熔断器的种类很多，其结构也不同，主要有插入式、螺旋式、无填料密闭管式、有填料密闭管式、快速、自复熔断器等。其中插入式熔断器常用于低压分支电路的短路保护；螺旋式熔断器的熔体上端盖有一熔断指示器，一旦熔体熔断，指示器马上弹出，可透过瓷帽上的玻璃孔观察到，它常用于机床电气控制设备中；无填料密闭管式熔断器常用于低压电力网或成套配电设备中；有填料密闭管式熔断器的绝缘管内装有石英砂作填料，用来冷却和熄灭电弧，它常用于大容量的电力网或配电设备中。常用的四种熔断器的结构图如图 8-11 所示。

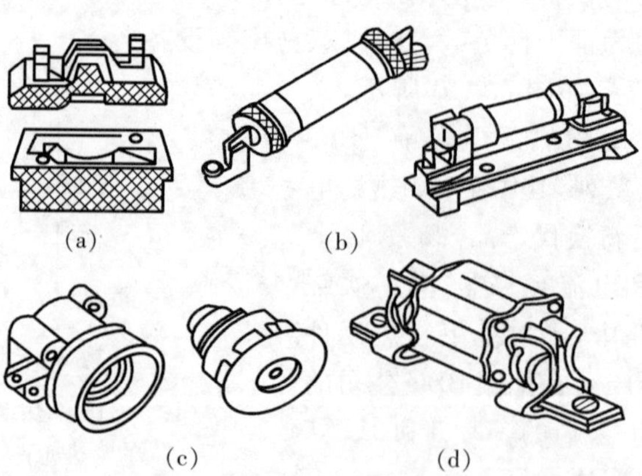

(a)　(b)　(c)　(d)

图 8-11　熔断器的结构图

(a) 瓷插式熔断器　(b) 无填料密闭管式熔断器　(c) 螺旋式熔断器　(d) 有填料密闭管式熔断器

熔断器的电气符号如图 8 - 12 所示，文字符号为 FU。

国内常用的插入式熔断器有 RC1A 系列；螺旋式熔断器有 RL1、RL2、RL6、RL7 等系列，其中 RL6、RL7 系列熔断器为 20 世纪 80 年代更新产品，可分别取代 RL1、RL2 系列；无填料密闭管式熔断器有 RM1、RM10 等系列；有填料密闭管式熔断器有 RT0、RT12、RT14、RT15 等系列，引进产品中有德国 AGC 公司的 NT 和 NGT 系列等。

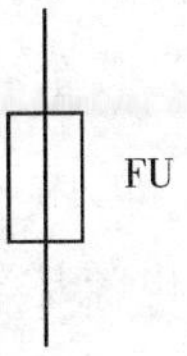

图 8 - 12　熔断器的电气符号

RL1 系列的熔断器主要技术数据如表 8 - 6 所示。

表 8 - 6　RL1 系列的熔断器主要技术数据

型　号	熔断器额定电流(A)	熔体额定电流(A)	AC380V 时极限分断能力(A，有效值)
RL1－15	15	2，4，5，6，10，15	2 000
RL1－60	60	20，25，30，35，40，50，60	5 000
RL1－100	100	60，80，100	
RL1－200	200	100，125，150，200	

熔断器的选择主要是熔断器类型的选择和熔体额定电流的确定。

(1) 熔断器类型的选择

根据负载的保护特性和短路电流的大小来选择熔断器的类型。例如，电动机过载保护用的熔断器采用具有锌质熔体和铅锡合金熔体的熔断器。对于车间配电网路的保护熔断器，如果短路电流较大，就要选用分断能力大的熔断器，有时甚至还需要选用有限流作用的熔断器，如 RT0 系列熔断器。在经常会发生故障的地方，应考虑选用“可拆式”熔断器，如 RC1A、RL1、RM7、RM10 等系列产品。

(2) 熔体额定电流的确定

在选择和计算熔体电流时，应区别两种负载情况：一种是有冲击电流的负载，如电动机；另一种是负载电流比较平稳的情况，如一般照明电路。

用熔断器保护电动机时，要达到过载保护的目的，其熔体的额定电流尽可能接近电动机的额定电流，但又为保证电动机能正常启动，熔断器在通过启动电流时不应当动作。综合以上要求，通常对笼型感应电动机取熔体的额定电流为

$$I_{eR} = (1.5 \sim 2.5) I_N \tag{8-2}$$

式中，I_N 为电动机的额定电流，单位为 A。

在轻载启动或启动时间较短的情况下，上式中的系数取 1.5；而在较重负载下启动或启动次数较多和启动时间较长的情况下，系数取 2.5。

如果数台电动机共用一个总的熔断器来保护，则熔体的额定电流为

$$I_{eR} = (1.5 \sim 2.5) I_{N\max} + \sum I_N \tag{8-3}$$

式中，$I_{N\max}$ 为容量最大的一台电动机的额定电流，单位为 A。

$\sum I_N$ 为其余各台电动机额定电流之和，假如其中还有照明电路，则将该电路的额定电流也计入 $\sum I_N$ 内，单位为 A。

在负载电流比较平稳的场合，基本上可按额定负载电流来确定熔体的额定电流。

8.1.7 自动空气断路器

自动空气断路器又称自动开关，它可以接通或分断正常工作电流，也能自动分断过载或短路电流，分断能力强，具有短路、过载和失压保护功能，广泛地应用在低压配电电路、电气控制电路中。

它的结构形式很多，主要有万能式和塑料外壳式两种。图 8-13 所示的是自动空气断路器的工作示意图。主触头 3 是常开触头，靠操作手柄 10 或闭合电磁铁 9 合闸，锁扣 7 将自由脱扣机构 6 扣住，保持主触头闭合，自由脱扣机构 6 由锁扣 7、脱扣半轴 12、断开弹簧 11 和一套连杆机构等组成。过电流脱扣器 17 的线圈串联于主电路，在主电路电流为正常值时，衔铁处于打开位置，当任何一相主电路的电流超过其动作整定值时，衔铁被向上吸合，衔铁上的顶板推动脱扣杆 13，使脱扣半轴 12 反时针方向转动，导致自由脱扣机构脱扣，在断开弹簧的作用下，使主触头分断。分励脱扣器 15 是由控制电源供电的，其线圈可根据操作人员的命令或继电保护信号而通电，使衔铁向上运动，推动脱扣杆，使主触头分断。欠电压脱扣器 18 的线圈在主电压正常时，衔铁吸合，当主电路内电压消失或降低至一定数值以下时，衔铁释放，主触头分断。当电源电压恢复正常后，必须重新合闸后才能工作，实现了失压保护。

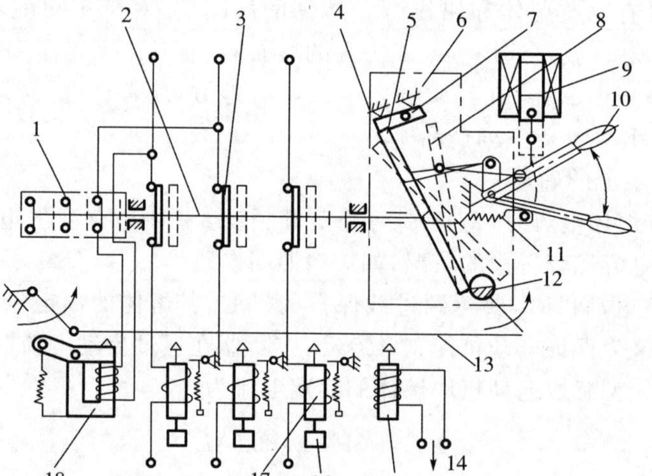

图 8-13 自动空气断路器的工作示意图

1—辅助触头 2—传动杆 3—主触头 4—自由脱扣位置 5—闭合位置
6—自由脱扣器 7—锁扣 8—再扣位置 9—闭合电磁铁 10—操作手柄
11—断开弹簧 12—脱扣半轴 13—脱钩杆 14—接控制电源 15—分励脱扣器
16—延时装置 17—过电流脱扣器 18—欠电压脱扣器

自动空气断路器的电气符号如图 8-14 所示，文字符号为 QF。

国内常用的自动空气断路器有 DZ、DW 等系列，其主要技术数据如表 8-7 所示。

选择自动空气断路器应考虑其主要技术参数：额定电压、额定电流和允许切断的极限电流等。自动空气断路器脱扣器的额定电流应等于或大于负载允许的长期平均电流；极限分断能力要大于或等于电路最大短路电流。各脱扣器的电流整定应遵循以下原则

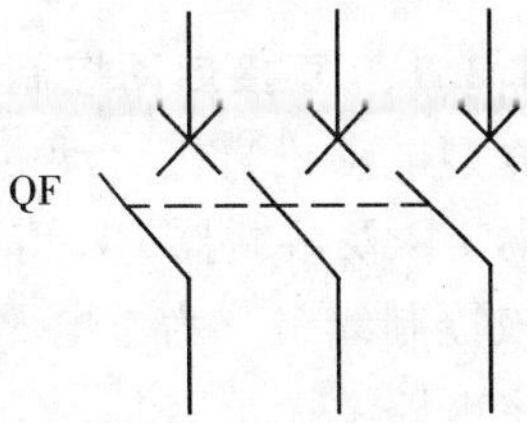

图 8-14　自动空气短路器的电气符号

(1) 电磁脱扣器的瞬时脱扣整定电流应大于负载正常工作时的尖峰电流；保护电动机时，电磁脱扣器的瞬时脱扣整定电流为电动机启动电流的 1.7 倍。

(2) 热脱扣器的整定电流应与被控对象(负载)额定电流相等。

(3) 欠电压脱扣器的整定电压应等于主电路的额定电压。

表 8-7　DZ 系列的自动空气断路器主要技术数据

型　号	额定电压(V)	额定电流(A)	过电流脱扣器额定电流(A)	交流短路分断能力峰值(kA)	操作频率(次/h)
DZ10－100	380	100	15,20,25,30,40,50,60,80,100	3.5,4.7,7.0	60,30,30
DZ10－250	380	250	100,140,150,170,200,250	17.7	30
DZ10－600	380	600	200,250,350,400,500,600	23.5	
DZ20－100	380	100	16,20,32,40,50,63,80,100	14～18	120
DZ20－200	380	200	100,125,160,180,200,225	25	
DZ10－400	380	400	200,250,315,350,400	25	60
DZ20－630	380	630	250,315,350,400,500,630	25	
DZ20－1250	380	1250	630,700,800,1 000,1 250	30	30

8.2　笼型电动机直接启动的控制线路

三相笼型电动机具有结构简单、价格便宜、坚固耐用、维修方便等优点，因而在工业、农业等多行业得到了广泛的应用。

三相笼型电动机的启动方式有全压直接启动和降压启动两种。直接启动是将三相额定电压交流电直接通入笼型电动机进行启动。直接启动的启动电流为电动机额定电流的 4～7 倍，当大容量的电动机启动时会使电网电压明显下降，而影响在同一电网中工作的其他负载的正常工作，所以通常对容量小于 10kW 的笼型电动机可采用直接启动方式。

8.2.1 直接启动控制线路的组成及工作原理

笼型电动机直接启动的控制线路一般采用组合开关 QS,交流接触器 KM,按钮 SB,热继电器 FR 及熔断器 FU 等几种低压控制电器。其控制线路原理图如图 8-15 所示。

该控制线路分为主电路和控制电路两部分组成。

主电路:

三相电源——组合开关 QS——熔断器 FU1——交流接触器 KM1(主触点)——热继电器 FR(热元件)——笼型电动机 M

主电路是电气控制线路中大电流通过的部分。

控制电路:

相线 L1——熔断器 FU2——热继电器 FR(常闭触点)——按钮 SB1(常闭触点)——

——按钮 SB2(常开触点)——KM1(线圈)——

——KM1(辅助常开触点)——

相线 L2——

控制电路是电气控制线路中小电流通过的部分,控制电路的功率很小,因而可以通过小功率的控制电路来控制较大功率的笼型电动机。

控制线路的工作原理如下

先合上组合开关 QS,三相交流电源引入到控制电路中。

按下起动按钮 SB2——KM1 线圈通电——KM1 的三个主触点闭合——

——KM1 辅助常开触点(与 SB2 并联)闭合——

笼型电动机 M1 启动并持续运转。

按下停止按钮 SB1——KM1 线圈断电——KM1 的三个主触点断开——

——KM1 辅助常开触点(与 SB2 并联)断开——

笼型电动机 M1 停车。

并联在启动按钮 SB2 两端的交流接触器辅助常开触点称为自锁触点。其作用是:当松开 SB2 后,其仍然闭合,使 KM1 的线圈保持通电,KM1 的三个主触点维持闭合,从而笼型电动机 M1 得以持续运转。

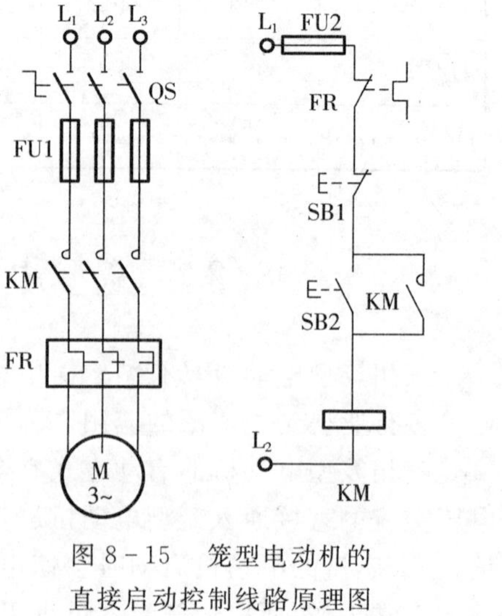

图 8-15 笼型电动机的直接启动控制线路原理图

8.2.2 直接启动控制线路的保护环节

图 8-15 所示直接启动控制线路具有下列保护环节

1. 短路保护

熔断器 FU1、FU2 用作电路的短路保护。当电路发生短路事故时,熔体立即熔断,切断电源,电动机停车。

2. 过载保护

热继电器 FR 用作电动机的过载保护。当电动机发生过载、堵转或缺相时，FR 的热元件发热，将其常闭触点断开，则使交流接触器线圈断电，KM 主触点断开，切断电动机的电源，实现电动机停车。

3. 欠压（零压）保护

欠压（零压）保护是依靠启动按钮的复位功能和接触器本身的电磁机构来实现的。当电动机正在运行时，若因某种原因导致电源电压过分下降或断电时，交流接触器的动铁心释放而使主触点断开，切断电动机的电源，电动机停车，同时 KM 自锁触点恢复常开。当电源电压恢复正常时，如果不重新按下启动按钮，则电动机不会自行启动。

控制电路具有欠压（零压）保护功能后，有下列一些好处：

（1）防止电压过分下降时，电动机低压运行；

（2）避免电动机同时启动而造成电源电压过分下降；

（3）防止电源电压恢复正常时，电动机突然启动可能造成设备损坏和人身事故。

8.3　笼型电动机正反转的控制线路

机械设备往往要求运动部件可以实现两个相反方向的运行，如工作台前进与后退，主轴的正转与反转，起重机的提升与下降等等。这些两个相反方向的运动通常是依靠拖动它们的电动机正反转来实现的。我们通过学习三相异步电动机的工作原理后已经知道，只要将接到电动机的任意两根电源相线对调一下，即可实现电动机的正反转。因而，只需用两个交流接触器就能实现这一要求。电动机正转时，控制正转接触器工作；当反转接触器工作时，实现了对调两根电源相线，从而电动机反转。

用两个接触器实现电动机的正反转控制线路原理图如图 8－16 所示。

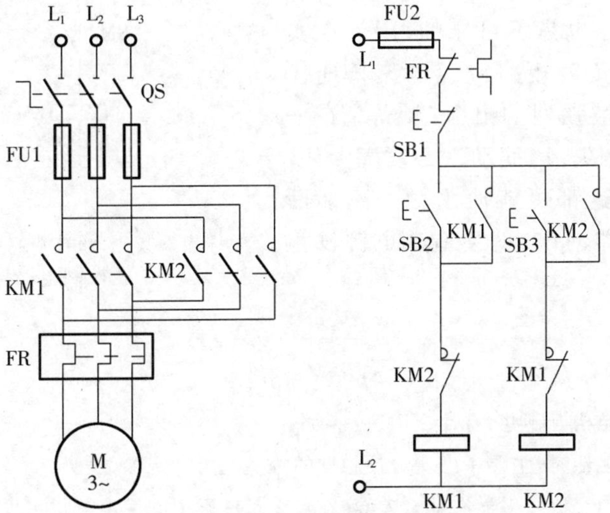

图 8－16　笼型电动机的正反转控制线路原理图

在主电路中，采用两个交流接触器，即正转用交流接触器 KM1、反转用交流接触器 KM2。当 KM1 的主触点闭合，通入电动机的电源相序为 L1、L2、L3，电动机正转；当 KM2 的主触点闭合，通入电动机的电源相序为 L3、L2、L1，电动机反转。

若 KM1 和 KM2 两个接触器同时工作，主触点同时闭合，那么从图 8-16 中可以见到，将 L1 和 L2 两根电源相线短路了，使主电路的熔断器熔体熔断，造成电路故障。所以正反转控制线路中必须保证两个接触器不能同时工作，通常在控制电路中，将 KM1 和 KM2 的辅助常闭触点分别串接在 KM2 和 KM1 的工作线圈电路中，构成互相制约关系。即 KM1 工作时，电动机正转，KM1 的辅助常闭触点断开来切断 KM2 线圈的电路，使得 KM2 不可能通电，这种互相制约关系称为互锁，这种互锁方式称为"电气互锁"。这两个辅助常闭触点称为互锁触点。

图 8-16 所示的控制线路中，按下正转启动按钮 SB2，KM1 线圈通电，电动机正转。要使电动机反转，必须按下停止按钮 SB1 后，KM1 线圈断电，互锁触点 KM1 闭合，才能再按反转启动按钮 SB3，电动机才能反向启动。可见，这种线路的缺点是操作不方便。

如图 8-17 所示的控制电路，增加采用复式按钮用作触点互锁，这种互锁方式称为"机械互锁"，可以实现正转与反转之间的直接切换。当电动机正转时，按下反转启动按钮 SB3，它的常闭触点先断开，而使正转接触器的线圈 KM1 断电，主触点 KM1 断开。与此同时，串接在反转控制电路中的常闭触点 KM1 恢复闭合，反转接触器 KM2 的线圈通电，KM2 的主触点闭合，电动机立即反转起来。这种电路既有"电气互锁"，又有"机械互锁"，从而保证了电路可靠地工作。若控制电路中仅用复合按钮进行互锁，而不用接触器的互锁触点互锁，电路工作也是不可靠的。因为在实际工作中，可能由于负载短路或大电流长期作用，接触器的主触点被强烈的电弧"熔焊"在一起，或者接触器的机构失灵，使动铁心发生卡住，总是处在吸合状态，这都可能使主触点不能断开。若此时另一接触器动作，就会造成电源发生短路故障。

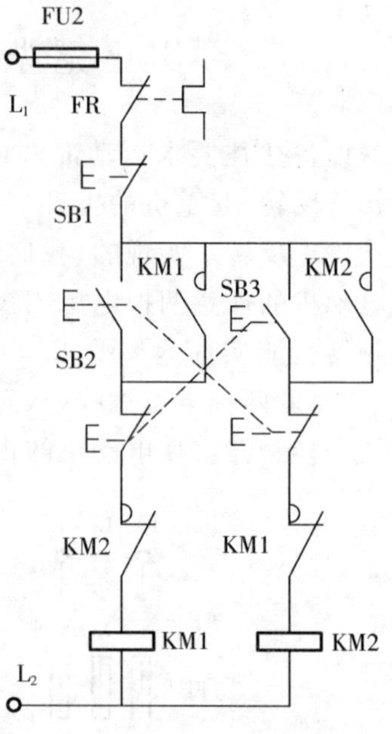

图 8-17 笼型电动机的正－反－停控制电路原理图

习 题

8-1 组合开关的结构有哪些？有什么用途？

8-2 选择交流接触器时，主要考虑交流接触器的哪些主要额定参数？

8-3 中间继电器与交流接触器有什么差异？在什么条件下中间继电器也可以用来启动电动机？

8-4 热继电器主要有哪几部分电气符号？用途与熔断器是否相同？直流电机的保护电路能否使用热

继电器？

8-5　叙述熔断器的额定电流和熔体额定电流的不同之处。

8-6　在电气控制线路中采用低压断路器作电源引入开关，电源电路是否还要用熔断器作短路保护？控制电路是否还要用熔断器作短路保护？

8-7　试画出三相笼型异步电动机既能连续工作，又能点动工作的继电接触器控制线路。

8-8　分析图 8-18 各电路运行的结果，指出存在的错误之处，并改正。

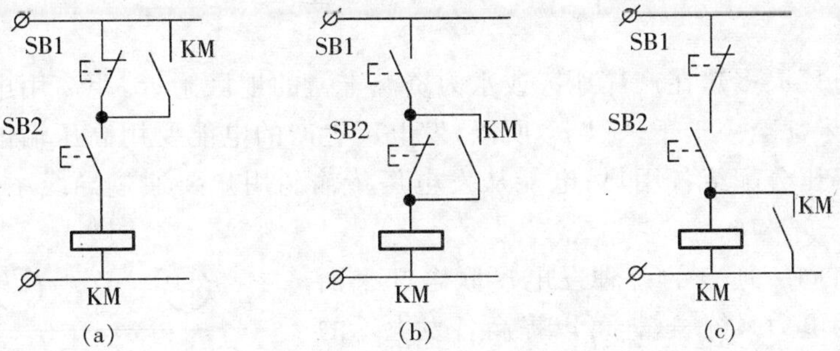

图 8-18　题 8-8 的图

8-9　叙述"自锁"、"互锁"电路的定义。

8-10　在接触器正反转控制电路中，若正、反向控制的接触器同时通电，会发生什么现象？

8-11　三台笼型异步电动机 M_1、M_2、M_3，要求按照一定顺序启动，即 M_1 启动后 M_2 才能启动，M_2 启动后 M_3 才能启动，同时停止。试绘出控制线路。

第9章　安全用电

9.1　工业企业配电

大中型发电厂大多建在产煤地区或水力资源丰富的地区附近，距离用电地区往往是几十千米、几百千米甚至一千千米以上。所以，发电厂生产的电能要用高压输电线输送到用电地区，然后，再降压分配给各用户。电能从发电厂传输到用户要通过导线系统，这个系统称为电力网。

现在常常将同一地区的各种发电厂联合起来而组成一个强大的电力系统。这样可以提高各发电厂的设备利用率，合理调配各发电厂的负载，以提高供电的可靠性和经济性。

送电距离愈远，要求输电线的电压愈高。我国国家标准中规定输电线的额定电压为 35kV，110kV，220kV，330kV，500kV，750 kV 等，近年来又提高到 800kV。图 9－1 所示的是输电线的一例。

除交流输电外，还有直流输电。其结构原理如图 9－2 所示。整流是将交流变换为直流，逆变则反之。

直流输电的消耗较小。无线电干扰较小，输电线路造价也较低，但逆变和整流部分较为复杂。从三峡到华东地区已建有 50×10^4 V 的直流输电线路。

图 9－2　直流输电结构原理图

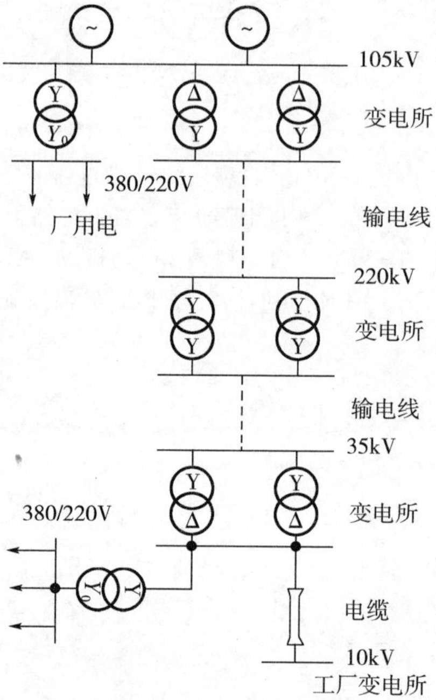

图 9－1　输电线路的一例

从输电线末端的变电所将电能分配给各工业企业和城市。工业企业设有中央变电所和车间变电所（小规模的企业往往只有一个变电所）。中央变电所接收送来的电能，然后分配到各车间。再由车间变电所或配电箱（配电屏）将电能分配给各用电设备。高压配电线的额定电压有 3 kV、6 kV 和 10 kV 三种。低压配电线的额定电压是 380/220 V。用电设备的额定电压多半是 220 V 和 380 V，大功率电动机的电压是3 000 V 和 6 000 V，机床局部照明的电压是 36 V。从车间变电所或配电箱（配电屏）到用电设备的线路属于低压配电线路。低压配电线路的联接方式有**放射式**和**树干式**两种。

放射式配电线路如图 9－3 所示。当负载点比较分散而各个负载点又具有相当大的集中负载时，则采用这种线路较为合适。

在下述情况中采用树干式配电线路：

(1) 负载集中，同时各个负载点位于变电所或配电箱的同一侧，其间距离较短。如图 9－4(a) 所示。

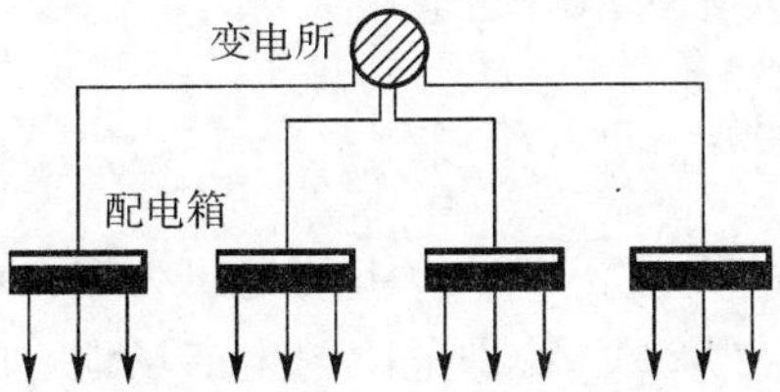

图 9－3　放射式配电线路

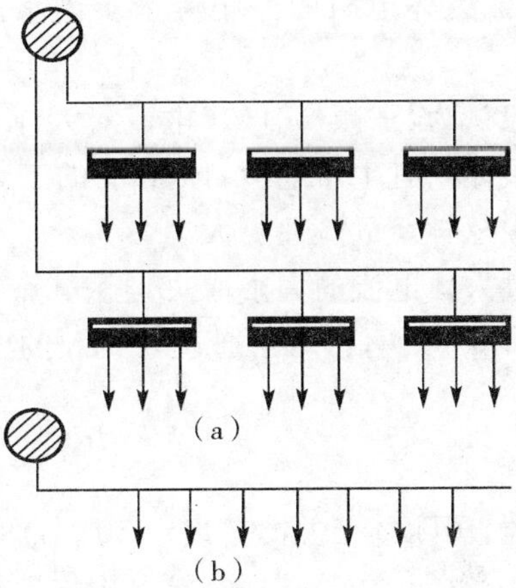

图 9－4　树干式配电线路

(2) 负载比较均匀地分布在一条线上，如图 9－4(b) 所示。

采用放射式或图 9－4(a) 的树干式配电线路时，各组用电设备常通过总配电箱或分配电箱联接。用电设备既可独立地接到配电箱上，也可联成链状接到配电箱上，如图 9－5 所示。距配电箱较远，但彼此距离很近的小型用电设备宜接成链状，这样能节省导线。但是，同一链条上的用电设备一般不得超过三个。

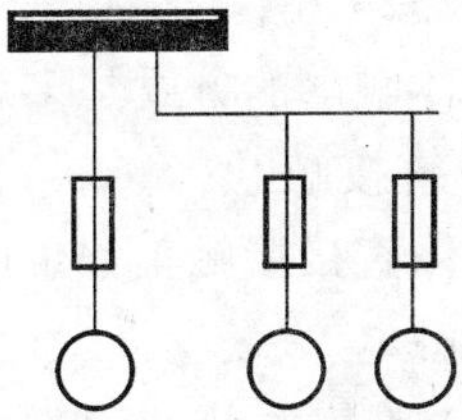

图 9－5　用电设备联接在配电箱上

车间配电箱是放在地面上（靠墙或靠柱）的一个金属柜，其中装有刀开关和管状熔断器。配出线路有 4 ～ 8 个不等。

采用图 9－4(b) 的树干式配电线路时，干线一般采用母线槽。这种母线槽直接从变电所经开关引到车间，不经配电箱。支线再从干线经出线盒引到用电设备。

放射式和树干式这两种配电线路现在都被采用。放射式供电可靠，但敷设投资较高。树干式供电可靠性较低，因为一旦干线损坏或需要修理时，就会影响联在同一干线上的负载；但是树干式灵活性较大。另外，放射式与树干式比较，前者导线细，但总线路长，而后者则相反。

9.2　安全用电

9.2.1　电流对人体的危害

如果人体不慎触及或过分靠近带电体，则有电流通过人体，很可能引起局部受伤或死亡，这种现象称为触电。发生触电事故以后，根据人所受到的伤害程度不同又可分为电击和电伤两种:电流通过人体内部,对人体内脏及神经系统造成破坏直致死亡称为电击;电流通过人体外部表皮,造成的局部伤害称为电伤。

触电的伤害程度取决于流过人体电流的大小、流过的途径、持续时间、电流的频率、电压的高低、人体电阻的大小等诸多因素。而通过人体电流的大小,对触电者的伤害起决定作用。

一般认为,工频(50Hz)电流对人体伤害比其他频率的电流更危险。当50mA的工频电流流过人体则有生命危险,100mA的工频电流流过人体就能致人死亡。另外,电流通过人的心脏或中枢神经危险性更大。

通过人体电流的大小取决于触电点对地电压和人体电阻的大小。若人体电阻按最不利的情况(1 000Ω)估计,当通过50mA的电流时,则人体所承受的电压为:

$$U = IR = 0.05 \times 1\,000 = 50(\mathrm{V})$$

因此,国际电工委员会规定50V为安全电压,我国规定36V以下的电压为安全电压。而危险的生产场地,如潮湿、有导电尘埃的场合则规定为24V。特别危险的生产场地,如非常潮湿、有腐蚀性气体的场合则规定为12V。

9.2.2 触电方式

人体触电的方式是多种多样的,一般可分为直接触电和间接触电。

1. 直接触电

人体直接接触正常带电的电气设备或导体称为直接触电,直接触电又可分为单相触电和两相触电。

(1) 单相触电。当人体触及电气设备的三相电源中的一根相线所造成的触电称为单相触电。对于高压电源,当人体与电源之间越过了安全距离,则电源会对人体放电,造成单相接地而引起的触电也属于单相触电方式。在触电事故中,大部分属于这种情况。

根据供电系统中性点是否接地,单相触电又分为中性点接地系统的单相触电和中性点不接地系统的单相触电。

① 中性点接地系统的单相触电。在三相四线制供电系统中,中性点一般都是接地的,当人体与任一根相线接触时,即有电流通过人体流经大地至电源中性点构成回路,如图9-6所示。其电流为

$$I = \frac{U_P}{R_0 + R_m} \qquad (9-1)$$

式中,U_P 为相电压;

R_0 为接地电阻,一般为4Ω;

R_m 为人体电阻,一般取1 000Ω。

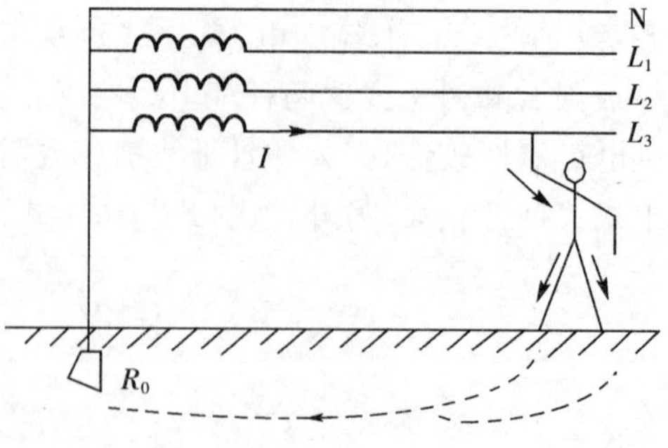

图9-6 中性点接地系统的单相触电

若相电压 U_P 为 220V，则流过人体的电流为

$$I=\frac{U_P}{R_0+R_m}=\frac{220}{4+1\,000}=0.219(\text{A})=219(\text{mA})$$

显然，这是危险电流。所以工程上所说的低压并不是安全电压。至于有时偶尔触及220V的电源而未造成伤亡事故，是因为穿着绝缘性能良好的鞋子或站在干燥的地板上而增加了人体与大地之间的电阻值的缘故。

② 中性点不接地系统的单相触电。在中性点不接地的三相三线制系统中(图 9-7)，当人体触及某根相线时，由于每相输电线对地存在绝缘电阻和分布电容，此时电流经过人体和另外两根相线的对地电容同样构成回路。只是当线路对地绝缘水平较高时，通过人体的电流很小，可降低触电的危险程度。但是，当线路的绝缘不良，线路较长因而对地电容增大时，对人体的危害性仍然是较大的。

(2) 两相触电。当人体同时接触三相电源中任意两根相线所造成的触电称为两相触电，如图 9-8 所示。

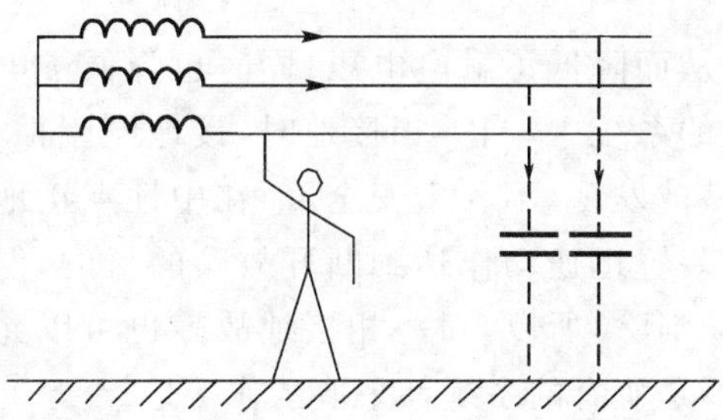

图 9-7　中性点不接地系统的单相触电

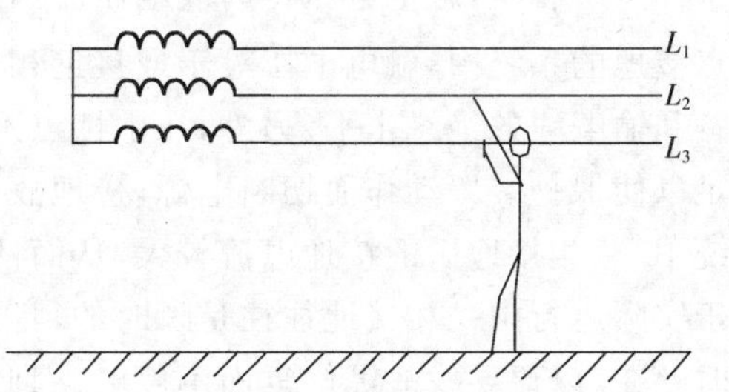

图 9-8　两相触电

一旦发生两相触电，不管供电系统的中性点是否接地，作用于人体的电压为线电压，流过人体的电流只取决于人体的电阻，因此，电流很大。显然，两相触电的伤亡程度比单相触电更为严重。

2. 间接触电

人体接触正常不带电、由于电气设备绝缘损坏而意外带电的电气设备或导体的触电称为间接触电。大多数触电属于这一种。防护的方法是将电气设备正常不带电的外露可导电部分采用保护接地或保护接零。间接触电主要有接触电压触电和跨步电压触电。

(1) 接触电压触电。当电气设备发生短路事故时，正常不带电的外露可导电部分可能带电，当人体接触到设备外露可导电部分时，人体与大地之间承受接触电压，这种由接触电压引起的触电称为接触电压触电。

(2) 跨步电压触电。由于电气设备绝缘损坏或高压电网的一根导线断线落地等原因，导致电流入地点附近存在一个产生危险的跨步电压的区域。当人行至此区域时而导致的触电。这种由跨步电压引起的触电称为跨步电压触电。

9.3 电气设备的接地和接零

9.3.1 接地和接零

为了人身安全和电力系统工作的需要，要求电器设备采取接地措施。按接地目的的不同，可分为工作接地、保护接地和保护接零。

1. 工作接地

电力系统由于运行和安全的需要，常将系统的中性点接地，这种接地方式称为工作接地，如图 9-9 所示。

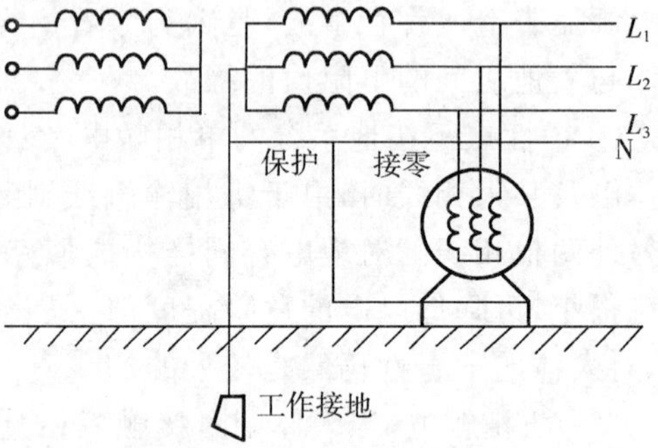

图 9-9 工作接地

工作接地的目的在于：如果三相电源系统中性点不接地，当一相接地而人体接触另外两相中任意一相时，触电电压将为线电压。但在中性点接地的系统中，触电电压等于或接近相电压，从而降低了触电电压；同时也降低了电气设备和输电线的绝缘水平。另外，在中性点不接地的系统中，当一相接地时，接地电流很小，不足以使保护装置动作而切断电源，接地故障不易被发现，不利于安全。而在中性点接地的系统中，一相接地后的接地电流较大，从而使保护装置迅速动作达到断开故障的目的。但是由于实际运行中一相接地往往是瞬时的，且能自动消除，所以，对一相接地故障也可以允许短时存在，以便寻找故障修复而不停电。因此，并不是所有的系统都采取工作接地。

2. 保护接地

将电气设备在正常运行时不带电的金属外壳或构架与大地作良好的电气联接称为保护接地，如图 9-10 所示。保护接地宜用于中性点不接地的低压系统中。

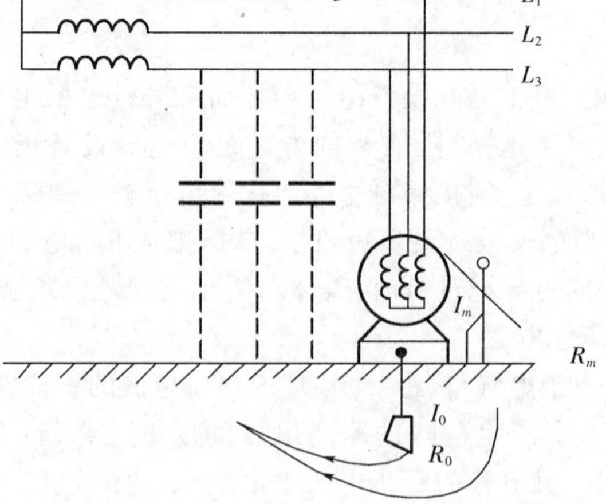

图 9-10 保护接地

在中性点不接地的系统中，当接到这个系统中的某台电动机由于其内部绝缘损坏而使机壳带电时，如果此时人体接触机壳，将有电流通过人体，并与分布电容构成回路从而使人触电。

如果电动机采取了保护接地，则当人体接触外壳时，人体与接地装置构成并联支路，且由于人体电阻比接地电阻大得多，又由于中性点不接地系统的单相接地电流本来较小。因此，电流分流后，流过人体的电流变得很小，从而避免了触电的危险。

在中性点接地的三相四线制系统中，由于单相接地电流较大，保护接地不能完全避免人体触电的危险。因此，在中性点接地的三相四线制系统中不宜采用保护接地。

3. 保护接零

将电气设备的金属外壳或构架与供电系统的零线（或称中性线）做可靠的电气联接称为保护接零，如图 9-11 所示。保护接零宜用于中性点接地的低压系统中。

采取了保护接零措施后，当电气设备的绝缘损坏时，相电压经过机壳到零线，形成通路而产生短路电流，由于短路电流很大，足以使保护装置迅速动作，将故障设备从电源切除，从而防止了人身触电的可能性。

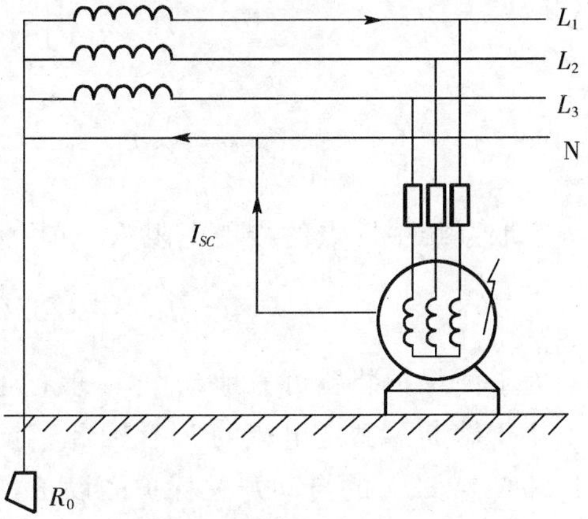

图 9-11　保护接零

4. 重复接地

在中性点接地的系统中，将零线相隔一定距离多处进行接地称为重复接地。重复接地的目的在于对采用保护接零的系统，如果零线一旦断开，若无重复接地，当人体接触金属外壳，则相当于单相触电，是有危险的。若有重复接地，则利用大地形成回路，可使外壳对地电压大大降低，从而减小危险的程度。

保护接地和保护接零都是预防触电事故的有效措施，但必须强调指出：

(1) 不允许在同一电源上同时采用一部分用电设备保护接地，另一部分用电设备保护接零，如图 9-12 所示。这是因为一旦当采用保护接地的设备发生碰壳电源短路而保护装置没有动作时，零线和大地之间就会出现电压。这一电压等于接地短路电流与中性点接地电阻的乘积。例如，在 380/220V 系统中，如果中性点接地电阻 R_0 与保护接地电阻 R_d 相等（取 4Ω），那么零线的对地电压为 110V。于是，其他采用保护接零的设备金属外壳对地均有这么高的电压，显然是危险的。

(2) 在中性点接地的三相四线制供电系统中，只能采用保护接零，而不允许采用保护接地。

在这样的系统中，如果采用保护接地（图 9-13），当电动机因绝缘损坏而发生电源碰壳时，其短路电流为：

$$I_{SC} = U_P/(R_0 + R_d) \tag{9-2}$$

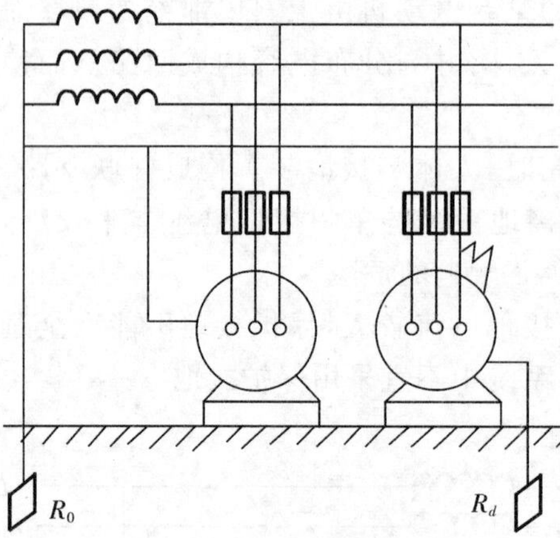

图 9-12　不正确的接地接零保护

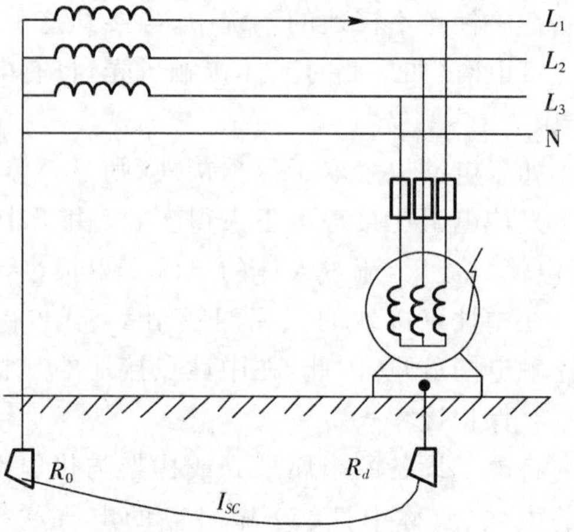

图 9-13　不正确的保护接地

若取系统中性点的接地电阻 R_0 和用电设备的接地电阻 R_d 均为 4Ω，则

$$I_{SC} = 220/(4+4) = 27.5(\text{A})$$

为了使保护装置可靠地动作，一般接地短路电流应不小于自动开关整定电流的 1.25 倍或不小于熔断器额定电流的 3 倍。因此，对于 27.5A 的电流，只能断开其额定电流不超过 27.5/1.25A = 22A 的自动开关保护的设备，或者断开额定电流不超过 27.5/3A = 9.2A 的熔断器保护的设备。如果用电设备的容量稍大一些，则保护电器的动作电流也要随着增大，于是在发生接地短路时，短路电流 $I_{SC} = 27.5\text{A}$ 就不足以使保护电器动作，即不能将故障设备和电源断开，从而，在设备金属外壳上将长期存在对地电压。

$$U_d = I_{SC} R_d = 27.5 \times 4 = 110(\text{V})$$

如果 $R_d > R_0$，那么设备外壳上对地的电压还要高，危险性就更大了。

(3) 在中性点不接地的三相四线制供电系统中，只能采用保护接地，不允许采用保护接零。

如图 9-14 所示，在此系统中任一相接地时，系统仍可运行。此时大地与接地的相线有相等的电位，故零线对地电压为相电压，那么保护接零的设备外壳对地的电压也为相电压，这是十分危险的。

(4) 采用保护接零时，零线必须牢固，以防脱线。一旦发生零线断线，则接在断线处后面的设备相当于没有保护（无重复接地的情况），如图 9-15 所示。如果此时某设备金属外壳漏电，无法构成短路电流回路，也就不能使保护装置动作。这样，不但故障设备金属外壳带电，而且接在断线处后面的所有保护接零设备的金属外壳都带电，对地电压约为相电压，导致触电的危险性增大。因此，在零线上不允许装熔断器和开关设备，并要求零线具有一定的机械强度。为了保证在相线发生碰壳时保护电器能可靠动作，要求接零的导线阻抗不要太大，即零线的截面不能选得过小。

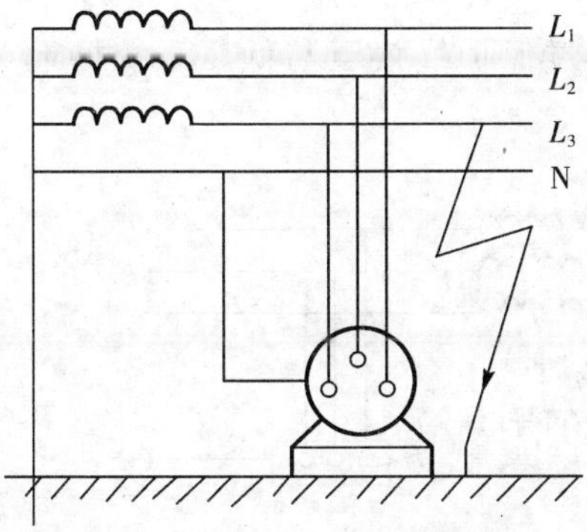

图 9-14 不正确的保护接零

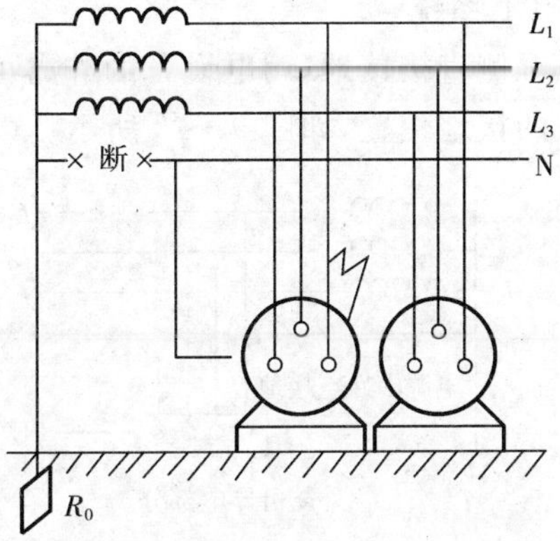

图 9-15 中性线断开后的危险性

9.3.2 接地接零的分类

按照国际电工委员会(IEC)的规定,低压配电系统接地接零方式可有以下三种:

1. TN 系统

电源侧直接接地,用电设备的外露可导电部分通过保护线与接地点联接。

按照中性线与保护线组合情况,TN 系统又可分为以下三种形式:

(1)TN—S 系统。整个系统的中性线(N)与保护线(PE)是分开的,此系统常称为三相五线制系统,如图 9-16 所示。

(2)TN—C 系统。整个系统的中性线与保护线是合二为一的,称为保护中性线(PEN)。此系统常称为三相四线制系统,如图 9-17 所示。

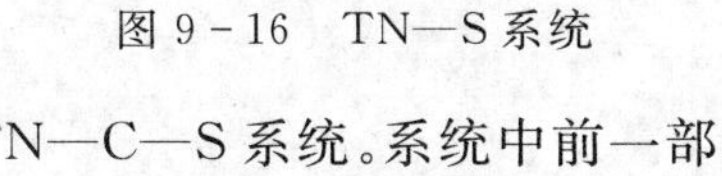

图 9-16 TN—S 系统

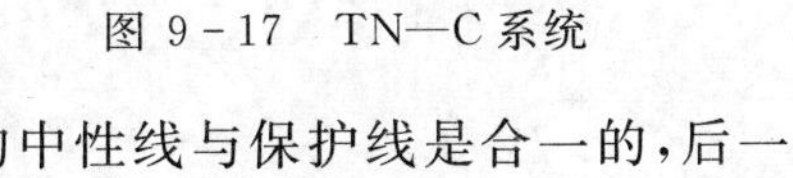

图 9-17 TN—C 系统

(3)TN—C—S 系统。系统中前一部分线路的中性线与保护线是合一的,后一部分则两者是分开的。习惯成为局部三相五线制系统,如图 9-18 所示。

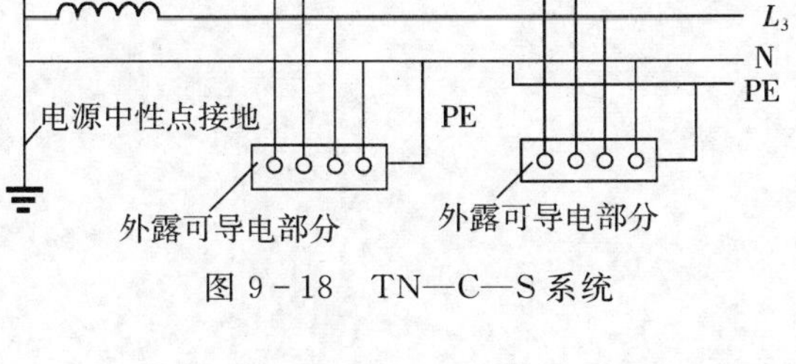

图 9-18 TN—C—S 系统

2. TT 系统

电源侧直接接地，用电设备的外露可导电部分通过保护线接至与低压系统接地点无直接关联的接地位置，如图 9－19 所示。

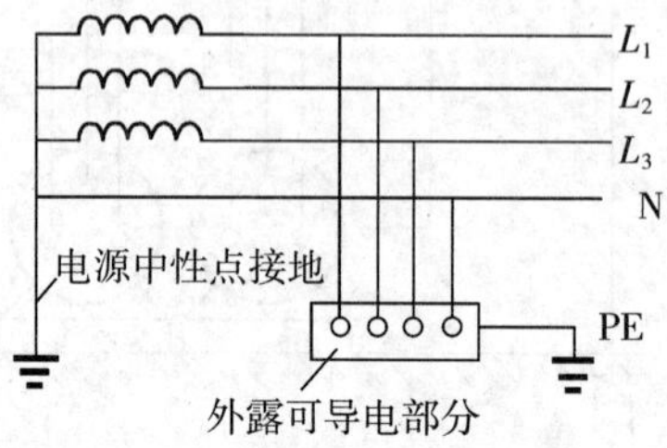

图 9－19 TT 系统

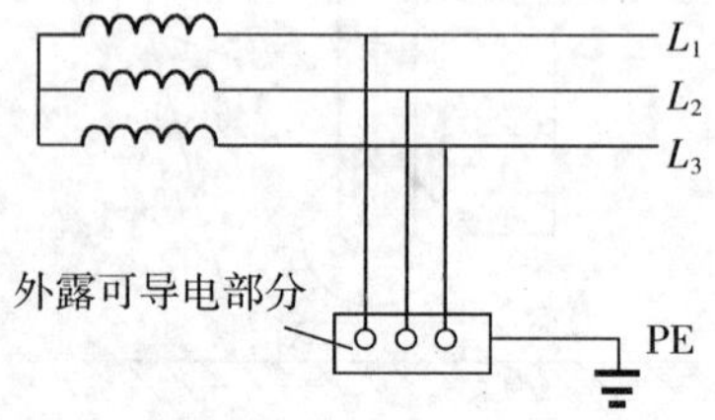

图 9－20 IT 系统

3. IT 系统

电源侧的带电部分与大地间无直接联接（或有一点经足够大的阻抗接地），用电设备的外露可导电部分通过保护线接至接地位置，如图 9－20 所示。

习 题

9－1 为什么远距离输电要采用高电压？

9－2 在同一供电系统中为什么不能同时采用保护接地和保护接零？

9－3 为什么中性点不接地的系统中不能采用保护接零？

9－4 区别工作接地、保护接地和保护接零。为什么在中性点接地系统中，除采用保护接零外，还要采用重复接地？

第10章　电工测量

10.1　电工测量仪表的分类

通常用的直读式电工测量仪表常按照下列几个方面来分类：

10.1.1　按照被测量的种类分类

电工测量仪表若按照被测量的种类来分，则如表10－1所列。

表10－1　电工测量仪表按被测量的种类分类

次　序	被测量的种类	仪表名称	符　号
1	电　流	电流表	(A)
		毫安表	(mA)
2	电　压	电压表	(V)
		千伏表	(kV)
3	电功率	功率表	(W)
		千瓦表	(kW)
4	电　能	瓦时表	kWh
5	相位差	相位表	(φ)
6	频　率	频率表	(f)
7	电　阻	电阻表	(Ω)
		兆欧表	($M\Omega$)

10.1.2　按照工作原理分类

电工测量仪表若按照工作原理来分类，主要的几种则如表10－2所列。

10.1.3 按照电流的种类分类

电工测量仪表若按电流的种类来分类，可分为直流仪表、交流仪表和交直流两用仪表，如表 10－2 所示。

表 10－2 电工测量仪表按工作原理分类

型 式	符 号	被测量的种类	电流的种类与频率
磁电式		电流、电压、电阻	直流
整流式		电流、电压	工频及较高频率的交流
电磁式	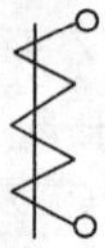	电流、电压	直流及工频交流
电动式	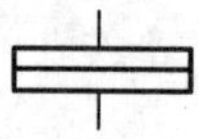	电流、电压、电功率、功率因数、电能量	直流及工频与较高频率的交流

10.1.4 按照标准度分类

标准度是电工测量仪表的主要特征之一。仪表的标准度与其误差有关，不管仪表制造得如何精确，仪表的读数和被测量的实际值之间总是有误差的。一种是基本误差，它是由于仪表本身结构的不精确所产生的，如刻度的不准确、弹簧的永久变形、轴和轴承之间的摩擦、零件位置安装不正确等。另外一种是附加误差，它是由于外界因素对仪表读数的影响所产生的，例如没有在正常工作条件下进行测量，测量方法不完善，读数不准确等。

仪表的准确度是根据仪表的相对额定误差来分级的。所谓相对额定误差，就是指仪表在正常工作条件下进行测量可能产生的最大基本误差 ΔA_m 与仪表的最大量程（满标值）A_m 之比，如以百分数表示，则为

$$\gamma = \frac{\Delta A_m}{A_m} \times 100\% \qquad (10-1)$$

目前，我国直读式电工测量仪表按照标准度分为 0.1，0.2，0.5，1.0，1.5，2.5 和 5.0 七级。这些数字就是表示仪表的相对额定误差的百分数。

例如有一标准度为 2.5 级的电压表，其最大量程为 50V，则可能产生的最大基本误差为

$$\Delta U_m = \gamma \times U_m = \pm 2.5\% \times 50 = \pm 1.25\text{V}$$

在正常工作条件下，可以认为最大基本误差是不变的，所以被测量较满标值愈小，则相对测量误差就愈大。例如用上述电压表来测量实际值为 10V 的电压时，则相对误差为

$$\gamma_{10} = \frac{\pm 1.25}{10} \times 100\% = \pm 12.5\%$$

而用它来测量实际值为40V的电压时，则相对测量误差为

$$\gamma_{40} = \frac{\pm 1.25}{40} \times 100\% = \pm 3.1\%$$

因此，在选用仪表的量程时，应使被测量的值愈接近满标值愈好。一般应使被测量的值超过仪表满标值的一半以上。

准确度等级较高(0.1,0.2,0.5级)的仪表常用来进行精密测量或校正其他仪表。

在仪表上，通常都标有仪表的形式、准确度的等级、电流的种类以及仪表的绝缘耐压强度和放置位置等符号(见表10-3)。

表10-3 电工测量仪表上的几种符号

符 号	意 义
—	直流
～	交流
⊔	交直流
3～ 或 ≡	三相交流
ϟ2kV	仪表绝缘试验电压2 000V
↑	仪表直立放置
→	仪表水平放置
∠60°	仪表倾斜60°放置

10.2 电工仪表的结构和工作原理

电工仪表的种类和形式多种多样，本节只讨论电工测量中常用的磁电式、电磁式、电动式三种模拟式指示仪表。这些仪表的结构虽然不同，但它们的根本原理却是相同的，都是利用电磁现象，使仪表的可动部分受到电磁转矩的作用而转动，并带动指针偏转来指示被测量的大小。

10.2.1 磁电式仪表

1. 基本结构

磁电式仪表是根据通有电流的线圈在永久磁铁的磁场中受力的原理而制成的。图10-1所示是磁电式仪表的结构示意图，它由固定部分和可动部分组成。固定部分由永久磁铁1、

极掌 2 和固定在支架上的圆柱形铁心 3 组成。圆柱形铁心放置在两个极掌的中间，使得极掌与铁心之间的空气气隙长度均匀，并产生均匀的辐射方向的磁场。可动部分由绕在铝框架上的可动线圈 4、线圈两端的两个半轴 5 以及固定在转轴上的指针 6、平衡锤 7 和游丝 8(即螺旋弹簧) 组成。可动线圈处于极掌和铁心间的气隙之中，能在气隙中灵活转动。线圈的两端分别接在两个游丝上，被测电流通过游丝引入线圈。整个可动部分都支承在轴承上。

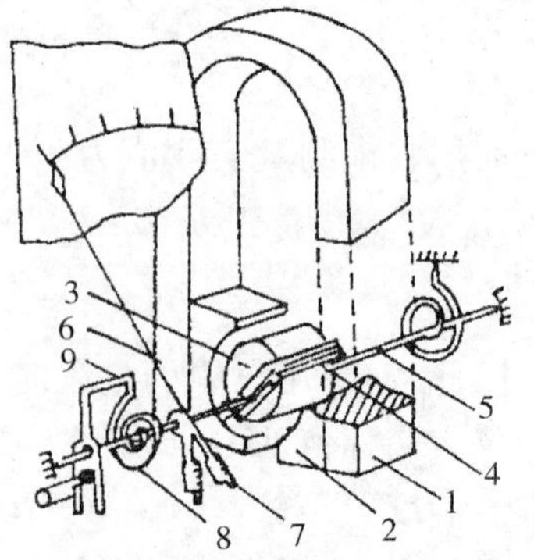

图 10 - 1　磁电式仪表结构示意图

2. 工作原理

当电流 I 通过可动线圈时，载流线圈就会在永久磁铁的磁场中受到电磁力的作用，产生转动力矩，并带动指针偏转(其偏转方向由左手定则确定)。线圈和指针偏转后，又会扭紧弹簧游丝，使游丝产生反抗力矩。当反抗力矩和转动力矩相平衡时，线圈和指针便停止偏转。由于在线圈转动的范围中磁场均匀分布，因此，线圈的转动力矩和电流的大小成正比。又由于游丝所产生的反抗力矩与线圈的偏转角度成正比，所以，这种仪表指针的偏转角度 α 与流过线圈的电流的大小成正比，即

$$\alpha = K I \tag{10-2}$$

式中，K 为比例常数。

由式(10 - 2) 可知，磁电式仪表标尺上的刻度是均匀的。

磁电式仪表只能用来测量直流，如通入交流，则可动部分由于受惯性影响，将跟不上电流和转矩的迅速交变而静止不动。仪表中绕制线圈的铝框架实际上是一个磁感应阻尼器，其阻尼作用是这样产生的：当线圈通有电流发生偏转时，由于惯性关系，线圈和指针不能立即停止在平衡位置上，而要在平衡位置附近产生一定时间的振荡。线圈的这种振荡就会使铝框切割永久磁铁的磁通，在铝框中产生感应电流，此电流和磁场相互作用产生的电磁力总是和线圈运动方向相反，从而使仪表的可动部分受阻尼作用，迅速停止在平衡位置上。

磁电式仪表除刻度均匀外，还具有灵敏度高，消耗功率小，受外界磁场影响小(因为仪表本身磁场强)等优点。其缺点是结构复杂，造价较高，过载能力小(因为电流经游丝引入，电流过大会使游丝发热变形，甚至烧毁)，而且只能用于直流测量，不能测交流。

10.2.2　电磁式仪表

1. 基本结构

电磁式仪表是利用电流的磁效应制成的。图 10 - 2 所示是吸入型电磁式仪表的结构示意图，它包括固定线圈 1 和装在转轴上的偏心可动铁心 2、指针

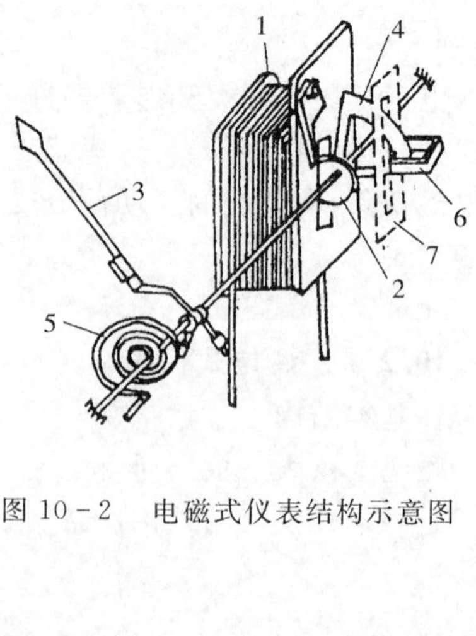

图 10 - 2　电磁式仪表结构示意图

3、阻尼翼片4、游丝5以及永久磁铁6、磁屏7等。

2. 工作原理

当线圈通入电流时，就会产生磁场，使铁心受到磁化而被吸入线圈的气隙之中，从而使与铁心相连的转轴和装在转轴上的指针受到转动力矩的作用而偏转。当转动力矩与游丝的反作用力矩相平衡时，指针便停止偏转，并指示出被测量的数值。如果通入线圈的电流改变方向，线圈所产生的磁场的方向以及被磁化后的铁心的极性也会同时跟着改变，故线圈与铁心间的吸力方向不变，于是指针的偏转方向也不变。因此，这种仪表可以用来测量交流量。由于作用在铁心上的电磁吸力与气隙中磁感应强度的平方成正比，而气隙中的磁感应强度又与线圈电流成正比，因此，仪表的转动力矩与电流的平方成正比。又由于游丝的反抗力矩与指针的偏转角 α 成正比，所以，指针的偏转角 α 与线圈电流的平方成正比，即

$$\alpha = KI^2 \tag{10-3}$$

式中，K 为比例常数；I 为直流电流或为交流电流的有效值。

由式(10－3)可知，电磁式仪表的刻度是不均匀的。

仪表中阻尼翼片(铝片)和永久磁铁构成磁性阻尼器，用于产生阻尼力矩，使转轴和指针迅速停止在平衡位置。磁屏用于屏蔽永久磁铁，以避免其对线圈磁场产生影响。

电磁式仪表结构简单，造价低廉，既可以测量直流，也可以测量交流，而且过载能力大(线圈是固定的，电流不经过游丝，可用截面积较大的导线绕制)。但其刻度不均匀，灵敏度和准确度不高(铁心中有涡流和磁滞)，易受外界磁场影响(仪表本身磁场弱)。故一般直流量的测量不采用电磁式仪表，而是采用磁电式仪表。电磁式仪表主要用于交流量的测量。

10.2.3　电动式仪表

1. 基本结构

电动式仪表是利用两个线圈同时通入电流后，相互之间产生电磁力的原理制成的。图10－3所示的是电动式仪表的结构示意图。图中固定线圈1分成两段，目的是使线圈2附近获得较均匀的磁场分布和改换电流量程。可动部分包括可动线圈2、指针3、阻尼翼片4、游丝5等，它们均固定在转轴上。与磁电式仪表相同，可动线圈中的电流也是通过游丝引入的。仪表的阻尼装置是空气阻尼器，其阻尼力矩由翼片在气室6中移动而产生。

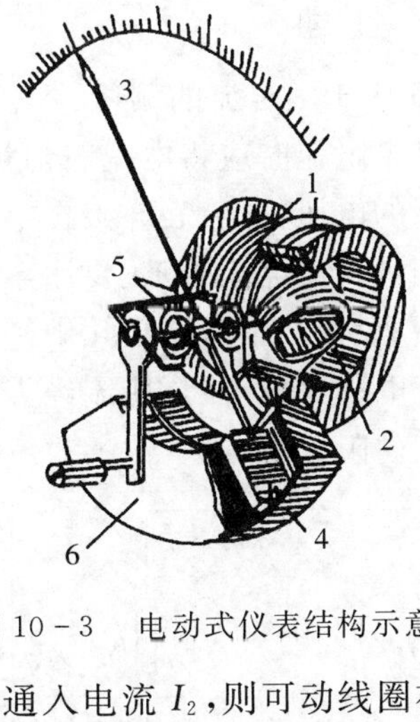

图10－3　电动式仪表结构示意图

2. 工作原理

当固定线圈通入电流 I_1 后，就会产生磁场。若可动线圈通入电流 I_2，则可动线圈在此磁场中就要受到电磁力的作用而带动指针偏转。直至转动力矩与游丝的反抗力矩相平衡时，才停止偏转。因为转动力矩与磁感应强度 B_1 和电流 I_2 的乘积成正比，而 B_1 又与 I_1 成正比，所以，指针的偏转角 α 与两线圈电流的乘积成正比，即

$$\alpha = KI_1 I_2 \tag{10-4}$$

指针的偏转方向决定于两个线圈的电流方向。当任何一个线圈的电流改变方向时，指针的偏转方向也就跟着改变，但若两个线圈的电流同时改变方向，指针的偏转方向不变，因此这种仪表也可用来测量交流。

当在两个线圈中通入交流电流 i_1，i_2 时，则产生偏转的转动力矩决定于它的平均值。由于其平均值不仅与 i_1，i_2 的有效值成正比，而且还与 i_1，i_2 相位差的余弦成正比，因此，电动式仪表用于交流时，指针的偏转角是与两个电流的有效值以及他们之间相位差的余弦的乘积成正比的，即

$$\alpha = KI_1 I_2 \cos\varphi \tag{10-5}$$

式中，I_1，I_2 为交流电流 i_1，i_2 的有效值；φ 为 i_1，i_2 之间的相位差。

电动式仪表准确度高，适用于交、直流测量，但过载能力差，受外界磁场影响大。若将仪表的两个线圈与被测电路串联，便可以用来测量电流；若将两个线圈与被测电路并联，便可以用来测量电压；若将一个线圈与被测电路串联，另一个线圈与被测电路并联，则可以用来测量功率。

10.3 电流和电压的测量

电流和电压是电路的两个基本物理量，测量电流与电压不仅本身十分重要，而且其他电量和非电量也可以通过变换器变换成电流或电压，然后进行测量。所以电流和电压的测量是电工测量的基础。

10.3.1 电流的测量

测量电流时应将电流表与被测电路串联。为了保证电流表的通电线圈与外壳之间不致有太高的电压，电流表应接在电路的低电位端，如图 10-4 所示。

测量直流电流时，还要注意仪表的极性。另外，若被测电流超过了测量机构（表头）的容许值（一般在几十微安至几十毫安数量级之间），就必须扩大它的量程，即在表头上并联一个分流电阻（分流器），使流经表头的电流只是被测电流的一部分，如图 10-5 所示。图中 R_A 为表头内阻。

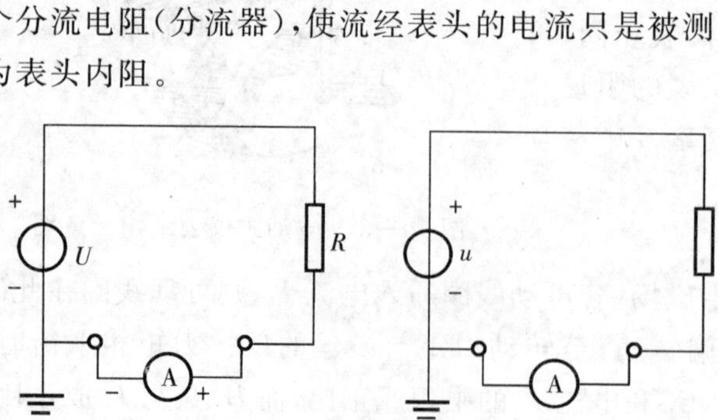

图 10-4 电流表的接法

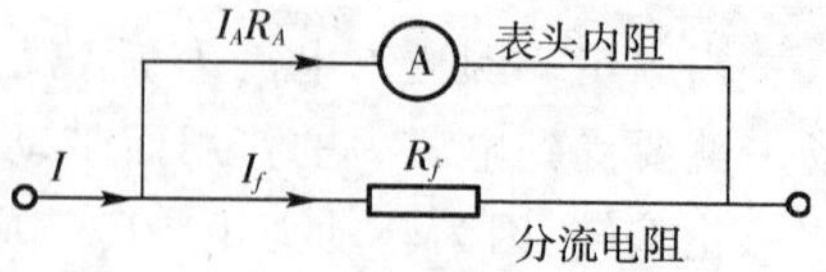

图 10-5 电流表分流

10.3.2　电压的测量

测量电压时应将电压表与被测电路并联。为了保证电压表的通电线圈与外壳之间不至于有太高的电压，电压表的负端应接在电路的低电位端，如图10-6所示。

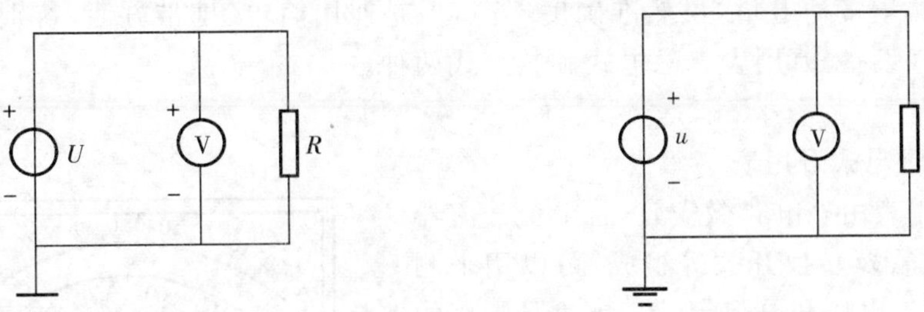

图10-6　电压表的接法

由于仪表表头内阻很小，只能通过微小电流，所以能测量的电压很低。若要测量较高的电压，就必须在表头中串联一个称为倍压器的附加电阻R'，以扩大量程。在仪表带有附加电阻测量时，如果电源有接地，应将仪表接在近地端，如图10-7所示。

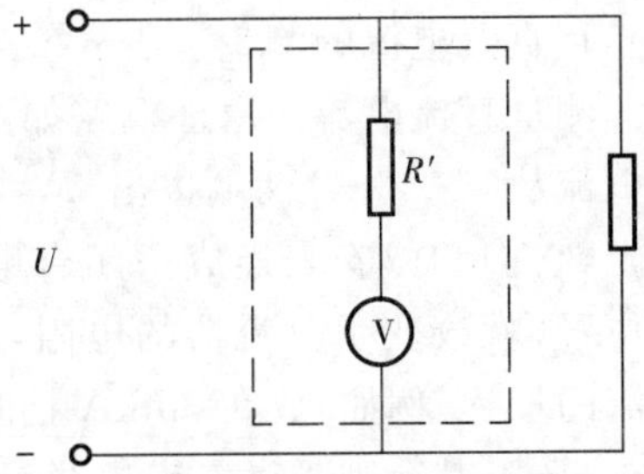

图10-7　电压表的附加电阻及接法

10.3.3　电流表、电压表的选择

电流表、电压表的选择，要根据测量要求和被测电流、电压的性质，以及仪表的使用环境、工作条件等因素综合考虑。下面介绍一些选择原则。

1.仪表类型的选择

测直流量时，一般宜用磁电式仪表，也可以选用电动式仪表。测交流量时，则要选用电磁式仪表（准确度要求不高时）和电动式仪表（准确度要求高时）。

2.仪表内阻的选择

必须根据被测电路阻抗的大小，适当选择仪表的内阻，否则会带来不可容许的误差。通常，电压表的内阻应尽量大些，量程越大，内阻应越大。电流表内阻应尽量小些，量程越大，内阻应越小。

3.仪表准确度的选择

如本章10.1节所述，选择仪表的准确度，必须从测量要求出发，根据实际需要选择合适的准确度。既不能选用准确度不够的仪表，也不要盲目选用高准确度的仪表。对于配套用的分流器、附加电阻、互感器等。它们的准确度选择，要求比测量仪表本身高2～3级。

4.仪表量程的选择

仪表只有在合理的量程下，其准确度才有意义，否则，由于量程选择不当，测量误差会很大。仪表量程的选择原则参见10.1节中的说明。

此外，还应根据仪表的工作条件、使用环境等来选择仪表的类型，这里从略。

10.4 万 用 表

万用表可测量多种电量，虽然准确度不高，但是使用简单，携带方便，特别适用于检查线路和修理电气设备。万用表有磁电式和数字式两种。

10.4.1 磁电式万用表

磁电式万用表由磁电式微安表、若干个分流器和倍压器、二极管及转换开关等组成，可以用来测量直流电流、直流电压和电阻等。图10-8是常用的MF－30型万用表的面板图。现将各项测量电路分述如下：

1. 直流电流的测量

测量直流电流的原理电路如图10－9所示。被测电流从"+"，"—"两端进出。$R_{A1} \sim R_{A5}$ 是分流器电阻，它们和微安表连成一闭合电路。改变转换开关位置，就改变了分流器的电阻，从而也就改变了电流的量程。例如，放在50mA挡时，分流器电阻为 $R_{A1}+R_{A2}$，其余则与微安表串联。量程愈大，分流器电阻愈小。图中的 R 为直流调整电位器。

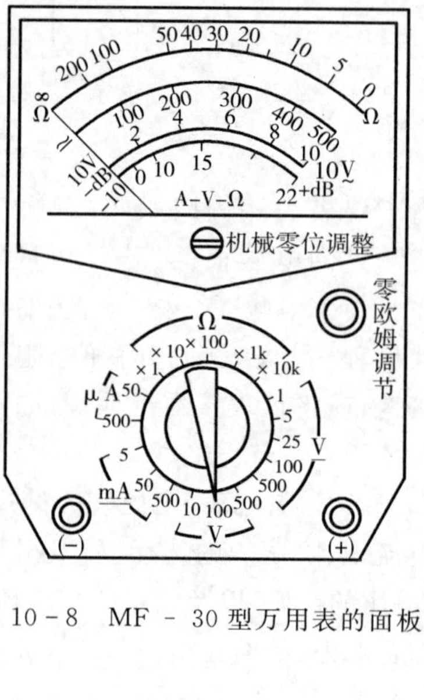

图10－8　MF－30型万用表的面板图

2. 直流电压的测量

测量直流电压的原理电路如图10－10所示。被测电压加在"+"，"—"两端。R_{V1}，R_{V2}，…是倍压器电阻。量程愈大，倍压器电阻也愈大。

电压表的内阻愈高，从被测电路取用的电流愈小，被测电路受到的影响也就愈小。可以用仪表的灵敏度，也就是用仪表的总内阻除以电压量程来表明这一特征。MF—30型万用表在直流电压25V挡上仪表的总内阻为500kΩ，则这挡的灵敏度为 $\frac{500\text{k}\Omega}{25\text{V}}=25\text{k}\Omega/\text{V}$。

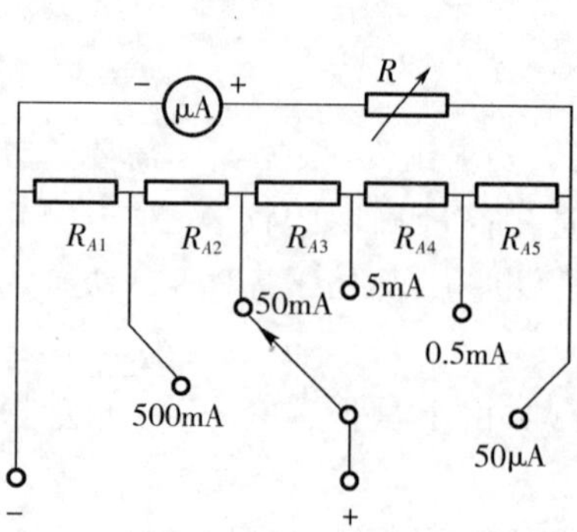

图10－9　测量直流电流的原理电路

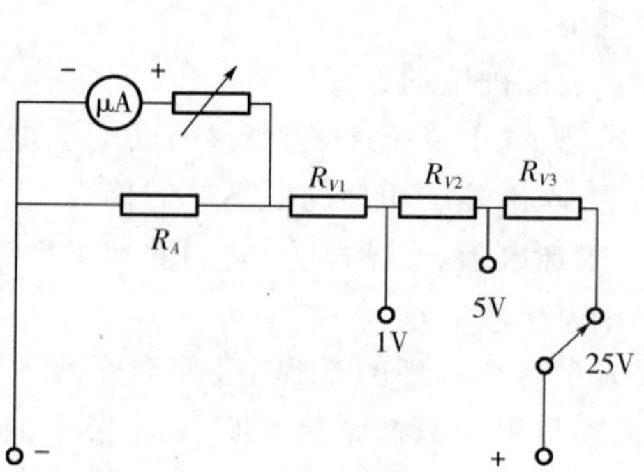

图10－10　测量直流电压的原理电路

3. 交流电压的测量

测量交流电压的原理电路如图10－11所示。磁电式仪表只能测量直流，如果要测量交流，则必须附有整流元件，即图中的半导体二极管 D_1 和 D_2。二极管只允许一个方向的电流通过，反方向的电流不能通过。被测交流电压也是加在"＋"，"－"两端。在正半周时，设电流从"＋"端流进，经二极管 D_1，部分电流经微安表流出。在负半周时，电流直接经 D_2 从"＋"端流出。可见，通过微安表的是半波电流，读数应为该电流的平均值。为此，表中有一交流调整电位器（图中的600Ω电阻），用来改变表盘刻度。于是，指示读数便被折换为正弦电压的有效值。至于量程的改变，则和测量直流电压时相同。R'_{V1}，R'_{V2}… 是倍压器电阻。

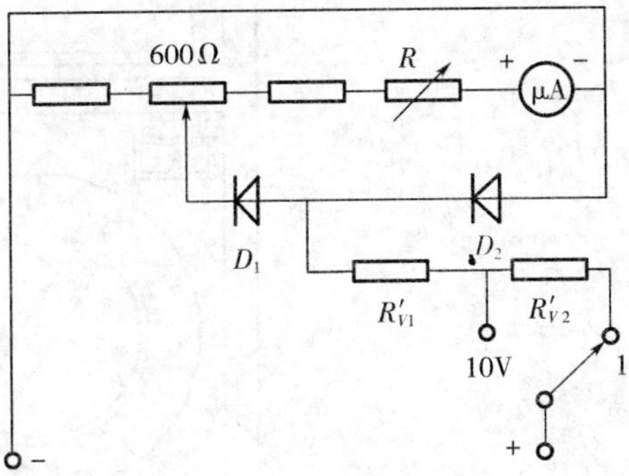

图10－11　测量交流电压的原理电路

万用表交流电压挡的灵敏度一般比直流电压挡的低。MF－30型万用表交流电压挡的灵敏度为5kΩ/V。

普通万用表只适用于测量频率为45～1 000Hz的交流电压。

4. 电阻的测量

测量电阻的原理电路如图10－12所示。测量电阻时要接入电池，被测电阻也是接在"＋"，"－"两端。被测电阻愈小，即电流愈大，因此指针的偏转角愈大。测量前应先将"＋"，"－"两端短接，看指针是否偏转最大而指在零（刻度的最右处），否则应转动零欧姆调节电位器（图中的1.7kΩ电阻）进行校正。

使用万用表时应注意转换开关的位置和量程，绝对不能在带电线路上测量电阻，用毕应将转换开关转到高电压挡。

此外，从图10－12还可看出，面板上的"＋"端接在电池的负极，而"－"端是接向电池的正极的。

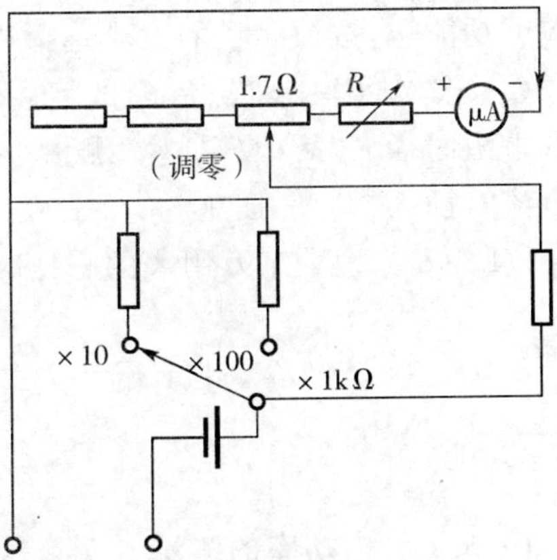

图10－12　测量电阻的原理电路

10.4.2　数字式万用表

以DT－830型数字万用表为例，来说明它的测量范围和使用方法。

1. 测量范围

(1) 直流电压分五挡:200mV,2V,20V,200V,1 000V。输入电阻为10MΩ。

(2) 交流电压分五挡:200mV,2V,20V,200V,750V。输入阻抗为10 MΩ。频率范围为40 ～ 500Hz。

(3) 直流电流分五挡:200μA,2mA,20mA,200mA,10A。

(4) 交流电流分五挡:200μA,2mA,20mA,200mA,10A。

(5) 电阻分六挡:200Ω,2kΩ,20kΩ,200kΩ,2MΩ,20MΩ。

此外,还可检查半导体二极管的导电性能,并能测量晶体管的电流放大系数 h_{FE} 和检查线路通断。

2. 面板说明

图10-13是DT－830型数字万用表的面板图。

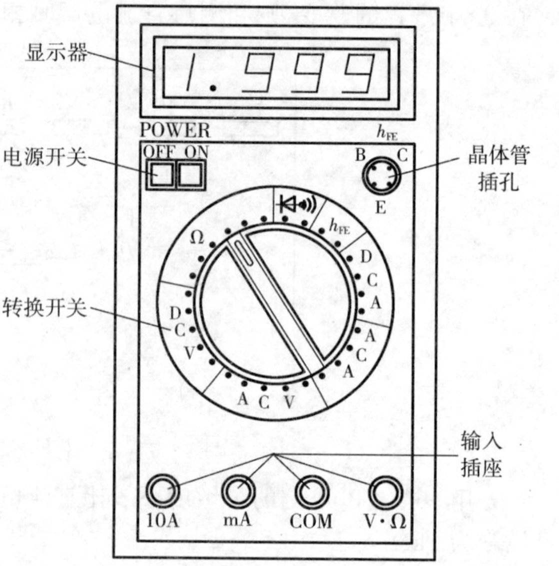

图 10-13　DT－830 型万用表的面板图

(1) 显示器　显示四位数字,最高位只能显示1或不显示数字,算半位,故称三位半($3\frac{1}{2}$位)。最大指示值为1999或－1999。当被测量超过最大指示值时,显示“1”或“－1”。

(2) 电源开关　使用时将电源开关置于“ON”位置,使用完毕置于“OFF”位置。

(3) 转换开关　用以选择功能和量程。根据被测的电量(电压、电流、电阻等)选择相应的功能位,按被测量的大小选择适当的量程。

(4) 输入插座　将黑色测试笔插入“COM”插座。红色测试笔有如下三种插法:测量电压和电阻时插入“V·Ω”插座;测量小于200mA的电流时插入“mA”插座;测量大于200mA的电流时插入“10A”插座。

DT－830 型数字万用表的采样时间为0.4s,电源为直流9V。

10.5　电功率和电能的测量

10.5.1　电功率的测量

1. 单相交流和直流电功率的测量

电功率的测量采用电动式功率表。电动式功率表有两个线圈,其中,固定线圈1导线较粗,匝数较少,与负载串联,以反映负载电流,故固定线圈称为电流线圈;可动线圈2导线较细,匝数较多,串联一定的附加电阻后与负载并联,以反映负载电压,故可动线圈称为电压线圈。其并联电路如图 10－14 所示。

由第 10.2 节式(10－4)和式(10－5)可知，测量直流电路时，仪表指针的偏转角 α 为

$$\alpha = KI_1 I_2 = KI_1 \frac{U}{R_{ab}} = K'UI_1 = K'P \qquad (10-6)$$

测量正弦交流电路时

$$\alpha = KI_1 I_2 \cos\varphi = KI_1 \frac{U}{R_{ab}} \cos\varphi = K'UI_1 \cos\varphi = K'P \qquad (10-7)$$

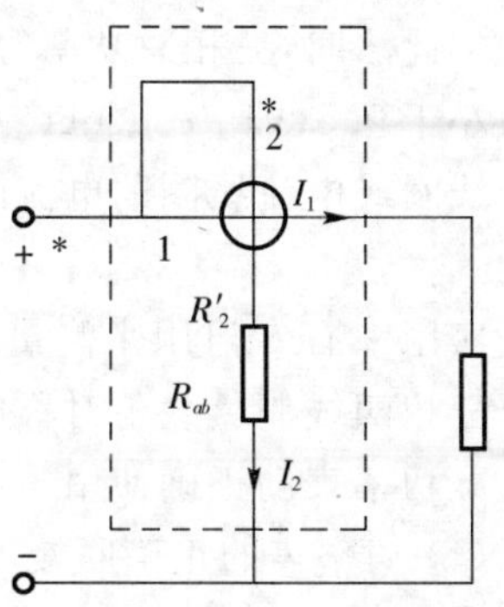

图 10－14　电动式功率表的联接

由此可见，电动式功率表既可以用来测量直流功率，也可以用来测量交流功率，并且可以采用同一刻度。

2. 三相电功率的测量

(1) 一表法测三相对称负载的功率。在对称三相系统中，若负载也对称，则可用一只功率表测量其中任一相负载的功率，然后乘以 3，就得到三相负载的总功率。一表法接线如图 10－15 所示。

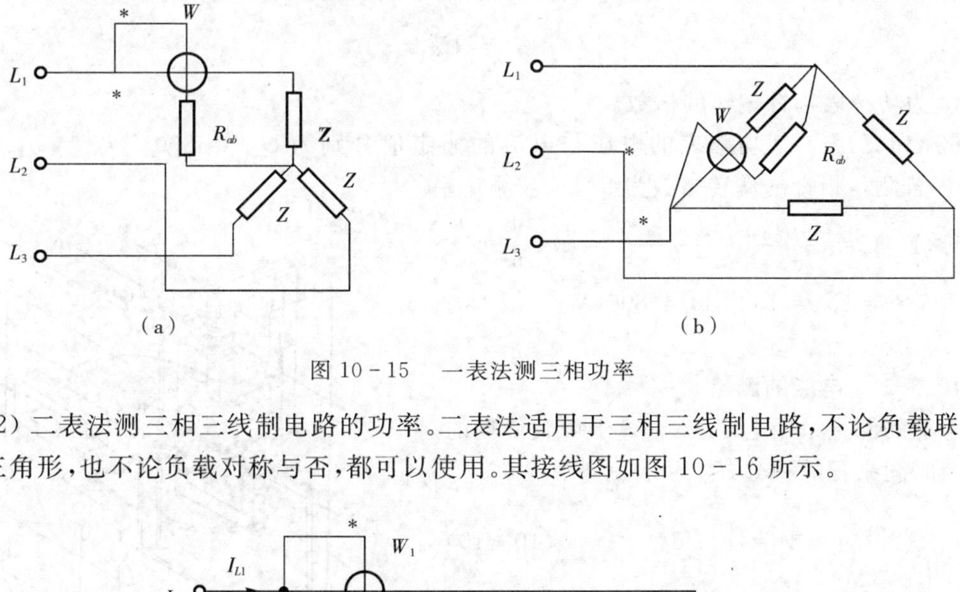

图 10－15　一表法测三相功率

(2) 二表法测三相三线制电路的功率。二表法适用于三相三线制电路，不论负载联成星形或三角形，也不论负载对称与否，都可以使用。其接线图如图 10－16 所示。

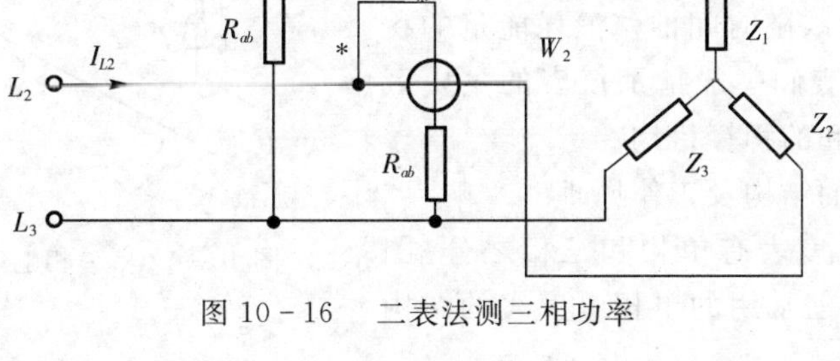

图 10－16　二表法测三相功率

用此法时，三相总功率等于两个功率表测得的读数之和，即 $P = P_1 + P_2$。若负载功率因数小于 0.5（即 $|\varphi| > 60°$），则其中一个功率表的读数为负，这时应使用极性切换开关，将电压线圈或电流线圈的电流改变方向，使指针正向偏转。这时三相总功率应为两表读数之差。

实用中有专门用来测量三相三线制电路功率的二元瓦特表，其读数就是三相总功率。对于三相四线制负载不对称电路，采用三表法测功率。

3. 功率表的正确使用

(1) 功率表的正确联接。因电动式仪表转矩方向与两线圈的电流方向有关，为使指针正向偏转，接线时应将两线圈的“电源端”（用“∗”号或“±”号表示）接在电源的同一极性上，以保证两线圈的电流都从该端子流入。

(2) 功率表的读数。功率表标尺上的刻度只标了分格数，未注明瓦特数，被测功率的数值大小，需要用功率表常数进行换算。功率表常数 C 表示每一分格的瓦数，即

$$C = \frac{U_N I_N}{\alpha_m}\left(\frac{\mathrm{W}}{\mathrm{div}}\right) \tag{10-8}$$

式中，U_N，I_N 为所接量程电压、电流的额定值；α_m 为功率表标尺的满刻度格数。

有了功率表常数，便可以根据所读出的格数，求出被测功率的瓦数。即

$$P = C\alpha \tag{10-9}$$

式中，α 为功率表指针偏转的格数。

【例 10－1】 某功率表的电压与电流的额定值分别为 $U_N = 300\mathrm{V}$，$I_N = 5\mathrm{A}$，$\alpha_m = 150\mathrm{div}$，若测得指针的偏转格数为 80，求被测功率。

【解】 $C = \frac{U_N I_N}{\alpha_m} = \frac{300 \times 5}{150} = 10\left(\frac{\mathrm{W}}{\mathrm{div}}\right)$

$P = C\alpha = 10 \times 80 = 800(\mathrm{W})$

10.5.2 电能的测量

电能的测量采用电度表。它等于负载消耗的功率与时间乘积的积分，用 W 表示，则

$$W = \int_{t_1}^{t_2} P\mathrm{d}t \tag{10-10}$$

从式中可以看出，电度表不仅要反映负载消耗的功率，而且要反映随时间推移消耗能量的积累总和。所以，电度表和一般指示仪表的主要区别是使用了计算总和的积算机构。

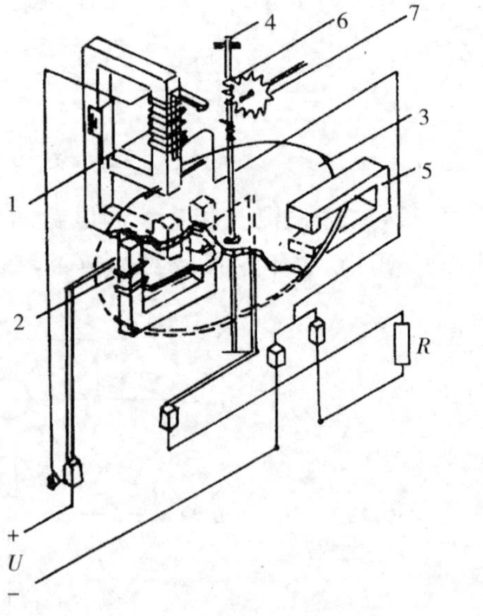

图 10－17 单相电度表结构示意图

1. 单相电度表的结构及工作原理

按相数不同，电度表有单相和三相之分。图 10－17 所示的是目前常用的单相电度表的结构

示意图。它包括以下几个主要部分。

(1) 驱动元件。它包括固定线圈和可动铝盘，用于产生转动力矩。固定线圈有电压线圈1，与负载并联；电流线圈2，与负载串联。两线圈产生的三个交变磁通都穿过铝盘。铝盘在磁通的作用下就会感应出涡流，并与磁通相互产生转动力矩。

(2) 制动元件。它包括永久磁铁5与铝盘，用于产生制动力矩。制动力矩的方向总是与转动力矩的方向相反，大小则与铝盘的转速成一定的比例，从而使铝盘能在不同的转动力矩作用下具有不同的均匀转速。

(3) 积算机构。它用于计算电度表铝盘的转数，以实现电能的测量和计算。包括安装在转轴上的蜗杆6、涡轮7和计数器 —— 齿轮和字轮。

当电度表接入电路后，电压线圈和电流线圈就会产生两个不同相位的磁通，二者结合在一起便形成一个“移进磁场”。该磁场在铝盘中又会感应出涡流，涡流与磁通作用后，就使铝盘产生一定方向的转动力矩，并驱使铝盘转动。因为永久磁铁与铝盘相互作用产生的制动力矩与转速成正比，所以，当转动力矩与制动力矩相平衡时，铝盘就以均匀的速度旋转。铝盘转动时，通过蜗杆和齿轮等传动机构，最后使字轮转动，进行积算和计数。由于转动力矩正比于负载消耗的功率，因此，积算器中的读数就是负载所消耗的电能。

除上面介绍的普通电度表之外，制造厂还生产了一些其他形式的电度表。目前应用较多的有预付电费电度表、双费率和多费率电度表等。

预付电费电度表也称IC卡电度表(早年生产的预付电费电度表多为投币式和磁卡式，现在普遍使用IC卡式)。使用这种电度表时，用户必须预先支付电费(买卡买电)，然后才能用电，即“先买后用”。双费率和多费率电度表是一种分时段计算用电量的电度表。使用这种电度表，电业管理部门可以根据一天之中用电时段的不同，来设置不同的费率，以鼓励用户在高峰负荷时少用电。

2. 电度表使用注意事项

(1) 电度表的额定电压应与负载的额定电压相符，额定电流应大于或等于负载的最大电流。

(2) 电度表不允许用在10%额定负载以下的电路中。

(3) 电度表在使用时，负载不能超过额定值的125%。

(4) 电度表的接线如同功率表一样，应遵守“电源端”规则。在电度表的接线盒中，电压线圈与电流线圈的电源端已经联在一起，接线盒中的四个端子为火线的一“进”一“出”和零线的一“进”一“出”，如图10-18所示。此外，接线时应为进线与电源端相接，出线与负载端相接，电流线圈接于火线，而不要接于零线。

(5) 电度表的校验。单相电度表的校验常采用秒表法，其方法说明如下：用一个已知标准瓦数的白炽灯做负载，当电度表铝盘旋转时，测得电度表铝盘每分钟的转速 n，然后按以下公式进行校验

$$P = \frac{6\,000 \times n}{K} \tag{10-11}$$

式中，P 为白炽灯的瓦数计算值；K 为电度表常数(r/kW·h)，在电度表的铭牌上可以查到。

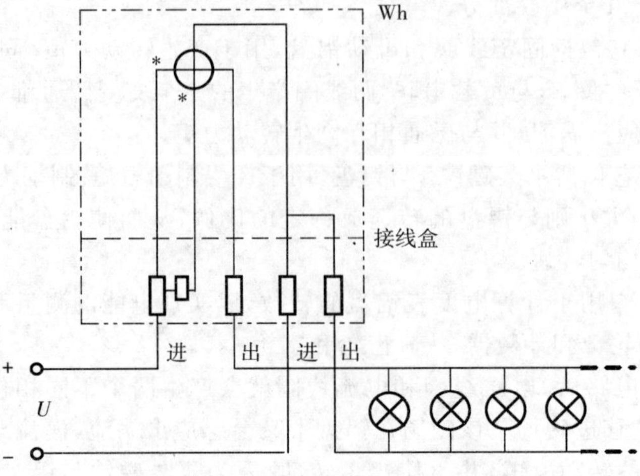

图 10-18　单相交流电度表接线

10.6　兆　欧　表

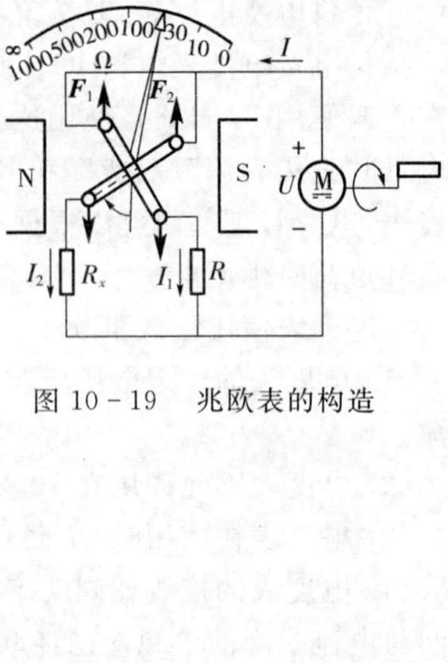

图 10-19　兆欧表的构造

检查电机、电器及线路的绝缘情况和测量高值电阻，常应用兆欧表。兆欧表是一种利用磁电式流比计的线路来测量高电阻的仪表，其结构如图 10-19 所示。在永久磁铁的磁极间放置着固定在同一轴上而相互垂直的两个线圈。一个线圈与电阻 R 串联，另一个线圈与被测电阻 R_x 串联，然后将两者并联于直流电源。电源安置在仪表内，是一手摇直流发电机，其端电压为 U。

在测量时，两个线圈中通过的电流分别为

$$I_1 = \frac{U}{R_1 + R}$$

和

$$I_2 = \frac{U}{R_2 + R_x}$$

式中，R_1 和 R_2 分别为两个线圈的电阻。两个通电线圈因受磁场的作用，产生两个方向相反的转矩

$$T_1 = k_1 I_1 f_1(\alpha)$$

和

$$T_2 = k_2 I_2 f_2(\alpha)$$

式中，$f_1(\alpha)$ 和 $f_2(\alpha)$ 分别为两个线圈所在处的磁感应强度与偏转角 α 之间的函数关系。因

为磁场是不均匀的(图 10－19 是一示意图),所以这两个函数关系并不相等。

仪表的可动部分在转矩的作用下发生偏转,直到两个线圈产生的转矩相平衡为止。这时

$$T_1 = T_2$$

即

$$\frac{I_1}{I_2} = \frac{k_2 f_2(\alpha)}{k_1 f_1(\alpha)} = f_3(\alpha)$$

或

$$\alpha = f\left(\frac{I_1}{I_2}\right) \tag{10-12}$$

上式表明,偏转角 α 与两线圈中电流之比有关,故称为流比计。

由于

$$\frac{I_1}{I_2} = \frac{R_2 + R_x}{R_1 + R}$$

所以

$$\alpha = f\left(\frac{R_2 + R_x}{R_1 + R}\right) = f'(R_x) \tag{10-13}$$

可见偏转角 α 与被测电阻 R_x 有一定的函数关系,因此,仪表的刻度尺就可以直接按电阻来分度。这种仪表的读数与电源电压 U 无关,所以手摇发电机转动的快慢不影响读数。

线圈中的电流是经由不会产生阻转矩的柔韧金属带引入的,所以当线圈中无电流时,指针将处于随遇平衡状态。

*10.7　用电桥测量电阻、电容和电感

在生产和科学研究中常用各种电桥来测量电路元件的电阻、电容和电感,在非电量的电测技术中也常用到电桥。电桥是一种比较式仪表,它的准确度和灵敏度都较高。

10.7.1　直流电桥

最常用的是单臂直流电桥(惠斯登电桥),它是用来测量中值(约1Ω到0.1MΩ)电阻的,其电路如图10－20所示。当检流计G中无电流通过时,我们就说电桥达到平衡。从例2－8可知,电桥平衡的条件为

$$R_1 R_4 = R_2 R_3$$

设 $R_1 = R_x$ 为被测电阻,则

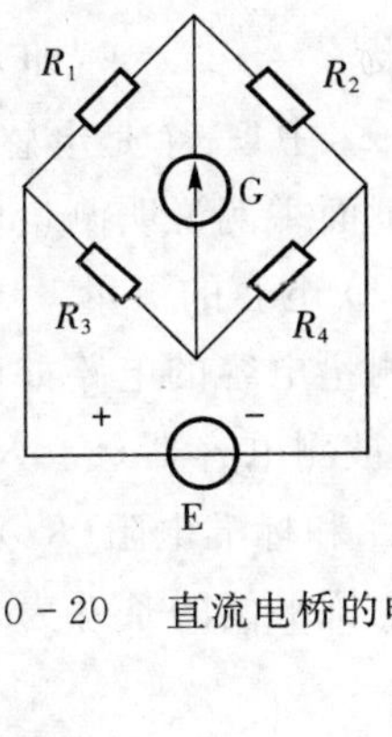

图 10－20　直流电桥的电路

$$R_x = \frac{R_2}{R_4} R_3 \tag{10-14}$$

式中，$\frac{R_2}{R_4}$ 为电桥的比臂，R_3 为较臂。测量时先将比臂调到一定比值，而后再调节较臂直到电桥平衡为止。

电桥也可以在不平衡的情况下来测量：先将电桥调节到平衡，当 R_x 有所变化时，电桥的平衡被破坏，检流计中流过电流，此电流与 R_x 有一定的函数关系，因此，可以直接读出被测电阻值或引起电阻发生变化的某种非电量的大小。不平衡电桥一般用在非电量的电测技术中。

10.7.2 交流电桥

交流电桥的电路如图 10－21 所示。四个桥臂由阻抗 Z_1，Z_2，Z_3 和 Z_4 组成，交流电源一般是低频信号发生器，指零仪器是交流检流计或耳机。

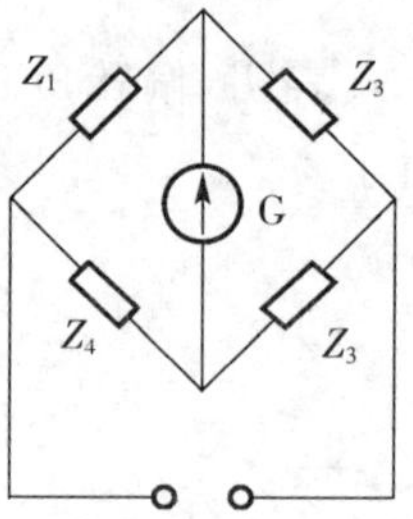

图 10－21　交流电桥的电路

当电桥平衡时

$$Z_1 Z_4 = Z_2 Z_3 \tag{10-15}$$

将阻抗写成指数形式，则为

$$|Z_1| e^{j\varphi_1} |Z_4| e^{j\varphi_4} = |Z_2| e^{j\varphi_2} |Z_3| e^{j\varphi_3}$$

或

$$|Z_1||Z_4| e^{j(\varphi_1+\varphi_4)} = |Z_2||Z_3| e^{j(\varphi_2+\varphi_3)}$$

由此得

$$|Z_1||Z_4| = |Z_2||Z_3| \tag{10-16}$$

$$\varphi_1 + \varphi_4 = \varphi_2 + \varphi_3 \tag{10-17}$$

为了使调节平衡容易些，通常将两个桥臂设计为纯电阻。

设 $\varphi_2 = \varphi_4 = 0$，即 Z_2 和 Z_4 是纯电阻，则 $\varphi_1 = \varphi_3$，即 Z_1 和 Z_3 必须同为电感性或电容性的。

设 $\varphi_2 = \varphi_3 = 0$，即 Z_2 和 Z_3 是纯电阻，则 $\varphi_1 = -\varphi_4$，即 Z_1 和 Z_4 中，一个是电感性的，而另一个是电容性的。

下面举例说明测量电容和电感的原理。

(1) 电容的测量

测量电容的电路如图 10－22 所示，电阻 R_2 和 R_4 作为两臂，被测电容器(C_x，R_x) 作为一臂，无损耗的标准电容器(C_0) 和标准电阻(R_0) 串联后作为另一臂。

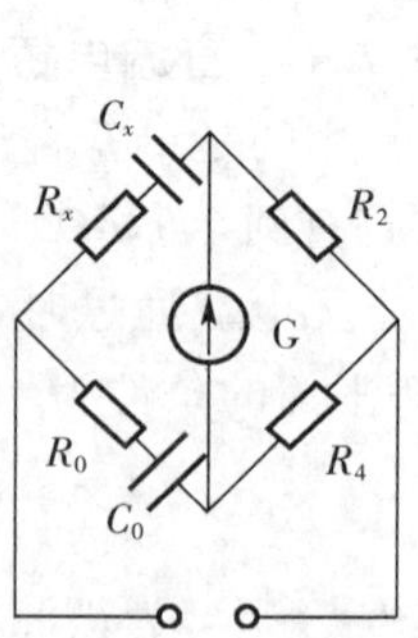

图 10－22　测量电容的电桥电路

电桥平衡的条件为

$$\left(R_x - \mathrm{j}\frac{1}{\omega C_x}\right)R_4 = \left(R_0 - \mathrm{j}\frac{1}{\omega C_0}\right)R_2$$

由此得

$$R_x = \frac{R_2}{R_4}R_0$$

$$C_x = \frac{R_4}{R_2}C_0$$

为了要同时满足上两式的平衡关系，必须反复调节$\frac{R_2}{R_4}$和R_0（或C_0），直到平衡为止。

(2) 电感的测量

测量电感的电路如图10－23所示，R_x和L_x是被测电感元件的电阻和电感。

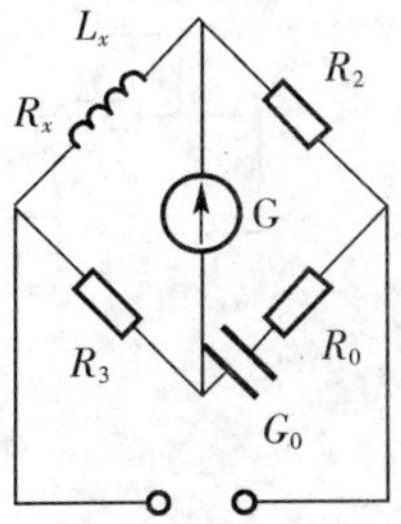

图10－23　测量电感的电桥电路

电桥平衡的条件为

$$R_2R_3 = (R_x + \mathrm{j}\omega L_x)\left(R_0 - \mathrm{j}\frac{1}{\omega C_0}\right)$$

由上式可得出

$$L_x = \frac{R_2R_3C_0}{1+(\omega R_0C_0)^2}$$

$$R_x = \frac{R_2R_3R_0(\omega R_0)^2}{1+(\omega R_0C_0)^2}$$

调节R_2和R_0使电桥平衡。

习　题

10－1　电源电压的实际值为220V，现用准确度为1.5级、满标值为250V和准确度为1.0级、满标值为500V的两个电压表去测量，试问哪个表读数比较准确？

10－2　用准确度为2.5级、满标值为250V的电压表去测量110V的电压，试问相对测量误差为若干？如果允许的相对测量误差不应超过5%，试确定这只电压表适宜于测量的最小电压值。

10－3　一毫安表的内阻为20Ω，满标值为12.5Ma。如果把它改装成满标值为250V的电压表，问必须串多大的电阻？

10－4　图10－24是一电阻分压电路，用一内阻R_V为(1)25kΩ，(2)50kΩ，(3)500kΩ的电压表测量时，其读数各为多少？由此得出什么结论？

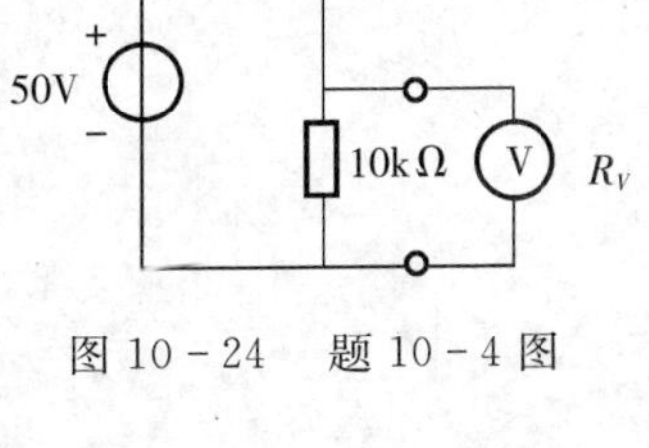

图10－24　题10－4图

10－5　图10－25是用伏安法测量电阻R的两种电路。因为电流表有内阻R_A，电压表有内阻R_V，所以两种测量方法都将引入误差。试分析它们的误差，并讨论这两种方法的适用条件。（即适用于测量阻值大一点的还是小一点的电阻，可以减小误差？）

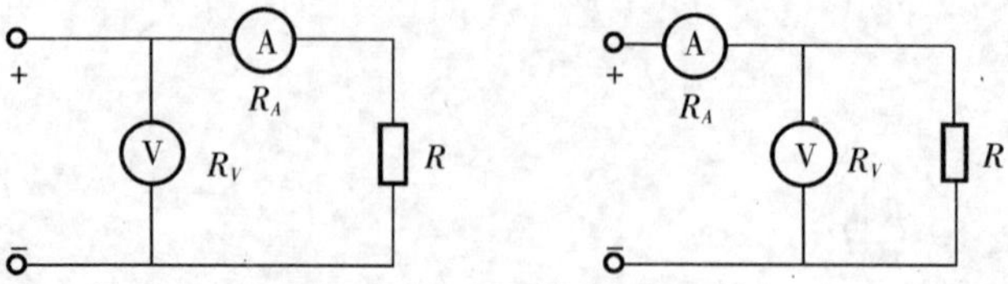

图 10－25　题 10－5 图

10－6　图 10－26 所示的是测量电压的电位计电路，其中 $R_1 + R_2 = 50\Omega$，$R_3 = 44\Omega$，$E = 3V$。当调节滑动触电使 $R_2 = 30\Omega$ 时，电流表中无电流通过。试求被测电压 U_x 之值。

10－7　图 10－27 是万用电表中直流毫安挡的电路。表头内阻 $R_0 = 280\Omega$，满标值电流 $I_0 = 0.6mA$。今欲使其量程扩大为 1mA，10mA 及 100mA，试求分流器电阻 R_1，R_2 及 R_3。

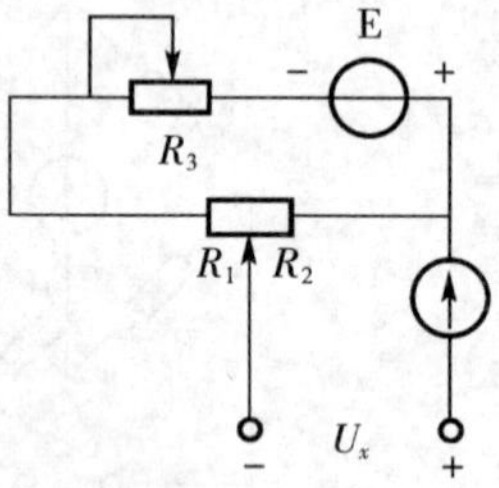

图 10－26　题 10－6 图

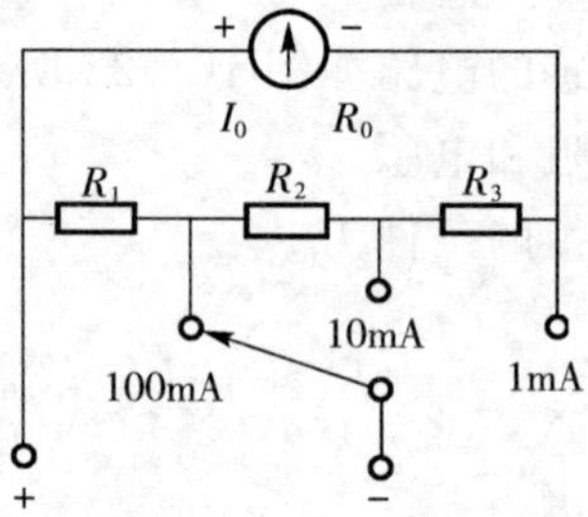

图 10－27　题 10－7 图

部分习题参考答案

第 1 章

1-1 $V_A = 20\text{V}$, $V_B = 16\text{V}$, $V_C = 8\text{V}$, $V_D = -4\text{V}$, $V_E = -20\text{V}$

1-2 (1)$E = 242\text{V}$ (2)$R_L = 230$ (3)$P_S = 242\text{W}$ (4)$\Delta P = 12\text{W}$ (5)$P_L = 230\text{W}$

1-3 $P = 94.6 \times 10^4\text{kW}$, $\eta = 94.6\%$

1-5 $I_2 = 1\text{A}$, $R_2 = 200\Omega$

1-6 (2)1, 5 是电源, 2, 3, 4 是负载 (3)$P_1 = -560\text{W}$, $P_2 = 320\text{W}$, $P_3 = 600\text{W}$, $P_4 = 180\text{W}$, $P_5 = -540\text{W}$ $P_1 + P_2 + P_3 + P_4 + P_5 = 0$, 功率平衡

1-7 $I_3 = 9.91\mu\text{A}$, $I_4 = 0.29\mu\text{A}$, $I_6 = 9.9\mu\text{A}$

1-9 $U_3 = 9\text{V}$, $U_4 = 15\text{V}$, $U_5 = -6\text{V}$

1-10 $U_{13} = 5\text{V}$, $U_{15} = 7\text{V}$, $U_{36} = 2\text{V}$, $U_{57} = 1\text{V}$, $U_{56} = 0\text{V}$

1-11 $R = 7.5\Omega$, $V_B = 15\text{V}$

1-12 (a)$V_C = 10\text{V}$ (b)$V_C = 16\text{V}$ (c)$V_C = 3\text{V}$

1-14 $V_A = 6\text{V}$, $V_B = 3\text{V}$

1-15 S 断开 $V_A = -5\text{V}$, $V_B = -10\text{V}$, S 闭合 $V_A = 3\text{V}$, $V_B = 0\text{V}$

第 2 章

2-1 (a)$R_{ab} = 28\Omega$ (b)$R_{ab} = 6\Omega$ (c)$R_{ab} = 2\Omega$ (d)$R_{ab} = 13\Omega$

2-2 (a)S 断开 $R_{ab} = 200\Omega$, S 闭合 $R_{ab} = 200\Omega$

(b)S 断开 $R_{ab} = 300\Omega$, S 闭合 $R_{ab} = 300\Omega$

2-3 $R_{ab} = 0.5\Omega$

2-4 (1)$I_S = 3\text{mA}$, $R = 4\text{k}\Omega$ (2)2mA, 8mW (3) 33.3mW, 0.67mW, 8mW

2-5 (a)$I = -0.33\text{A}$, $U_{ab} = 0$ (b)$I = 0.13\text{A}$, $U_{ab} = 0.66\text{V}$

2-6 $I_1 = -0.67\text{A}$, $I_2 = 2.22\text{A}$, $I_3 = 0.88\text{A}$

2-7 $I_1 = 0\text{A}$, $I_2 = 1\text{A}$

2-8 $I_4 = 0.3\text{A}$

2-9 $I = 2.4\text{A}$

2-10 $I_{ab}=-0.571A$

2-11 $I=0.2A$

2-12 $I_C=3A$

2-13 $I=0.4A$

2-14 A 的指数为零

2-15 $I_1=6A$, $I_2=-1A$, $I_3=7A$, $I_4=3A$

2-16 $I=1mA$, $U=6V$

第 3 章

3-1 (a) $u_C(0_+)=5V$, $u_{R_1}(0_+)=0V$, $u_{R_2}(0_+)=2V$, $u_{R_3}(0_+)=3V$

$i_{R_1}(0_+)=0$, $i_{R_2}(0_+)=20mA$, $i_{R_3}(0_+)=20mA$

(b) $I_L(0_+)=0.1A$, $i_{R_1}(0_+)=i_{R_2}(0_+)=0.1A$

$u_L(0_+)=-15V$, $u_{R_1}(0_+)=10V$, $u_{R_2}(0_+)=15V$

3-2 $u_C=60(1-e^{-\frac{10}{3}t})V$, $i_1=2e^{-\frac{10}{3}t}mA$, $i_2=(-3+2e^{-\frac{10}{3}t})mA$

3-3 无瞬变过程，初始值与稳态值相等。

$i_L=i_{R_1}=0.75mA$, $u_C=30V$

3-4 69.3ms, 94.86ms, 149.8ms

3-5 14.13V, 1.74μA

3-6 $i_L(t)=(1-e^{-7.5t})A$

3-7 $i_L=1.25-0.5e^{-2.5t}A$, $i_1=0.19e^{-2.5t}A$, $i_2=0.75-0.19e^{-2.5t}A$

3-8 0.02s

3-9 $u_L(t)=14e^{-50t}V$, $p=-6-14e^{-50t}W$

3-10 $i_L(t)=\frac{8}{3}(1-e^{-4.5t})A$, $u_L(t)=24e^{-4.5t}V$

3-11 $u(t)=2(1-e^{-3t})+27e^{-9t}V$

3-12 (1) $i_1=i_2=2(1-e^{-100t})A$ (2) $i_1=3-e^{-200t}A$, $i_2=2e^{-50t}A$

3-13 $i_3=1-0.25e^{-500t}mA$, $u_C=2-e^{-500t}V$

3-14 (1) $u_C=1.5-0.5e^{-2.3\times10^6t}V$ (2) $u_B=3-0.14e^{-2.3\times10^6t}V$

(3) $u_A=1.5+0.36e^{-2.3\times10^6t}V$

$i_1=2-e^{-2t}A$, $i_2=3-2e^{-2t}A$, $i_L=5-3e^{-2t}A$

第 4 章

一、填空与选择

1.(b) **2.**(b) **3.**(b) **4.**(b) **5.**(a) **6.**(e) **7.**(d) **8.**(d) **9.**(a) **10.**(d)

二、习题

4-3 $t=T/6$:$i=12.25\text{A}$, $u=155\text{V}$, $e_L=-155\text{V}$;

$t=T/4$, $i=10\sqrt{2}\text{A}$, $u=0$, $e_L=0$;

$t=T/2$, $i=0$, $u=-220\sqrt{2}$, $e_L=220\sqrt{2}\text{V}$;

4-4 $t=T/6$:$i=2.2\sqrt{2}\text{A}$, $u=110\sqrt{6}\text{V}$;

$t=T/4$, $i=0$, $u=220\sqrt{2}\text{V}$;

$t=T/2$, $i=-4.4\sqrt{2}$, $u=0$;

4-5 $L=39\text{H}$

4-6 $R=6\Omega$, $L=15.89\text{mH}$

4-7 $I=27.6\text{mH}$, $\cos\varphi=0.15$

4-8 $I=0.367\text{A}$,灯管电压为103V,镇流器上电压为190V。

4-9 $R=30\Omega$ 与 $X_L=40\Omega$ 串联,$\cos\varphi=0.6$, $P=580\text{W}$, $Q=774.4\text{var}$

4-10 $R=1000\Omega$, $C\approx0.1\mu\text{F}$

4-11 $R=9.2\text{k}\Omega$, $U_2=0.5\text{V}$

4-12 $C=3.2\mu\text{F}$

4-14 (1)58.67Ω (2)114Ω

4-15 (a)14.1A (b)80V (c)2A (d)14.1V (e)10A, 141.4V

4-16 (1)5A (2)7A (3)1A

4-18 $I_1=I_2=11\text{A}$, $I=11\sqrt{3}\text{A}$, $P=3630\text{W}$

4-19 $U=220\text{V}$ $I_1=15.6\text{A}$ $I_2=11\text{A}$ $I=11\text{A}$

$R=10\Omega$ $L=0.0318\text{H}$ $C=159\mu\text{F}$

4-20 $Z_{ab}=-\text{j}10\Omega$ $Z_{ab}=(1.5+\text{j}0.5)\Omega$

4-21 $\dot{I}=1.41\angle 45^\circ\ \text{A}$, $\dot{I}=40\angle -60^\circ\ \text{A}$

4-22 $\dot{U}=7.05\angle-45^\circ$，$\dot{U}=(329+\mathrm{j}51)\mathrm{V}$

4-23 $\dot{U}=\sqrt{5}\angle 63.4^\circ$

4-24 $(5+\mathrm{j}5)\Omega$

4-26 15.7Ω，$0.1\mathrm{H}$

4-27 (1)$R=166.67\Omega$，$L=0.105\mathrm{H}$，$C=0.24\mu\mathrm{F}$；

(2)$U_C=39.56\mathrm{V}$；(3)$3.8\times10^{-4}\mathrm{J}$

4-28 $(10\pm\mathrm{j}10)\Omega$

4-29 524Ω，$1.7\mathrm{H}$，$\cos\varphi=0.5$

4-30 (1)$0\leqslant t\leqslant 0.05\mathrm{s}$ 时，$i=0.2\times10^{-6}\mathrm{A}$

$0.05\leqslant t\leqslant 0.15\mathrm{s}$ 时，$i=-0.2\times10^{-6}\mathrm{A}$

$0.15\leqslant t\leqslant 0.2\mathrm{s}$ 时，$i=0.2\times10^{-6}\mathrm{A}$

(2)$I_0=0$ 时，$I=0.2\mu\mathrm{A}$

第 5 章

5-4 $u_A=220\sqrt{2}\sin(\omega t-60^\circ)\mathrm{V}$

5-5 对称时，相电流等于相应的线电流，均为 20A，中性线电流为零。

若 A 相改变，$I_{pA}=I_{LA}=55\mathrm{A}$，$I_{pB}=I_{LB}=20\mathrm{A}$，$I_{pC}=I_{LC}=20\mathrm{A}$，中性线电流 $I_N=35\mathrm{A}$,且与 $\dot{I}$ 同向

5-6 $I_L\approx5.06\mathrm{A}$，$I_p=2.92\mathrm{A}$

5-7 (1)$I_p=4.4\mathrm{A}$，$I_L=I_p=4.4\mathrm{A}$，$p=1742.4\mathrm{W}$；

(2)$I_p=4.4\mathrm{A}$，$I_L=\sqrt{3}I_p=7.62\mathrm{A}$，$p=1742.4\mathrm{W}$

5-8 (1)$R=15\Omega$，$X_L=16.1\Omega$；

(2)$I_1=I_2=10\mathrm{A}$，$I_3=17.3\mathrm{A}$，$p=3000\mathrm{W}$；

(3)$I_1=0$，$I_2=I_3=15\mathrm{A}$，$p=2250\mathrm{W}$

5-9 (1) 负载不是对称的

(2) 各相电流均为 $I_p=22\mathrm{A}$，中性线电流 $I_N=60.1\mathrm{A}$

(3)$p=4840\mathrm{W}$

第 7 章

一、选择与填空

1.（c） 转磁场；**2.**（c） **3.**（b） **4.**（c） **5.**（d） **6.**（b） **7.**（a） **8.**（c）

9. 逆时针；反接制动 **10.** $p = 2$；$n_1 = 1500\text{r/min}$；$s_N = 0.04$；$f_2 = 2\text{Hz}$

二、习题

7-1 243A，40A；

7-2 (1)$E_{20} = 20\text{V}$，$I_{20} = 243\text{A}$，$\cos\varphi_{20} = 0.243$

(2)$E_2 = 1\text{V}$，$I_2 = 49\text{A}$，$\cos\varphi_2 = 0.98$

7-3 (1)$I_p = I_l 5\text{A}$，$T_N = 14.8\text{N}\cdot\text{m}$；(2)$S_N = 0.053$，$f_2 = 2.67\text{Hz}$

7-4 (1)1500r/min (2)1500r/min；500r/min；30r/min

(3)1500r/min；500r/min；30r/min (4)1500r/min (5)0

7-5 13.2N·m；53.1N·m

7-6 $S_N = 0.04$；$I_N = 11.6\text{A}$；$T_N = 36.5\text{N}\cdot\text{m}$

$I_{ST} = 81.2\text{A}$；$T_{ST} = 80.3\text{N}\cdot\text{m}$

7-7 2.0

7-8 (1)30r/min；(2)194.9N·m；(3)0.88

7-10 (1)$Q = 11.7\text{kvar}$；(2)$C = 86\mu\text{F}$

参考文献

[1]秦曾煌．电工学(第六版)上册，电工技术[M]．北京：高等教育出版社，2004
[2]叶文苏．电工技术(第3版)[M]．北京：机械工业出版社，1998
[3]魏佩瑜．电工学(电工技术)[M]．北京：机械工业出版社，2007
[4]孙陆梅，于军，杨潇．电工学(少学时)[M]．北京：中国电力出版社，2007
[5]唐庆玉．电工技术与电子技术[M]．北京：清华大学出版社，2007
[6]汤天浩．电机与拖动基础[M]．北京：机械工业出版社，2007
[7]李良洪等．电工手册[M]．北京：电子工业出版社，2005
[8]张万奎．机床电气控制技术[M]．北京：中国林业出版社；北京大学出版社，2006
[9]常晓玲．电气控制系统与可编程控制器[M]．北京：机械工业出版社，2004
[10]周军．电气控制与PLC[M]．北京：机械工业出版社，2001
[11]邓则名，邝穗芳，程良伦．电器与可编程控制器应用技术(第2版)[M]．北京：机械工业出版社，2002
[12]中国低压电器网．http://www.dydq.com.cn
[13]王元熊．电工学(上册)[M]．上海：上海交通大学出版社，1987
[14]刘式雍．电工学[M]．北京：高等教育出版社，1988